Die vier Elemente

Heidelberger Jahrbücher Online

Herausgegeben von der
Gesellschaft der Freunde Universität Heidelberg e.V.

Band 7

Die vier Elemente

Joachim Funke & Michael Wink (Hrsg.)

HEIDELBERG
UNIVERSITY PUBLISHING

Bibliografische Information der Deutschen Nationalbibliothek
Die Deutsche Nationalbibliothek verzeichnet diese Publikation in der Deutschen Nationalbibliografie; detaillierte bibliografische Daten sind im Internet unter http://dnb.dnb.de abrufbar.

Publiziert bei Heidelberg University Publishing (heiUP), 2022

Universität Heidelberg/Universitätsbibliothek
Heidelberg University Publishing (heiUP)
Grabengasse 1, 69117 Heidelberg
https://heiup.uni-heidelberg.de

Die Online-Version dieser Publikation ist auf den Verlagswebseiten von Heidelberg University Publishing https://heiup.uni-heidelberg.de dauerhaft frei verfügbar (Open Access).

https://doi.org/10.17885/heiup.hdjbo.2022.1

Bildnachweis Cover: Pixabay, www.pixabay.com

ISSN 2509-7822 (Print)
ISSN 2509-2464 (Online)

ISBN 978-3-96822-186-1 (Hardcover)
ISBN 978-3-96822-187-8 (Softcover)
ISBN 978-3-96822-185-4 (PDF)

Inhaltsverzeichnis

Vorwort

Im vorliegenden siebten Band der Heidelberger Jahrbücher Online (HDJBO), den die „Gesellschaft der Freunde Universität Heidelberg e.V." unter Federführung der beiden Editoren Joachim Funke und Michael Wink herausgibt, haben sich die Autorinnen und Autoren des Bandes diesmal mit dem Thema der „Vier Elemente" auseinandergesetzt.

„Die vier Elemente": Erde, Feuer, Wasser und Luft sind einerseits lebensnotwendig, andererseits können sie lebensbedrohlich werden. Verschiedene Naturkatastrophen machen unsere Abhängigkeit von den Elementen hautnah erfahrbar: z.B. brauchen wir Wasser zum Leben (Dürre lässt uns und andere Lebewesen verdursten), zu viel Wasser ist auch nicht gut (Überschwemmungen). Ähnliches gilt für Feuer (wir brauchen Wärme, aber fürchten die Brände), für Luft (wir brauchen saubere Luft zum Atmen, fürchten jedoch die Luftverschmutzung), und für Erde (wir brauchen festen Boden unter den Füßen, fürchten aber Erosion und Erdbeben). Hope and fear: mal vier!

Wie immer erfolgt an dieser Stelle eine stichwortartige Vorstellung der Beiträge dieses Bands. Einige Beiträge fokussieren auf einzelne Elemente, andere gehen auf alle vier ein. Hier die Liste aller Beiträge in alphabetischer Folge.

Bernd J. Diebner (Altes Testament) zeigt in seinem Beitrag „Die vier Elemente in der Bibel: Luft, Wasser, Erde, Feuer" , dass die Bibel in Hinblick auf alle vier Elemente Beschreibungen enthält. Zahlreiche Beispiele illustrieren die Bedeutung der Elemente in den biblischen Texten.

Claudia Erbar und *Peter Leins* (Biologie) machen in ihrem reich bebilderten Beitrag „Erde, Luft, Wasser und Feuer – Wie Pflanzen diese Elemente nutzen" deutlich, unter welch schwierigen Bedingungen Pflanzen zu überleben gelernt haben. Imposant: graue Tillandsien (Ananasgewächse), die sich auf Telefondrähten ansiedeln und von Sonne, Regen und Staub leben.

https://doi.org/10.17885/heiup.hdjbo.2022.1.24620

Joachim Funke (Allgemeine Psychologie) beschreibt in seinem Beitrag „Die vier Elemente: Eine psychologische Betrachtung“ verschiedene Aspekte wie z.B. Fehlvorstellungen, naive Physik oder komplexitätsreduzierende Vereinfachungen. Er macht den Wert vereinfachender Konzeptionen deutlich, die manchmal trotz erkannter Falschheit hilfreich sein können.

Bernhard K. Krämer, *Norbert Gretz*, *Benito A. Yard*, *Berthold Hocher* und *Anna-Isabelle Kälsch* (Nephrologie) befassen sich speziell mit Wasserregulation im menschlichen Körper. Unter dem Titel „Wasserbilanz im menschlichen Organismus: Balance und Dysbalance mit Focus auf renales Wasser- und Elektrolyt-Handling“ zeigen sie die enorme Leistungskraft der menschlichen Nieren.

Jonas Kuhn, *Nicole Bobrowski* und *Ulrich Platt* (Umweltphysik) wandeln „Auf den Spuren des Empedokles“ und widmen sich speziell dem Feuer, genauer gesagt, den feuerspeienden aktiven Vulkanen. Während Empodokles der Legende nach am Vulkan Ätna starb, als er in den Krater stieg, um das Vulkaninnere zu verstehen, sind heute moderne Fernerkundungsverfahren am Start, die weniger gefährlich sind und dafür mehr Erkenntnisse liefern.

Sven Schneider und *Michael Eichinger* (Präventionsmedizin) machen unter dem Titel „Mehr Sonne, mehr Hitze, mehr Regen, mehr Blitze - wie sehr der Klimawandel den Sport verändern wird und wie wir darauf reagieren können“ deutlich, wie wir Menschen schon heute vom Klimawandel betroffen sind. Alle vier Elemente bergen inzwischen z.T. erhebliche Gesundheitsrisiken für Sporttreibende.

Christel Weiss (Statistik) nutzt die vier Elemente metaphorisch, um Statistik zu beschreiben: Erde entspricht den Daten, Wasser den statistische Methoden, Feuer den zu prüfenden Hypothesen und Luft den Ergebnissen. Eine ungewöhnliche Sicht der Statistik.

Michael Wink (Biologie) befasst sich mit dem Element Feuer. In seinem Artikel „Die Rolle des Feuers in der Evolution des Menschen“ zeigt der Autor die essentielle Bedeutung dieses Elements für die Menschheitsentwicklung.

Die Publikation als e-Book hat sich bewährt: Sie spart Kosten und ermöglicht dank „open access“ eine größere Verbreitung als die Print-Version. Die ersten sechs Bände (Stabilität: Wink & Funke, 2016; Citizen Science: Wink & Funke, 2017; Mobilität: Funke & Wink, 2018; Schönheit: Funke & Wink, 2019; Entwicklung: Funke & Wink, 2020; Intelligenz: Holm-Hadulla, Funke & Wink, 2021) haben seit ihrem Erscheinen 2016 über 20.000 Downloads zu verzeichnen. Natürlich sind Download-Zahlen noch kein Indikator für breitere Wirkung, aber das waren die (deutlich niedrigeren!) Verkaufszahlen der alten Print-Ausgaben auch nicht. Auch diesem nun vorliegenden siebten Band der Heidelberger Jahrbücher Online wünschen wir daher angemessene Verbreitung!

Wem die digitale Ausgabe nicht genügt und ein Exemplar für seinen Bücherschrank wünscht: Dank der guten Zusammenarbeit mit „Heidelberg University Publishing (HeiUP)“ kann von allen Bänden für kleines Geld eine Print-Version „on demand“ hergestellt werden. Wir bedanken uns für die wie immer harmonische Zusammenarbeit beim Team der Universitätsbibliothek unter Leitung von Frau Dr. Maria Effinger, aber auch beim Direktor der Universitätsbibliothek, Dr. Veit Probst, der diesen Weg digitaler Informationsverbreitung seit Jahren fördert, ohne die Print-Welt zu vernachlässigen. Ein Dank geht erneut an Julia Karl, M.Sc., die trotz inzwischen anderer Aufgaben bei der Fertigstellung mitgeholfen hat.

Natürlich wäre all dies nicht möglich ohne die finanzielle Unterstützung durch die „Gesellschaft der Freunde Universität Heidelberg e.V.“, deren Mitgliedern wir auf das herzlichste danken!

Wir sind gespannt, wie der neue Band ankommt und wie unser Jahrgangsthema aufgenommen wird. Feedback ist wie immer erwünscht!

Heidelberg, im Herbst 2022

Joachim Funke (Psychologie)
und Michael Wink (Biologie)

Referenzen

Funke, J., & Wink, M. (Hrsg.). (2018). *Perspektiven der Mobilität* (Heidelberger Jahrbücher Online Band 3). Heidelberg University Publishing. https://doi.org/10.17885/heiup.hdjbo.2018.0

Funke, J., & Wink, M. (Hrsg.). (2019). *Schönheit: Die Sicht der Wissenschaft* (Heidelberger Jahrbücher Online Band 4). Heidelberg University Publishing. https://doi.org/10.17885/heiup.hdjbo.2019.0

Funke, J., & Wink, M. (Hrsg.). (2020). *Entwicklung – Wie aus Prozessen Strukturen werden* (Heidelberger Jahrbücher Online Band 5). Heidelberg University Publishing. https://doi.org/10.17885/heiup.hdjbo.2020.0

Holm-Hadulla, R. M., Funke, J., & Wink, M (Hrsg.). (2021). Intelligenz – Theoretische Grundlagen und praktische Anwendungen (Heidelberger Jahrbücher Online Band 6). Heidelberg University Publishing. https://doi.org/10.17885/heiup.hdjbo.2021.0

Wink, M., & Funke, J. (Hrsg.). (2016). *Stabilität im Wandel* (Heidelberger Jahrbücher Online Band 1). Heidelberg University Publishing. https://doi.org/10.17885/hdjbo.2016.0

Wink, M., & Funke, J. (Hrsg.). (2017). *Wissenschaft für alle: Citizen Science* (Heidelberger Jahrbücher Online Band 2). Heidelberg University Publishing. https://doi.org/10.17885/heiup.hdjbo.2017.0

Die vier Elemente in der Bibel: Luft, Wasser, Erde, Feuer

BERND J. DIEBNER

Wissenschaftlich-Theologisches Seminar, Universität Heidelberg

Zusammenfassung

Als Autoren literarischer Dokumente der Antike kennen die Verfasser der biblischen Schriften Alten und Neuen Testamentes auch die seit etwa dem 5. Jahrhundert vor Christus vor allem durch griechische Philosophen definierten vier Grundsubstanzen Luft, Erde, Feuer und Wasser. Das zeigt sich bereits in der Schöpfungsgeschichte Genesis / 1. Buch Moses, Kap. 1, also gleich zu Beginn der Bibel, und im Vergleich dieser mit der Schöpfungs-Hierarchie des Aristoteles. – Für meine Darstellung habe ich die Reihenfolge Luft, Feuer, Wasser, Erde gewählt und noch zwei ‚biblische Elemente = Grundsubstanzen' hinzugefügt: Licht und Finsternis in ihrer Bezogenheit aufeinander. Auffällig am biblischen Befund ist, dass alle Elemente (einschliesslich von Licht und Finsternis, aber ausschliesslich von Erde, es sei denn, man betrachte die ‚Erdenfrucht' Brot als ‚Erde') Symbole für Gott sein können, ja als mit Ihm identisch formuliert werden können, bis hin zu der Spitzen-Aussage: „Gott ist Licht". Gott kann aber auch ‚Luft' sein, oder sich im ‚Feuer' oder durch ‚Wasser' offenbaren. Oder Gott kann wesenlos im Dunkel vegetieren. In der ‚Erdenfrucht Brot' kann man Gottes Leib im Hl. Abendmahl / der Eucharistie verspeisen. Aber auch zum Wohle der Menschen oder zu ihrer Bestrafung sind die Elemente immer in Gottes Hand. Der Aufsatz soll dies differenzierend zeigen.

1 „Wie sieht Gott aus?"

Der katholische Pfarrer Gotthard Fuchs aus Wiesbaden hat seinen Neffen nach einem Gottesdienst mit im Auto. Der Junge fragt seinen Onkel: „Wie sieht Gott aus?" Gotthard Fuchs überlegt. Dann sagt er: „Gott kannst du nicht sehen. Das ist wie mit der Luft. Die kannst du auch nicht sehen. Aber trotzdem gibt es sie"[1]. Ein geniales Bild! Allerdings: kommt Luft in Bewegung, dann kann man sie fühlen. Dazu der folgende Abschnitt.

2 Das Urelement: Die Luft als Metapher für Gott

Damit kommen wir zur ‚Luft' als biblische Metapher für ‚Gott'[2]. Nachdem der YHWH-Prophet *Elijåhu* (Kurzform: Elia) 450 Propheten *Ba'als* und vermutlich auch noch die 400 Propheten der Aschera umgebracht hat[3], flieht er vor der Rache *'Isäbäls* (Isebel), der Frau des israelitischen Königs *'Achåb* (Achab) „in die Wüste eine Tagesreise weit ... und setzte sich [erschöpft] unter einen Wacholder und wünschte sich zu sterben"[4]. Ein Engel versorgt den Erschöpften zweimal mit Brot und Wasser, dadurch kommt der Erschöpfte zu Kräften „und ging durch die Kraft der Speise vierzig Tage und vierzig Nächte bis zum Berg Gottes, dem *Choräv*

---

[1] SWR 2: „Das Wort zum Tage", 05.02.2022, 7:55 Uhr. Hier aus dem Gedächtnis, aber sinngemäss, zitiert.

[2] Die ‚Luft' spielt exegetisch-theologisch (in der Bibelwissenschaft des Alten wie neuen Testamentes) so gut wie keine Rolle. Die neueste *RGG (Religion in Geschichte und Gegenwart*, (4.Aufl.) hat nicht einmal eine Vox „Luft". Einen zehnzeiligen Beitrag liefert die ältere Enzyklopädie *BHH (Biblisch-Historisches Handwörterbuch*, Bd. II, Göttingen 1964, Sp. 1108): „*Luft* (hebr. kein Wort dafür; gr. aēr): für das AT entweder der Himmel mit Vögeln und Wolken (Gn 1 20 Ps 147 8), der Wind (Gn 8 1) oder der Odem (Gn 2 7), für das hellenist. Judentum und das NT auch die Atmosphäre ...". Es folgen einige Stellenangaben. Im weiteren Verlauf versuche ich zu zeigen, dass die Aussage bezüglich des ATs nicht ganz stimmig ist. Vielfach müssen wir die hebr. *ruach* mit „Luft" übersetzen, wenn damit nämlich kein geistiges Wesen gemeint ist. Vermutlich hat sich der Verfasser des BHH-Artikels „Luft", Bo Reicke, zu flüchtig am hebr.-dt.en Standardwörterbuch *Gesenius* orientiert. Dort gibt es im dt.-hebr. Register zwar kein Stichwort „Luft", wohl aber für „Lüftchen" (*ruach*) und für „luftwärts" (*ruchåh*). Ausserdem heisst in der *Biblia Hebraica* (BH) die bewegte Luft, d. h. der „Wind", *ruach*. Abenteuerliche Informationen erhalten wir, wenn wir unter Eingabe „Luft in der Bibel" Anonymos: *wikipedia* befragen. Dort erfahren wir, dass in Dtn 28,22 von „giftiger Luft" zu lesen sei – für mich unerfindlich. Ebenso finden wir dort ein mir unbekanntes Bibelwort aus einem mir unbekannten biblischen Schöpfungsbericht: „Zuerst schuf Gott Luft, dass der Mensch atmen konnte".

[3] Vgl. 1.Kön 18,19.40. – Zitate nach dem Luthertext, rev. Fassung von 1964.

[4] 1.Kön 19,4a.

(Horeb)"[5]. Dort schläft Elia in einer Höhle. Dort „(kam) das Wort YHWHs[6] zu ihm"[7], das mit der Aufforderung schliesst: „Geh heraus und tritt hin auf den Berg vor den HERRN! Und siehe, der HERR wird an dir vorübergehen"[8]. Elia erlebt dort einen Sturm, ein Erdbeben und ein Feuer[9]. Aber YHWH war in keinem dieser Phänomene. „Und nach dem Feuer kam ein stilles sanftes Sausen. Als das Elia hörte, verhüllte er sein Angesicht mit seinem Mantel[10] und ging hinaus und trat in den Eingang der Höhle"[11]. Dort beauftragt ihn „eine Stimme" mit einigen Königssalbungen, u. a.șeltsamerweise mit der eines neuen syrischen Königs, nachdem Elia zuvor einen Kurzbericht über seinen Einsatz für „YHWH, den Gott *Z:vå'oth* (Zebaoth)" (= der [durchaus militant zu verstehenden himmlischen] „Heerscharen") gegeben hatte. Offenbar zeigte sich YHWH in der leisen Luftbewegung.

Wabernde Luft scheint auch Gottes Erscheinungsform als Schöpfer zu sein. Zu Beginn des (sog. ersten) Schöpfungsberichts lesen wir: „und der Geist Gottes (*ruach 'älohim*) schwebte auf dem Wasser"[12]. Gott scheint hier also keine definierbare Gestalt zu haben. Luft scheint für Gottes Erscheinungsweise eine angemessene Metapher zu sein: fühlbar, aber nicht sichtbar.

In anderen Textzusammenhängen scheint Gott zwar grundsätzlich sichtbar zu sein, aber Ihn zu erblicken ist tödlich. – Während Israel von Pfingsten (*shåvu'oth*) bis Ostern (*päsach*) am heiligen Offenbarungsberge rastet[13], bittet Moses Gott:

---

[5] 1.Kön 19,8.

[6] Im Luthertext für das hebräische Tetragramm YHWH (vokalisiert wohl „Yahuh" zu lesen, was durch externe Belege [die Elephantine-Papyri aus dem 5. Jh v. C.] bestätigt wird (*yhw*), und nicht wie seit dem 19. Jh, also in der jüngeren Forschung, üblich „Ja[c]hweh"), nach dem griechischen Wortlaut der Septuaginta (*κυριος* = „Herr") in Standardübersetzungen mit „der HERR" wiedergegeben. Heute wird es in wissenschaftlichen Publikationen üblich, nur das unvokalisierte Konsonantengerüst ‚YHWH' zu schreiben.

[7] 1.Kön 19,9b–10.

[8] 1.Kön 19,11a.

[9] Alle diese Phänomene sind bekannte Metaphern für Gottesoffenbarungen.

[10] Zeichen der Ehrerbietung. Den Herrscher schaut man nicht mit bloßem Angesicht an. Es gibt noch heute in höfischen Riten Südostasiens die Sitte, dass man sich dem Herrscher nur gebeugt nähern darf.

[11] 1.Kön 19,13a.

[12] Gen 1,2b.

[13] Ein jüdisches Festjahr lang.

„Lass mich Deine Herrlichkeit sehen!“[14]. Gott antwortet: „Ich will vor deinem Angesicht all Meine Güte vorübergehen lassen und will vor dir kundtun den Namen YHWHs“[15]. Dieser beinhaltet Gottes Gnade und Sein Erbarmen, hoheitliche Güte-Erweise. Der Name selbst wird damit nur umschrieben. Preisgeben kann Gott Seinen Namen nicht; denn damit würde Er sich verfügbar machen[16]. „Und Er sprach weiter: ‚Mein Angesicht kannst du nicht sehen; denn kein Mensch wird [weiter]leben, der mich sieht ... und du darfst hinter Mir hersehen; aber Mein Angesicht kann man nicht sehen‘“[17]. Diese Passage ist als Korrektur zu verstehen; denn zuvor hiess es: „Der HERR redete mit Moses von Angesicht zu Angesicht, wie ein Mann zu seinem Freunde redet“[18]. – Dass Gottes Angesicht zu schauen tödlich sein kann, begegnet auch in der ‚dämonischen‘ Erzählung von Jakobs (*ya´aqov*) Kampf mit einem rätselhaften Mann (*’ish*), der ihn am Flusse Yabboq überfällt. Aus der Logik der Erzählung folgt, dass der „Mann“, das dämonische Wesen, das Jakob nächtlich überfällt und mit Anbruch der Morgenröte wieder verschwinden muss, Gott ist. Nachdem Jakob das deutlich wurde, „sprach er: ‚Ich habe Gott gesehen, und doch wurde mein Leben gerettet“[19]. Eigentlich hätte er es deswegen verlieren müssen. – Im darauf folgenden Kapitel des Buches Genesis nähern sich Jakob und sein familiäres Gefolge samt Viehherden demütig mit Zittern und Zagen und schlechten Gewissens seinem kriegsmächtigen und

---

[14] Ex 33,18.

[15] Ex 33,19. – Scheinbar gibt YHWH Seinen Namen in Ex 3 preis. Moses möchte den Namen des Numens wissen, das sich ihm am Dornbusch offenbart und mit der Rettung Israels beauftragt hat, um diesen dem Volk zu verkünden. YHWH antwortet mit dem berühmten Satz, der oft mit „Ich bin, der Ich bin“ wiedergegeben wird. Eine Übersetzung, die auf den Septuagintatext zurückgeht: *Εγω ειμι ο ων* = „Ich bin der Seiende“; die Vulgata (die lateinische Standardbibel) liest: *ego sum qui sum*, also das berühmte „Ich bin, der Ich bin“, was zu allerlei philosophischen Spekulationen motiviert hat. Der revidierte Luthertext von 1964 liest: „Ich werde sein, der Ich sein werde“. Das kommt dem hebr. Text schon näher. Dort heisst es: *’ähyäh ’ashär ’ähyäh*. Die Verbformen sind ein ‚Modalis‘ (Beat Zuber). Korrekt müsste man übersetzen: „Ich möcht’ sein, der Ich sein möcht“. Das berühmte jüdisch-jiddische ‚mecht sein, mecht aber auch nicht sein‘, kommunikativ übersetzt: „Mein Name geht dich nichts an!“, vulgär: einen feuchten Kehricht.

[16] Siehe das ‚Rumpelstielzchen-Prinzip‘: „Ach wie gut, dass niemand weiss, dass ich Rumpelstielzchen heiss!“ Der Dämon macht sich durch die Preisgabe seines Namens manipulierbar.

[17] Ex 33,20.23b.

[18] Ex 33,11.

[19] Gen 32,31b.

von Jakob betrogenen Bruder Esau (*'esaw/u*) und betteln ihn mittels eines Gastgeschenks von seinem Vieh um Gnade an. Esau war Jakob aber bereits um den Hals gefallen im Rahmen eines orientalischen Gefühlausbruchs, der beide Brüder erfasst. Für Jakob scheint Esau göttlichen Wesens zu sein, und er scheint noch unter dem Eindruck des nächtlichen Überfalls zu stehen; denn er sagt zu Esau: „... ich sah dein Angesicht, als sähe ich Gottes Angesicht, und du hast mich freundlich angesehen“[20]. – Es ist in der Bibel, dem christlichen „Alten Testament“[21], auch die Rede davon, dass Gott Menschen ‚Sein Angesicht zukehren‘ will; aber eben nur, um Frevler innerhalb der Gottesgemeinde aus dieser auszurotten[22].

Diese Beispiele zeigen, wie kritisch in der hebräischen Bibel des antiken Judentums[23] die Rede von der Sichtbarkeit oder gar von einer Körperlichkeit Gottes ist. Offenbar *hat* Gott ein Angesicht, aber man lässt es tunlichst nicht dazu kommen, in dies schauen zu müssen. Ähnlich dem Haupte der Gorgo Medusa, deren Anblick versteinerte. Deshalb redet die Bibel Alten und Neuen Testamentes gern von einer eher ‚luftigen‘ Erscheinungsform Gottes, nämlich dem „Geist Gottes“ (*ruach [ha] 'älohim* bzw. [*το*] *πνευμα* [*του*] *θεου*). Dieser Geist ist in der Regel unsichtbar, kann sich aber auch visualisieren. So zum Beispiel in der Erzählung von der Taufe Jesu bei den Synoptikern, wo Gottes Jesus adoptierender Geist in der Gestalt einer Taube (*ωσει περιστεραν*) über ihn kommt[24].

Das Johannes-Evangelium macht den unanschaulichen Gott gleich in seinem Prolog[25] ‚materiell‘: „Am Anfang / Zu Beginn war das Wort (ο *λογος*), und das Wort war bei Gott, und Gott war das Wort“[26]. Aber „das Wort wurde Fleisch [in der Gestalt Jesu Christi] (ο *λογος σαρζ εγενετο*) und wohnte unter uns, und wir sahen seine Herrlichkeit, eine Herrlichkeit als des eingeborenen Sohnes vom

20 Gen 33,10b.

21 In jüdischer Terminologie: im T(a)N(a)Kh, der Thorah, den Propheten und den (sonstigen) Schriften in der Anordnung der *Biblia Hebraica et Aramaica.*

22 Num 20,1–8.

23 Das bezüglich der hier angeführten Texte aus der Thorah (den Büchern Moses) auch das historisch alte Israel, die Samaritaner, mit umfasst.

24 Vgl. Mt 3,16 parr. Mk 1,10; Lk 3,22; das JohEv berichtet nicht von einer Taufe Jesu; vgl. Abbildung 1.

25 In seiner ‚Schöpfungs-‘ oder ‚Weihnachtsgeschichte‘ und auch statt ‚Tauf-‘ und ‚Adoptionsgeschichte‘ bei den Synoptikern (Joh 1,1–18).

26 Joh 1,1.

Vater, voller Gnade und Weisheit“[27]. Gott als das reine Wort ist noch ‚luftig‘. Aber in der ‚fleischlichen‘ Gestalt Jesu Christi verkörpert sich das Gotteswort.

Abbildung 1: Taufe Jesu (Mt 3). Quelle: Vollbach-Hirmer, Tafel 5 unten: Rom, Santa Maria Antiqua, einzon. Fries-Sarkophag, um 270 n. C.

[27] Joh 1,14.

In der Bibel begegnet auch die ‚reine Luft', aber nur 18 Mal und mit nur einer Ausnahme in einer ‚elementaren' Bedeutung etwa als Leben schaffende Atemluft[28]. Interessant ist noch eine Passage im Buche der Weisheit (*Sapientia Salomonis / SapSal*). Hier erkennt der Weise „an den sichtbaren Gütern den, der wirklich Gott ist", anders als „die von Gott nichts wissen ... die, obwohl sie auf Seine Werke achten [also wirklich als Objekte wahrnehmen], nicht begreifen, wer der Meister (*τεχνιτης*) ist"[29]. Gott ist also nicht als Person erkennbar, sondern nur an Seinen schöpferischen Werken erfahrbar. – In diesem Kontext sollte nicht unerwähnt bleiben, dass Gottes Luft (*n:shåmåh*) dem Menschen (*'ådhåm*) das Leben einhaucht, den Lebensodem (*nishmath chayyim*)[30].

Vielleicht kann ich diesen Abschnitt so zusammenfassen: Gott ist im Grunde nicht optisch sichtbar und nicht haptisch erfassbar. Er[31] ist eher ein geistiges Wesen, das sich in Seinen Werken ‚verkörpert', also nur mittelbar. Im Rahmen der johanneischen Christologie verkörpern sich Gott und Sein (schöpferisches) Wort in der ‚Fleisch gewordenen' Person Jesu Christi. – Gotthard Fuchs hätte in seine Luftmetapher für Gott noch die bewegte Luft aufnehmen sollen. Wind kann schöpferisch, aber auch zerstörerisch sein. Eben wie Gott.

3 Die übrigen Elemente im biblischen Schöpfungsbericht

Den griechisch-lateinischen Hybridbegriff „Element" können wir mit „Urstoff", „Grundbestandteil" wiedergeben. Ein Element ist also theoretisch unteilbar, ein Atom. Dass auch Atome zerlegbar sind, wissen wir durch Otto Hahn, Lise Meitner und Friedrich (Fritz) Wilhelm Strassmann seit 1938. – Die Lehre von den Elementen hat in der griechisch-antiken Philosophie eine längere Geschichte. Sie beginnt fassbar mit Thales (625–545 v. C.) und führt über Anaximenes (ca. 585–525 v. C.), Parmenides (ca. 540–480 v. C.) und Heraklit (ca. 544–483 v. C.) zu Empedokles (483/82–424/23 v. C.). Seit Empedokles sind Erde, Luft, Wasser und Feuer als Grundelemente definiert. Diese vier blieben bis ins 17. Jh als eine Art naturwissenschaftlichen Dogmas definiert. Wir können sagen: es blieb ein solches bis

[28] Etwa Gen 2,7, SapSal 7,3.
[29] SapSal 13,1*.
[30] Vgl. Gen 2,7.
[31] Für die Feminist/inn/en: bzw. Sie.

zum Beginn der naturwissenschaftlich-analytischen Forschung. – Platon (427–347 v. C.) und Aristoteles (384–322 v. C.) behaupteten als fünftes Element den Äther. Wenn wir von den ‚Urgewalten' der Natur sprechen, dann begegnen uns bis heute noch die traditionellen vier Elemente Erde (Erdbeben, Geröll-Lawinen), Wasser (Starkregen, Überschwemmungen), Luft (Orkane, Tornados) und Feuer (Wald- und Hausbrände)[32].

Spielt nun die Antike Lehre von den vier Elementen auch in der Bibel eine Rolle? Immerhin entstanden ihre Schriften bei aller Diversität und je nach Forschermeinung divergierenden Datierung auch einzelner Schriften in diesem kulturgeschichtlichen Kontext. Ich meine an dieser Stelle der Überlegungen noch nicht, dass jedes dieser Elemente in narrativen und poetischen Texten der Bibel begegnet. Ich frage, ob diese Elemente irgendwo textlich begegnen und wo ein Strukturmuster erkannt werden kann.

Ich meine, dass sich ein solches Muster gleich im ersten Kapitel der Bibel erkennen lässt, nämlich in der sog. ‚ersten' Schöpfungsgeschichte Gen 1,1–2,3[33]. Ob man von der folgenden Erzählung als dem ‚zweiten Schöpfungsbericht' sprechen sollte, erscheint mir fraglich. Die Schöpfung spielt im Kontext von Gen 2f. nur eine marginale Rolle und ist dort eingebunden in die umfassendere Paradiesgeschichte.

Vermutlich ist dieses Muster zu Beginn der jüdisch-antiken Sammlung mehr (Thorah) oder weniger (Propheten und Schriften) heiliger Schriften Absicht mit der

---

[32] Orientiert an Art. „Element", in: *MEL* Bd. 7, Mannheim usw. 1973, Sp. 679f.

[33] Vers 4a dürfte („So sind Himmel und Erde geworden, als sie geschaffen wurden") – gegen die allgemeine Forschungsmeinung – auf Grund der Funktion der vergleichbaren zehn Texte in der Thorah K. A. Deurloo (Amsterdam) zufolge Überschrift zum folgenden Text Gen 2,4b–3,24 sein; vgl. K. Deurloo: *Genesis*. Kampen 1998, S. 36ff.; M. Kessler, K. Deurloo: *Commentary on Genesis : The Book of Beginning*. Mahwah / N.J. 2004, S. 40f. – Anders etwa G. v. Rad: *Das erste Buch Mose : Genesis*. ATD 2/4, Göttingen 1953, S. 49f. G. v. Rad bemerkt zu Gen 2,4a: „Hier kann der Passus nicht Überschrift sein [*nota bene*: nur hier nicht], denn die Formel ist ausschließlich priesterschriftlich" (S. 49). Gen 1,1–2,3 wird P zugerechnet. Doch die genealogische Überschrift steht auch über Texten, die traditionell auch anderen ‚Quellenschriften' zugerechnet werden, so gleich in Gen 2,4b. Der wesentliche Grund gegen die Zugehörigkeit von Gen 2,4a zum voraufgehenden Schöpfungsbericht ist aber: alle zehn übrigen Formeln des Typs Gen 2,4a sind Überschriften für die folgenden Erzählungen. Nur Gen 2,4a wäre eine Unterschrift. Hier sollte des Analogieprinzip für ein Urteil maßgeblich sein. Dass alle Formulierungen des Typs von der Hand eines und desselben Redaktors stammen mögen, will ich nicht bestreiten – egal mit welchem hypothetischen Siglum er von den Alttestamentlern benannt wird.

Intention, das jüdische Bibelschrifttum als ein tönendes Instrument in das antike Philosophie-Konzert einzuordnen. In der Tat galt die Thorah (fünf Mosesbücher) samt ihren späteren Auslegungen (Halacha, Haggada bis zum Talmud [um 500 n. C.]) als jüdischer Beitrag zur antiken Philosophie[34].

Es ist ein festgewachsenes Forschungsdogma unter den Exegeten des Alten Testamentes, dass die sog. ‚Priesterschrift' der Thorah, der Gen 1,1–2,3[.4a] zugerechnet werden, im 6. Jh v. C. entstanden sei, also zur sog. ‚Exilszeit' (von 587/86–539/38 v. C.). Argumente für diese Datierung liefert jede Einleitung / Einführung in das Alte Testament bis zum heutigen Tage. Schon eine Datierung der Schöpfungsgeschichte in das 5. Jh v. C. durch Ludwig Schmidt gilt bei Erich Zenger bereits als gewagt[35].

Dem stelle ich meine These entgegen, dass der biblische Schöpfungsbericht in Gen 1,1–2,3 kaum vor dem Ende des 4. Jh.s v. C. entstanden sein kann, eher noch im 3. Jh. v. C. weil er die Schöpfungshierarchie des Aristoteles voraussetzen dürfte. Kein *external evidence* spricht dagegen. Nun ist es gängige Meinung in der philosophiegeschichtlichen Forschung, dass die Aristoteles-Rezeption in der Antike erst mit Andronikos von Rhodos (1. Jh v. C.)[36] und seiner Erfassung eines Teiles des aristotelischen Schrifttums im 1. Jh v. C. eingesetzt habe, während zuvor die platonische Tradition maßgeblich gewesen sei[37]. Diese verbreitete Meinung dürfte schon durch die Peripatetiker (Schüler des Aristoteles) falsifiziert werden, von Theophrastos von Eresos (372–287 v. C.) und bis hin zu Straton († ca. 270 v. C.). Zudem könnte Gen 1 ein *missing link* sein und würde genau in diese Zeit passen. Aber wegen der dogmatisierten (und extern nicht belegbaren) Datierung von ‚P' (der ‚Priesterschrift') ins 6. Jh v. C. fällt keinem Exegeten die Strukturverwandtschaft zwischen der Schöpfungshierarchie und Gen 1,1–2,3 auf. Nun kann man fragen: „Was ist Huhn und was ist Ei?" Angesichts der Marginalität der jüdisch-samaritanischen (israelitischen) Kultur in der Antike mindestens bis

34 Vgl. G. Schiffkoff (Hrsg.): *Philosophisches Wörterbuch*. Stuttgart 1957, S. 293–296.

35 Vgl. E. Zenger (Hrsg): *Einleitung in das Alte Testament*. 5. Aufl. Stuttgart 2004, „Die These von der Entstehung [sc.: der Priesterschrift] im 5.Jh. [sc.: v. C.] in Jerusalem", S. 167.

36 Um 70 v. C. „Schulhaupt der peripet. Schule" (*MEL* Bd. 2, *sub voce* „Andronikos von Rhodos").

37 Vgl. Anonymos: Art. „Aristotelismus" (und Peripatetiker) bei *wikipedia*.

zur Zeitenwende[38] ist für mich die Antwort eindeutig. – Zum Folgenden verweise ich auf zwei meiner ausführlicheren Publikationen mit Belegen zu Aristoteles[39].

Zum Vergleich von Schöpfungshierarchie[40] mit den biblischen Schöpfungswerken gebe ich hier ein Schema.

Aristoteles:		**Genesis:** **Überschrift**: *Am Anfang schuf Gott die Himmel und die Erde* (Gen 1,1)	
Vorgabe:	*Η ΠΡΩΤΗ ΥΛΗ* (ungestaltet: *χαος*)	Vorgabe: Vorgabe: Vorgabe:	*tohu wabohu /t:hom* Wasser (unstrukturiert) *ruach ʻälohim* [Geist Gottes] auf den Wassern
Element 1	Feuer	Schöpfungswerk 1 Tag 1	Licht / Finsternis (biblische Elemente)
Element 2	Luft	[vgl. Vorgabe:	*ruach ʻälohim*]
Element 3	Wasser	Schöpfungswerk 2 Tag 2	Firmament Scheidung der Wasser

38 Die christliche Kultur hat in der Rezeption ihre Bedeutung postum überhöht.

39 Vgl. B. J. Diebner: „Platonisch-Aristotelisches und frührabbinische Denkstruktur in Gen 1–3 : zur kulturgeschichtlichen Einordnung von Schöpfungs- und Paradies-Erzählung (2010)“, in: *Seit wann gibt es „jenes Israel“? : Gesammelte Studien zum TNK und zum antiken Judentum : Bernd J. Diebner zum 70. Geburtstag*. V. Dinkelaker, B. Hensel, F. Zeidler (Hrsg.). Beiträge zum Verstehen der Bibel (BVB) 17.Berlin 2011, S. 87–96 (= Diebner 2011); ders.: „Antike Wissenschaft im Alten Testament“, in: *Badische Pfarrvereinsblätter* Karlsruhe 7–8/2020, S. 371–377.

40 Ich wähle diesen Begriff, um Aristoteles von dem biblischen Nacheinander (Zeitschema: Schöpfungstage) abzusetzen. Dies Zeitschema ist im Judentum traditionell vorgegeben. Die Sieben-Tage-Woche wird schöpferisch interpretiert mit dem Shabbath (Sabbat) als dem die Vollendung der Schöpfung markierenden Ruhetag des Schöpfers. Egal wie viel Einzelwerke der Schöpfung aufgezählt werden, sie müssen in das Sieben-Tage-Schöpfungsschema passen.

Element 4	Erde	Schöpfungswerk 3	Erde (Scheidung Meer / Trockenes)
ΨΥ*XH* 1	Pflanzen (unbewegtes, vermehrungsfähiges, vergängliches Leben)	Schöpfungswerk 4 Tag 3	Pflanzen
		Schöpfungswerk 5 Tag 4	Gestirne (Sonne, Mond, Sterne) [= ΨΥ*XH* 4!]
ΨΥ*XH* 2	Tierwelt (bewegtes, vermehrungsfähiges, vergängliches Leben)	Schöpfungswerk 6 Tag 5	Tierwelt I (Schwimm- und Flugtiere)
		Schöpfungswerk 7	Tierwelt II (Landtiere: Kriech-, Wild-, Haustiere)
ΨΥ*XH* 3	Mensch (bewegtes, vermehrungsfähiges, vergängliches, als *NO*ΥΣ-begabtes aber am Unvergänglichen teilhabendes Leben)	Schöpfungswerk 8 Tag 6	Mensch(en) (Mann & Frau = Gott gleich bezüglich *zælæm* und *dh:muth*, (äusserlich und im Wesen)
ΨΥ*XH* 4	Gestirne (bewegtes, unvergängliches Leben = göttlich)	[siehe: Schöpfungswerk 5!]	

ΝΟΥΣ	der „unbewegte Beweger“ (= das unpersönliche göttliche Prinzip) [*contradictio in se ipse*]	*Shabbath* (Ruhetag / Unbeweglichkeit des[41] Schöpfers) Tag 7

Wesentliche Quelle für die aristotelische Schöpfungshierarchie ist die Schrift *περι ψυχης / De anima / Über die Seele*[42]. – Es gibt m.E. ein starkes Argument dafür, dass die Autoren des Schöpfungsberichtes sich auf Aristoteles beziehen und nicht umgekehrt. Die biblischen Autoren verändern die Abfolge des logischen Konzeptes von Aristoteles und zwar aus religionspolitischen und -polemischen Gründen. Die biblischen Autoren kämpfen *passim* gegen die antike göttliche Verehrung der Gestirne[43] zu Gunsten ihres Einzigen Gottes YHWH, der nur in Seinem Wort und in elementaren Naturphänomenen (Donner, Feuer, Licht) in Erscheinung tritt. Trotz der ‚Gottesebenbildlichkeit‘ des Menschen[44]. Die Göttlichkeit der Gestirne klingt bei Aristoteles noch an: durch ihre Placierung an der Spitze der Schöpfungshierarchie und durch ihre Unvergänglichkeit. Im

[41] Auf Grund ihres kamuflierten Anti-Judaismus bestreiten moderne Exegeten gern, dass mit Gottes Ruhe am siebten Tage in Gen 2,1–3 der Shabbath gemeint sei.

[42] Ähnlich wie die biblische Schöpfungsgeschichte sind auch die jüdischen Speisege- und –verbote in Lev 11 und Dtn 14 nicht ohne die analytischen naturphilosophischen Schriften des Aristoteles *De motu animalium* und *De partibus animalium* zu verstehen.

[43] *Es sind von Natur alle Menschen nichtig, die von Gott nichts wissen ..., sondern das Feuer oder den Wind oder die flüchtige Luft oder die Sterne oder mächtige Wasser oder die Lichter am Himmel* [gemeint: Sonne und Mond] *für Götter halten, die die Welt regieren* (SapSal 13,1*.2 [Luthertext]); vgl. Dtn 4,19; 17,3; 2.Kön 23,11¸Ez 8,16; umgekehrt: Sonne und Mond sollen Gott loben, d. h. anbeten (Ps 148,3). In Dan 3,61–90 (LXX; Gebet des Asarja, resp. der drei Männer im Feuerofen Kap. 3,34–66 StzDan; Luther-Apokryphen) sollen *πασαι αι κυριου* / alle [Schöpfungs-] *Werke des HERRn* diesen loben, auch alle klassischen Elemente (Wasser, Luft / Winde [*πνευματα*], Feuer, Erde, alle Gestirne); unterschiedliche Reihenfolge der Verse bei der LXX (griech.) und der Vulgata (lat.); Luther richtet sich bei seinen Apokryphen nach der Vulgata, der maßgeblichen lateinische Version des Mittelalters. - Allerdings kann die Sonne auch Metapher für den wahren Gott sein, dem Anbetung gebührt: *Denn Sonne und Schild (ist) YHWH (der) Gott, Gnade und Herrlichkeit gibt YHWH* (Ps 84,12a).

[44] Vgl. Gen 1,27.

Schöpfungsbericht werden die Gestirne unterhalb des ‚primitivsten' Lebens, den Pflanzen, angeordnet, und sie werden ihrer Eigenbeweglichkeit beraubt: „und Gott hämmerte sie an das Firmament"[45]. Ihre scheinbare Eigenbewegung gründet in der Bewegung des Firmaments. Damit sind die Gestirne auch ihrer Eigenmächtigkeit beraubt.

Die Gegenüberstellung der vier Elemente bei Aristoteles und der biblischen Schöpfungsgeschichte kann nur *cum grano salis* verstanden werden; denn der Schöpfungsbericht erwähnt nicht die elementare Bedeutung des Feuers. An seiner Stelle nennt er ‚Licht' und ‚Finsternis'. Deshalb führe ich im Weiteren ‚Licht' und ‚Finsternis' aber als ‚biblische Elemente' auf, ohne auf das Feuer zu verzichten; denn in biblischen Texten ist auch das Feuer von elementarer Bedeutung und Gewalt.

4 Das Element Feuer

Ich möchte drei Arten biblischen ‚Feuers' unterscheiden: (a) Feuer als Materialisierung des Göttlichen; (b) Feuer als Materialisierung von (göttlicher) Strafe; (c) unqualifizierte (zufällige) und ‚innermenschliche' Feuer-Erwähnungen[46]. Ich werde mich auf die Vox ‚Feuer' (*'esh*) beschränken und nicht Voces mit mehr oder weniger synonymer Bedeutung von ‚Feuer' wie etwa ‚Flamme' (*lähåvåh*) berücksichtigen.

4.1 (a) Das Feuer als Materialisierung des Göttlichen resp. des Gottes ‚Israels'

Hier wie bei den anderen Elemente kann wegen der Fülle der Belegstellen nur eine bezeichnende Auswahl angeführt werden. – Am bekanntesten ist die Erscheinung Gottes gegenüber Moses im brennenden Dornbusch (Abbildung 2) am „Gottesberg

[45] Gen 1,17a; auch Ps 74,16; 1.Kön 8,12.

[46] Die *RGG* 4.Aufl., Tübingen 2000, Bd 3, S. 103f. (W. D. Furley), bietet nur einen kurzen religionswissenschaftlichen Beitrag *sub voce* „Feuer", ohne dass auf die Bibel eingegangen wird. Einen belegreichen Beitrag, der die verschiedenen Aspekte des Feuers (1) im AT, (2) im Judentum und (3) im NT (allerdings etwas unübersichtlich) anspricht, bietet G. Lindeskog in: *BHH* Bd.1, Göttingen 1962, Sp. 479f.

Choräv“ (Horeb), aus dem heraus die Stimme YHWHs Moses mit der Herausführung des Gottesvolkes aus Ägypten beauftragt[47]. ‚Erscheinen‘ aber tut nur „der Engel YHWHs“ in der ‚feurigen Flamme‘. Eine Vorsichtnahme wie schon in Gen 22,11–18, denn (siehe oben!) Gott zu schauen, ist entsetzlich[48]. Nicht nur aus dem feurigen Dornbusch, auch sonst redete YHWH mit euch [Israel[49]] *mitten aus dem Feuer* (Dtn 4,12, und weitere sieben Mal in der Schrift Dtn).

Zur Kundgabe des göttlichen Gesetzes (Seiner ‚Weisung‘, der Thorah) fährt YHWH im Feuer auf den rauchenden Gottesberg Sinai herab:

> ... *und Rauch stieg auf wie der Rauch von einem Schmelzofen,*
> *und der ganze Berg bebte sehr* (Ex 19,18 u. ö.).

Gut ein Dutzend Male zwischen Lev 9,24 und Ps 106, 18 geht *ein Feuer aus von YHWH*, das Opfergaben ‚verzehrt‘ oder vom rechten Weg Abgewichene und Feinde YHWHs oder Israels. Gott selbst kann auch verglichen werden mit Feuer, etwa, wenn er dem abtrünnigen Israel (dem Nordstaat Samaria, poetisch: „Haus Joseph“) ankündigt, es solle, um zu leben, YHWH suchen,

> ... *dass Er* [YHWH] *nicht daherfahre über das Haus Joseph*
> *wie ein verzehrendes Feuer* (Am 5,6b).

Der Vergleich kann auch in einer rhetorischen Identifizierung Gottes mit dem Feuer gipfeln:

> ... *YHWH, dein Gott, ist ein verzehrendes Feuer*
> *und ein eifernder Gott* (Dtn 4,24).

---

47 Vgl. Ex 3,2–8.

48 Vgl. Ex 3,6b.

49 Den mehrdimensionalen Begriff ‚Israel‘ in der BH möchte ich hier nicht ausdifferenzieren, sondern seine Aspekte nur pauschal anführen. (1) Erzvater Jakob wird in seiner ekklesiologischen Bedeutung als ‚Stammvater‘ der Gottesgemeinde in ‚Israel‘ umbenannt (vgl. Gen 32,29, 35,10). (2) Historisch haftet der Name ‚Israel‘ am sog. ‚Nordreich‘ oder Samarien, das 722/21 von den Assyrern erobert wurde. (3) Vermutlich im 2. Jh v. C. hat Judäa, nach der Eroberung Samariens durch den judäischen Makkabäerfürsten Johannes Hyrkanus I. (134–104 v. C.) die Bezeichnung ‚Israel‘ auf sich (dh. den Hasmonäerstaat) bezogen (vgl. Diebner 2011, S. 67–84).

Abbildung 2: Brennender Dornbusch (Ex 3). Quelle: Wilpert, Schumacher, Taf. 38 (untere Zone): Rom, Santa Maria Maggiore, rechte Langhauswand; Text S. 312f., 1. Drittel 5. Jh.s n. C.

der es nicht duldet, dass man sich von ihm ein „Bildnis macht von irgendeiner Gestalt, wie es YHWH geboten hat" (v23b; Bezug auf Dtn 5,8 resp. Ex 20,4f.). – Gott will auch, wenn Israel über den Jordan geht[50], die im verheissenen Lande lebenden Völker ausrotten[51]:

[50] Ncht im Sinne unserer Redewendung, sondern in das von Gott verheissene Heilige Land.
[51] Vergleiche mit der heutigen Situation in Palästina / Israel sind unstatthaft.

So sollst du [Israel] *nun heute wissen,*
dass YHWH, dein Gott vor dir hergeht,
ein verzehrendes Feuer.
Er wird sie [die *native inhabitants*] *vernichten* ... (Dtn 9,3a.bß).

Im Hebräerbrief soll auf den „Mittler des neuen Bundes, Jesus" gehört werden, sonst:

... *unser Gott ist ein verzehrendes Feuer* (Hebr 12,29).

Sicher auch hier ein Bild, aber eine sprachliche Identifizierung von Gott und Feuer. Im Neuen Testament (NT) erscheint den Jüngern Jesu (und Maria?) zu Pfingsten der inspirierende Geist Gottes:

Und es geschah plötzlich (αφνω) *ein Brausen vom Himmel*
Wie (ωσπερ) *eines gewaltigen Windes*
(φερομενης πνοης βιαιας)
und erfüllte das ganze Haus,
in dem sie sassen.
Und es erschienen ihnen Zungen (γλωσσαι)
zerteilt wie (ωσει) *von Feuer* (πυρος),
und er setzte sich auf einen Jeglichen unter ihnen,
und sie wurden alle voll des Heiligen Geistes ...(Apg 2,2–4a*).

Γλωσσαι bezeichnet sowohl ‚Zungen' wie auch ‚Sprachen' und deutet damit auf die folgende Entwirrung der babylonischen Sprachverwirrung von Gen 11 hin[52]. Diese gleichsam feurigen Zungen symbolisieren Polyglottismus und globale Übersetzung wie im Forum der UNO. Dort hört die Reden auch „ein jeder ... in seiner eigenen Sprache" (Apg 2,6b).

4.2 (b) Feuer als Materialisierung von (göttlicher) Strafe

Einige Feuerstrafen Gottes begegneten bereits implizit im Zusammenhang mit der Gottes-Metaphorik. Hier soll es um göttliche Straffeuer ohne Zusammenhang mit dieser Metaphorik gehen.

[52] Vgl. Apg 2,4b*–13; vgl. auch D. Marguerat: *Die Apostelgeschichte : übersetzt und erklärt.* KEK [Meyers Kommentar] Bd. 3, Göttingen 2022, S. 95–104.

Am bekanntesten dürfte die Erzählung von der Vernichtung Sodoms in Gen 19 sein.[53] In der Erzählung ist nur vom Verderben und (indirekt) vom Zerstören Sodoms die Rede. Das scheint in der Macht eines der ‚Männer' zu liegen, die nach Sodom kommen und von Lot (= „Verhüllung", „Schleier") beherbergt werden (v21). Dass YHWH über Sodom und (erst jetzt erwähnt) Gomorra „Schwefel und Feuer regnen vom Himmel" (v24) lässt, wirkt wie ein Zusatz.

Feuer kann auch Begleiterscheinung göttlicher Strafgerichte sein. Die Hagelstrafe Gottes über Ägypten scheint im Rahmen eines Gewitters zu erfolgen:

Abbildung 3: Sodom (Gen 19). Quelle: Schnorr v. Carolsfeld, Text S. 5; Abb. S. 26.

[53] Gomorra geht erzählerisch unter und wird wie auch sonst in AT und NT schon in Gen 19,24.28 nur in summarischen Formeln neben Sodom erwähnt („Sodom und Gomorra"; Abbildung 3). Das hat unseren Sprachgebrauch geprägt. Mit der eigentlichen Erzählung in Gen 19 hat das nichts zu tun. – Einen narrativen Eigenwert hat Gomorra nirgendwo in der Bibel.

Da streckte Moses seinen [Zauber-] *Stab gen Himmel,*
und YHWH liess donnern und hageln,
und Feuer schoss auf die Erde nieder (Ex 9,23).

Natürlich ist ein Feuer von Gott gesandt auch selbst ein Strafgericht[54]. Ein Sonderfall ist das Spottkapitel Jes 44. Hier wird sozusagen das irdische Material einer Götterfigur im Feuer verbrannt. Der Zimmermann nimmt sich Holz:

... davon nimmt er und wärmt sich;
auch zündet er es an und bäckt Brot;
aber daraus macht er auch einen Gott und betet's an;
er macht einen Götzen ['el] *daraus und kniet davor nieder.*
Die Hälfte verbrennt er im Feuer ...
Aber die andere Hälfte macht er zum Gott ... (Jes 44,15*.16*.17*).

Jes 44 ist eines der köstlichsten Kapitel in der Bibel, voller Ironie, das sich ganz zu lesen lohnt. – Hier liesse sich eine weitere Erwähnung von ‚Feuer' im widergöttlichen Kult anschliessen, nämlich Sohn oder Tochter ‚durch das Feuer gehen zu lassen'. Dabei scheint es sich nicht um ein Menschenopfer zu handeln, sonder um einen kultischen (vielleicht Reinigungs-)Ritus; denn er wird in einer Pauschalisierung zusammen mit anderen, von der YHWH-Religion abgelehnten Praktiken wie Wahrsagerei, Hellseherei, geheimen Künsten, Zauberei, Geisterbeschwörungen, Zeichendeuterei und Totenbeschwörungen genannt[55].

4.3 (c) Unqualifizierte Erwähnungen des Feuers in der Bibel

Das ‚Feuer' (*'esh*) wird etwa gut 300 Male in der Bibel erwähnt[56]. Es ist schwer, eine religiös-theologisch unqualifizierte Erwähnung des Feuers zu finden: ‚Feuer' einfach nur so, kontingent, ohne religiösen Bezug. Selbst in Vergleichen steht ‚Feuer' in einem theologisch qualifizierten Kontext. So in einem vergleichenden Gegensatz:

[54] Z. B. Lev 20,14; 21,9; Jos 7,15.25; Jes 31,9b; Am 1,4.7.10.12.14; 2,5; SapSal 16,16 u. ö.; Sir 7,19 u. ö.; Beispiele aus dem NT: Mt 3,10; 7,19; Lk 3,9; Jud 7; Apk 14,10.

[55] Vgl. Dtn 18,10; 2. Kön 16,3; 17,17; 21,6 u.v.ö.

[56] Ungenaue Zählung und Schätzung des Konkordanzbefundes.

YHWH wird die Herrlichkeit Assurs *anzünden*,
dass sie brennen wird wie ein Feuer.
Und das Licht Israels wird ein Feuer sein,
und sein Heiliger wird eine Flamme sein ... (Jes 10,16*.17*).

Am ehesten könnte man hier noch das Feuer in Vergleichen heranziehen. Ein Beispiel:

Wie das Wasser brennendes Feuer löscht,
so tilgt das Almosen die Sünden. (Sir 3,33 Luthertext).

In narrativen Zusammenhängen begegnet ‚untheologisches' Feuer verschiedentlich im NT.[57]

5 Das Element Wasser

Auch bezüglich des ‚Wassers' möchte ich vier Kategorien in den biblischen Texten unterscheiden: (a) belebende Wasser, (b) tödliche Wasser, (c) ‚Liturgische' Wasser, (d) unqualifizierte (kontingente) Wasser-Erwähnungen. Hier möchte ich nicht nur das hebräische Wort für ‚Wasser' (*mayim*) berücksichtigen, sondern auch Begriffe für ‚Gefäße' von Wassern wie ‚Quelle', ‚Bach', ‚Fluss' usw. Es kann jeweils nur eine bezeichnende Auswahl angesprochen werden. – Wasser ist zumal in recht trockenen Gegenden von grundlegender Bedeutung. Entsprechend oft begegnet ‚Wasser' in biblischen Texten: 500 bis 600 Mal.

5.1 (a) Belebende Wasser

Seltsam ist der ‚Brunnenstreit' zwischen den Philisterhirten und den Hirten Isaaks (Gen 26, 12-33). Die Philisterhirten verstopfen die Brunnen, die früher die Knechte Abrahams gegraben hatten. Isaak lässt diese verschütteten Brunnen wieder aufgraben, und seine Knechte finden dort ‚eine Quelle / einen Brunnen lebendigen Wassers' (*b:'er mayim chayyim*). Man könnte auch ‚Lebenswasser' sagen. Dies bukolische Bild vom Lebenswasser begegnet in der Bibel häufig bis hin zum

[57] Etwa Petrus am wärmenden Feuer im Kontext mit der Verleugnungs-Szene: Mk 14,45 par. Lk 22,55f.

apokalyptischen Belebungsmittel. Das auf dem Thron sitzende Gotteslamm wird die geretteten Hungernden und Dürstenden „weiden und leiten zu den lebendigen Wasserbrunnen“ (επι ζωης πηγας υδατων)[58].

Im symbolistischen Hohenlied (Hld) kann die angebetete ‚Braut‘ mit lebendigem Wasser verglichen werden:

Ein Gartenbrunnen bist du,
ein Born lebendigen Wassers,
das vom Libanon fliesst (Hld 4,15).

In Vergleichen kann aber auch Gott als lebendiges Wasser bezeichnet werden:

... *Mein Volk tut eine zweifache Sünde*:
Mich, die lebendige Quelle, verlassen sie
und machen sich Zisternen,
die doch rissig sind und kein Wasser geben (Jer 2,13).

Lebendige Wasser können ‚aus Jerusalem fliessen‘ ‚zum Meer im Osten und ... zum Meer im Westen‘ (Sach 14,8). Da von Jerusalem eigentlich überhaupt keine Wasser fliessen, kann es sich hier nur um ein Bild handeln: Gottes Weisung, die Thorah, fliesst herab bis zu den Grenzen des idealen ‚Israel‘, Totes und Mittelmeer. Wer Gott fürchtet, der folgt Seinen Weisungen und ist weise:

(Di)e Erkenntnis (des) Weisen wächst wie (eine) Flut
(κατακλυσμον),
und sein Rat (ist) wie (eine) Quelle (des) Lebens (Sir 21,13 LXX)[59].

Nach dem Johannes-Evangelium (Joh) ist Jesus das fleischgewordene Wort Gottes[60]. Sein Wort ist ‚lebendiges Wasser‘, für die Samaritanerin am Brunnen nicht leicht verständlich. Jesus bittet sie, Ihm etwas zu trinken zu geben. Das ist ungewöhnlich, dass ein Jude eine Samritanerin um etwas bittet. Jesus antwortet ihr:

---

[58] Apk 7,17; vgl. 21,6; 22,1.

[59] Luthertext: Sir 21,16; Übersetzung von mir (BJD). In (Klammern) im Deutschen nötige Ergänzungen des poetischen griechischen Textes.

[60] Vgl. Joh 1,1–4,14.

> *Wenn du erkenntest die Gabe Gottes*[61] *und wer der ist, der zu dir sagt: „Gib mir zu trinken!“, du bätest Ihn, und er gäbe dir lebendiges Wasser (νδωρ ζωv). (Da) spricht zu Ihm die Frau: „Herr, hast du doch nichts, womit du schöpfest, und der Brunnen ist tief; woher hast du denn lebendiges Wasser?“ ... Jesus antwortete und sprach zu ihr: „Wer von diesem (Brunnen-)Wasser trinkt, den wird wieder dürsten; wer aber von dem Wasser trinken wird, das Ich ihm gebe, den wird ewiglich nicht dürsten, sondern das Wasser, das Ich ihm geben werde, das wird in ihm ein Brunnen des Wassers werden, das in das ewige Leben quillt.“* (Joh 4,10*.13f.).

Der Textkomplex von Israels Zug durch die Wüste Sinai[62] macht Wasser im Vordergrunde lebensnotwendig. Salziges Wasser hilft da nicht. So verwandelt Moses auf Gottes Weisung hin zu Beginn des Wüstenzuges mit einem ins Wasser geworfenen Holz das salzige (bittere) Wasser in Süsswasser[63]. Deshalb möchte man meinen, dass von Moses in der Wüste aus dem Fels geschlagenes Wasser lediglich vordergründig dem Durstlöschen diente[64]. Brot und Wasser sind überlebensnotwendig:

> *(Das) Erste (des) Lebens (sind) Wasser und Brot*
> *und Kleidung und Haus* (Sir 29,21 LXX)[65].

Exkurs Wasser und Brot: Brot und Wasser sind die Lebensgrundlage. Daher die sprichwörtliche Wendung von ‚Wasser und Brot‘ als Nahrung der Eingekerkerten[66]. Sie sollen nicht sterben, sondern ihre Strafe absitzen. Mit Brot und Wasser wird Israel in der Wüste versorgt. Mit Brot in Ex 16, dem Kapitel zwischen Ex 15 und 17 (Wasser). Es ist da ‚Brot vom Himmel‘ (*lächäm min ha[sh]shåmayim*). Um ‚Himmelsbrot‘ wird auch im Vaterunser gebeten:

---

[61] Also Seine Person als Gabe Gottes.

[62] Er währte, nachdem sich Israel ein Kirchenjahr lang (von Pfingsten bis zum folgenden Päsach) am heiligen Gottesberge aufgehalten hatte, 38 Jahre (vgl. Dtn 2,14).

[63] Vgl. Ex 15,23f.; Jud 5,13; Sir 38,5.

[64] Vgl. Ex 17,6; Num 20,8.10f.; 27,14; Dtn 8,15 u. ö.

[65] Etwas luxuriöser vgl. Sir 39,26 LXX: Wasser, Feuer, Eisen, Salz, Mehl, Milch, Honig, Wein, Öl, Kleider. Ähnlich Tim 6,8: *Wenn wir aber Nahrung und Kleidung haben, so lasset uns genügen.*

[66] So im Falle von Kriegsgefangenen. Elisa sprich zum König von Israel: „Setze ihnen Brot und Wasser vor, dass sie essen und trinken!“ (2.Kön 6,22b*).

Unser Brot, das tägliche, gib uns heute (Mt 6,11; vgl. auch Neh 9,15; Joh 6,32).

Im Vaterunser wird nur ewas von Gott erbeten, also Himmlisches. Darum ist dic Brotbitte des Vaterunsers auch nicht ‚die einzige materielle Bitte des Vaterunsers', wie durchweg Meinung der Exegeten und Pastoren ist. Hier wird um das gleiche Himmelsbrot gebeten, das Gott für Israel täglich[67] in der Wüste regnen lässt. Besonders deutlich wird die metaphorische Funktion, wenn Jesus von sich selber sagt:

Ich bin das Brot des Lebens ...
Dies ist das Brot, das vom Himmel kommt,
auf dass, wer davon isst, nicht sterbe.
Ich bin das lebendige Brot, vom Himmel gekommen.
Wer von diesem Brot essen wird,
der wird leben in Ewigkeit.
Und das Brot, das Ich geben werde,
das ist mein Fleisch,
welches ich geben werde für das Leben in der Welt (Joh 6,48.50f.)[68].

Jesus spendet sich nicht nur als das Brot des Lebens, sondern auch das lebendige Wasser. Er sagt am Laubhüttenfest (sukkhoth):

Wen da dürstet, der komme zu Mir, und trinke!
Wer an Mich glaubt, wie die Schrift sagt,
von dessen Leib werden Ströme lebendigen Wassers fliessen (Joh 7,37*.38).

5.2 (b) Tödliche Wasser

Den Übergang von Leben fördernden zu tödlichen Wassern stellt die Erzählung vom Durchzug des fliehenden und von der Streitmacht des Pharao verfolgten

[67] Mit Ausnahme des Shabbath, weil Ruhetag ist, was auch für Erntearbeit gilt; dafür regnet es am Vortage doppelt.

[68] Es folgt die Einsetzung des Abendmahles bei Joh. Vom ‚letzten Abendmahl' zu Beginn des Todestages Jesu berichten nur die ‚Synoptiker' Mt, Mk, Lk.

Israel im Rahmen des Exodus, des Auszugs des versklavten Volkes unter Moses Führung, in Ex 14 dar. In den Rubriken unserer Bibelversionen[69] zu Ex 14 steht meist „Israels Durchzug durchs Schilfmeer" (*yam suph*; Abbildung 4). Israel zieht unbeschadet durch das ‚Schilfmeer', während es

> *bedeckte Wagen und Männer, das ganze Heer des Pharao, das ihnen nachgefolgt war ins Meer, so dass nicht einer von ihnen übrig blieb* (Ex 14,28).

Nun, was ist ein ‚Schilfmeer'? Ein Schilfmeer ist der Neusiedler See (ungar. Fertö). Dieser See hat einen Schilfgürtel, der 400 bis 3.000 Meter breit ist. Der See ist 1–2 m tief, im Schnitt 1,5 m. Schilf wächst bis zu einer Wassertiefe von einem Meter. Ebenso ist das Steinhuder Meer bei Hannover an seinem Nordufer ein Schilfmeer. Seine grösste Tiefe 2,8 m. Im Schnitt viel flacher. Das ägyptische Heer kann kaum in einem ‚Schilfmeer' ertrunken sein.[70] Die infra- und sublineare Vokalisierung der hebräischen Bibeltexte ist sekundär. Sie entstand erst – anfangs in verschiedenen Formen – zwischen dem 4. und 9./10. Jh n. C. Zuvor wurden die Texte unpunktiert tradiert. Vermutlich haben die späteren jüdischen Massoreten[71] den unpunktierten Konsonantentext *ym swph* missverstanden. Ich nehme an, dass

Abbildung 4: Sarkophag Durchzug. Durchzug durch das Meer des Todes (Ex 14). Quelle: Deichmann, Bd. I,1, Tafel 20, Nr.64: Vaticano, Museo Pio Cristiano, einzoniger Fries-Sarkophag (Stadttor-, Durchzugs-Sarkophag), letztes Viertel 4. Jh.

[69] Von den Herausgebern der Bibel eingefügte Überschriften, die nicht zum Text gehören.

[70] Bei dieser Wassertiefe kann nur ein Betrunkener ertrinken.

[71] Hebr. „Massora" = „Überlieferung".

die ursprüngliche Lesung *yam soph* lautete, was dem Text angemessener wäre, weil es „Meer des (tödlichen) Endes" hiesse. Diese Tradition scheint die griechische Version, dic sog. Septuaginta bewahrt zu haben. Sie kennt kein ‚Schilfmeer', sondern liest η ερυθρα θαλασσα = „das (Blut-)Rote Meer".

Israel durchzieht, bevor die ägyptische Streitmacht das sog. Schilfmeer erreicht, das Meer trockenen Fusses auf doppelte Weise. Einmal türmen sich rechts und links Wasserwände auf[72], zum andern bläst „ein starker Ostwind ... und legte das Meer trocken"[73]. Trotzdem ‚spaltet' sich das Meer unter dem Einsatz des mosaischen Zauberstabes nochmals[74]. Für die exegetischen Quellenscheider ein gefundenes Objekt. Lange Zeit wurde die Meeresspaltung dem hypothetischen Dokument J (= „Jahwist", 10. Jh v. C.) zugeschrieben, und das sturmbedingte Watt dem hypothetischen Dokument E (= „Elohist", 9./8. Jh v. C.)[75]. Es könnte in der Tat sein, dass hier zwei verschiedene Erzählungen harmonisiert wurden[76]. – Durch die Wasser des ‚Todesmeeres' wird Israel gerettet, während Israels Feinde darin ersaufen.

Tödlich für die gesamte damalige Menschheit – mit Ausnahme der Familie Noahs (*noach*) – ist die sog. „Sintflut"[77] (Abbildung 5). Auch hier ist eine Harmonisierung von zwei ursprünglich selbständigen Erzählungen möglich. Einmal wird berichtet:

> *Und der Regen strömte auf die Erde vierzig Tage und vierzig Nächte lang* (Gen 7,12).

Etwas später lesen wir:

> *Und die Wasser nahmen zu auf der Erde, 150 Tage ... So nahmen die Wasser ab nach 150 Tagen* (Gen 7,24; 8,3b).

---

[72] Vgl. Ex 14,16.

[73] Ex 14,21a*.

[74] Vgl. Ex 14,21b.

[75] Die sog. Quellenhypothese in ihrer von Julius Wellhausen (1844–1918) letztlich und wesentlich geschaffenen klassischen Ausprägung wird heute kaum mehr vertreten.

[76] Wie ähnlich bei der „Sintflut"-Erzählung (siehe etwas weiter unten!).

[77] Vielleicht mit ‚Vorzeitflut' wieder zu geben, weil sie sintemalen stattfand. – Manchmal liest man auch „Sündflut", weil sie wegen der Sünden und Bosheit der Menschen stattfand. Auf Hebräisch heisst sie *mabbúl*, Grundbedeutung vielleicht „Überschwemmung".

Die vierzig Tage werden gemäss der klassischen Quellenscheidung wieder J zugeschrieben, die 150 Tage jedoch der ebenfalls hypothetischen „Priesterschrift" (P), die von den Forschern im 6. Jh v. C. angesiedelt wird. Anlass für die Sintflut ist:

> *... dass der Menschen Bosheit gross geworden war auf Erden, und dass alles Dichten und Trachten ihres Herzens die ganze Zeit nur böse war* (Gen 6,5).

Daraufhin bereut Gott Seine Schöpfung und beschliesst, alle Lebewesen zu vernichten, die Er geschaffen hatte: Menschen, Säugetiere, Kriechtiere und Vögel[78]. Es läuft darauf hinaus, dass:

> *Alles, was Lebensluft atmete, was auf dem Trockenen war*[79]*, das starb. So vertilgte Er alle Wesen, die auf dem Erdboden waren: die Menschen sowohl als das Vieh, das Kriechende und die Vögel des Himmels, die wurden vertilgt von der Erde; nur Noah blieb übrig und was mit ihm in der Arche* (Abbildung 6) *war.* (Gen 7,22f.)

Analogien zu den Starkregen, besonders seit der Klimawandel offenkundig ist, stellen sich ein. Das hebräische Wort für „Arche" ist *thevåh.* Dieser Begriff wird im AT ausser für den Holzkasten Noahs nur noch für das Rohr- oder Schilfkästlein verwendet, in dem das Moseskind auf dem Nil ausgesetzt wird[80], um Pharaos Befehl, die hebräischen neugeborenen Knaben zu töten, zu umgehen. Zwischen beiden Objekten besteht eine Beziehung. Die ‚Arche Noah' enthält die gesamte Schöpfung in nuce. Das „Kästlein von Rohr" enthält Moses. Wenn Jesus von den ‚Heiligen Schriften' spricht, dann sagt Er „Moses und die Propheten", mit „Moses" meint Er die fünf Bücher Moses, also die Thorah, Gottes schöpferisches Wort im Judentum und bei den Samaritanern seit der Antike. Die „Lade" mit den Geboten Gottes heisst im AT stets *'arón*, weil *'aharón* nach Ex 40 der Hüter der Lade ist, wobei das ‚he' (fünfter Buchstabe im hebr. Alphabet; Buchstaben und Zahlen haben das gleiche Graphemsystem) in seinem Namen im Hebräischen

---

[78] Vgl. Gen 6,6f.

[79] Jetzt wird klar, weshalb die Meerestiere nicht erwähnt werden.

[80] Vgl. Ex 2,3.5.

Abbildung 5: Sintflut (Gen 6–8). Quelle: Dresken-Weiland, S. 83f; Tafel 80,2: Velletri, Museo Civico, Sarkophag-, Loculus-Platte, Ende 3. Jh n. C.

für die Zahl ‚5' steht und auf die 5 Mosesbücher des von ihm gehüteten *'arón* hindeutet. Der Name „Aharon" dürfte eine künstliche und intendierte Erweiterung von *'arón* sein[81]. Im antiken Aramäisch – *lingua franca* im syrischen Kulturraum seit der Perserzeit, also auch im antiken Judentum – heisst die ‚Lade', in der die Thorahrollen in den synagogalen Gottesdienst im feierlichen Einzug bis zum 4. Jh n. C.[82] eingebracht wurden, übrigens nicht wie biblisch *'arón*, sondern *thevåthå'*.

Der neugeborene Moses wird in den Fluten des Nils ausgesetzt wie Noahs Arche der Sintflut (*mabbúl*). Die Gefahr, in der sich das ausgesetzte Moseskind in den Fluten des Nil befand, klingt an, wenn die Tochter Pharaos Folgendes sagt,

[81] Für die Wörterbuch-Autoren ist der Name etymologisch ein Rätsel. – Eine vorbiblische, (alt-)orientalische Parallele zu ‚Aharon' ist nicht bekannt. Die arabische Version ‚Charún' basiert auf dem biblischen Aharon.

[82] Später kam der Thorahschrein als synagogales Möbelstück auf, seit dem 5. Jh die architektonische Thorahnische, in der nun der Thorahschrank stand (vgl. Diebner 2011, S. 267–276).

Abbildung 6: Arche (Gen 6–8). Quelle: Dresken-Weiland, S. 83f; Tafel 80,2: Velletri, Museo Civico, Sarkophag-, Loculus-Platte, Ende 3. Jh n. C.

nachdem ihr Moses im Alter von drei bis vier Jahren, also nach der Entstillung, von Moses natürlicher Mutter zur Adoption freigegeben war, repräsentiert durch die Namengebung[83]:

> *Und als das Kind* [sc.: Moses] *gross war, brachte sie* [sc.: Moses Mutter und Amme] *es der Tochter des Pharao, und es wurde ihr* [sc.: der Tochter Pharaos] *Sohn, und sie nannte ihn ‚Moses'; denn sie sprach: „Ich habe ihn aus dem Wasser gezogen*[84]" (Ex 2,10).

Im Wasser ertrinken zu müssen, ist eine in AT-Schriften häufig geäusserte Furcht[85]. – Den Propheten Jona erwischte es (Abbildung 7). Er floh vor YHWH, weil er dessen Gerichtsbeschluss über die Assyrer-Metropole Ninive nicht verkünden wollte. Er heuerte in Japho, der Küstenstadt, auf einem Boot an, das Kurs auf *Tarshish* nahm. Das ist ein Wortspiel mit dem Verb *rshsh*, das „zerstören" bedeutet. Jona steuert mit dem Schiff auf einen Ort zu, der dem Auftrag entspricht, dem er

[83] Zur Adoption vgl. Ps 2,7; „Ich habe dich bei deinem Namen gerufen; du bist mein" (Jes 43,1; vgl. 45,3f.).

[84] Ein volksetymologisches Wortspiel mit Moses Namen *moshäh* und dem Verb *måshåh* = „herausziehen"; allerdings dürfte hinter dem Namen eine ägyptische Tradition mit dem Wort für ‚gebären' stehen. In der AT-Forschung wird der Name verschieden – oder gar nicht – erklärt.

[85] Vgl. Ps 69,2.15; 124,4f.; Klg 3,54.

entfliehen möchte[86]. Es entsteht auf der See ein entsetzlicher Sturm. Währenddessen schläft Jona im Schiffsinneren. Der Kapitän weckt ihn und fordert ihn auf, zu seinem Gotte um Sturmstillung zu beten. Die Mannschaft beschliesst, auszulosen, wer am Sturme schuld sei. Es trifft Jona. Es stellt sich nämlich heraus, dass Jona wegen seines Ungehorsams die Ursache ist. Jona vermutet das auch und bittet die Seeleute, ihn zum Opfer ins Meer zu schmeissen. Schliesslich entsprechen sie Jonas Wunsch, woraufhin das Meer still wird (Abbildung 8). YHWH schickt nun einen „grossen Fisch" (*dåg gådol*)[87], der Jona verschlingt. Dort bleibt Jonas „drei Tage und drei Nächte". Die Zahl ‚3' ist eine Schlüsselzahl für die Erzählung. Es folgt das berühmte Gebet des Jona im Bauche des Fisches. Dies Gedicht könnte ehemals selbständig gewesen und in die Jona-Erzählung eingebaut worden sein. Darin klagt Jona unter Anderem:

Du [sc.: Gott] *warfst mich in die Tiefe, mitten ins Meer*[88],
dass die Fluten mich umgaben.
Alle Deine Wogen und Wellen gingen über mich (Jona 2,4[89]).

Das Klagelied hat 3 x 3 x 3 x 3 = 81 hebräische Wörter[90]. Die mittleren drei Wörter bedeuten den Tiefpunkt der ‚Karriere' des Jona: *suph chåvush l:ro'shi* –

[86] „Tarsis" begegnet 23 Male im AT (inklusive der „Tarsisschiffe"). Gleichwohl interessieren sich exegetisch-theologische Enzyklopädien so gut wie gar nicht für den Ort? / die Landschaft? Ausnahme ist das evangelikale *Das Große Bibellexikon* Bd. 3, (deutsche Ausgabe) Wuppertal 1989, Art. „Tarsis", S. 156 (J. A. Thompson). Es könnte diesen Ort gegeben haben, aber er wird im Kontext sagenhafter Berichte über Reichtum und Vorkommen kostbarer Erze erwähnt. Biblische Texte nehmen an, dass es sich um eine Insel handele (vgl. Jes 23,6; 27,12). Forscher suchen Tarsis in den gegensätzlichsten Gegenden des Mittelmeer-Raumes: in Tartasus im südlichen Spanien, oder in Tarsus im kleinasiatischen Kilikien (A. Negev [Hrsg.]: *Archaeological Encyclopedia of the Holy Land*. Jerusalem 1972, S. 308r). Allerdings spielt dies im Kontext der Jona-Erzählung keine Rolle. Hier kommt es darauf an, dass Jona letztlich doch auf die Verkündigung der ihm von Gott aufgetragenen Gerichtsbotschaft zusteuert, also auf das Wortspiel.

[87] Keinen „Walfisch", wie vielfach gesagt und auch gedruckt wird. Die Gattung des Fisches wird nicht bestimmt. Eher bemüht sich die sog. LXX um eine nähere Bestimmung der Gattung des Fisches, hier ist es kein *μεγαλος ιχθυς*, sondern ein *κητος*, also jenes Fabelwesen zwischen Riesenschlange und Drachen (vgl. Abb. 7).

[88] Also nicht die Matrosen: ein Kriterium für die ursprüngliche Selbständigkeit des Gedichtes.

[89] Vgl. u. a. auch Ps 42,8: „Alle Deine Wasserwogen und Wellen gehen über mich."

[90] Erstmalig erkannt von Karel A. Deurloo (mündlich: *Colloquium Biblicum* in Prag; noch nicht in seinem Kommentar: Jona. Baarn 1995, S. 47–52). Der wissenschaftliche Kommentar von

„Schilf bedeckt mein Haupt". Hier haben wir wieder, wie schon in der Exodus-Erzählung („Schilfmeer") die unsinnige sekundäre Vokalisation *suph.* Wie soll Schilf in den Bauch des ‚grossen Fisches' kommen? Schilffressende Fische sind unbekannt. Es ist natürlich auch hier *soph* zu lesen: Jona ist ‚am Ende', im Bauche des mythischen Ungeheuers vom Tode bedroht. Offenbar erhört Gott Jonas Gebet und befiehlt dem ‚(grossen) Fisch', Jona an Land zu spucken – offenbar ohne dabei selbst zu stranden.

Zwei Wunder-Erzählungen des NT nehmen Motive der Jona-Erzählung auf. – Jesus möchte mit Seinen Schülern (Jüngern) über den See Genezareth fahren. Da kommt ein Sturm auf, während Jesus im Schiffsinneren schläft. Die Jünger wecken

Abbildung 7: Jona-Sarkophag: Jona und der ‚Grosse Fisch' (Jona 2). Quelle: Volbach-Hirmer, Taf. 5 unten: Rom, Santa Maria Antiqua, einzon. Fries-Sarkophag, um 270 n. C.

H.-W. Wolff: *Dodekapropheton 3 : Obadja und Jona.* BKAT XIV/3. Neukirchen-Vluyn 1977, S. 208–214, hat kein Interesse an bedeutungsvollen Zahlenspielen. Vgl. auch Diebner 2011, S. 205–220.

Ihn mit den Worten: „Meister, Meister! Wir verderben!“ Jesus steht auf, sagt den Jüngern: „Ihr Kleingläubigen (*ολιγοπιστοι*), was seid ihr so furchtsam?“ und bedroht „Wind und Wogen“. Er schilt den Unglauben der Jünger. Diese wundern sich, wer Er sei, dass ihm Wind und Wasser gehorchten (synoptisch mit geringen Varianten: Mt 8,23–27; Mk 4,33–41; Lk 8,22–25).

Etwas dramatischer – jedenfalls bei Mt 14,22–35, par. Mk 6,45–56[91] – geht es bei der Erzählung von Jesu Meerwandel zu. Nach der Speisung der Fünftausend befiehlt Jesus Seinen Jüngern, vor Ihm mit dem Schiff zum anderen Ufer des Sees Genezareth zu fahren. Mitten auf dem See kommt ein Sturm direkt auf sie zu. Da kommt Jesus ihnen in der Nacht auf dem Meere wandelnd entgegen. Die Jünger halten Jesus für ein Gespenst und fürchten sich. Jesus sagt ihnen, dass Er es sei. Petrus ermuntert Jesus, Er solle ihn – sc.: auf dem Wasser – zu sich kommen lassen. Jesus sagt: „Komm her!“ Anfangs glückt dies. Aber dann hat Petrus Angst vor den Wellen, droht wohl zu ertrinken, und ruft: ”Herr, hilf mir!”. Jesus reckt den Arm aus und bewahrt Petrus wohl so vor dem Ertrinken. Wieder schilt ihn Jesus: „O du Kleingläubiger (*ολιγόπιστε*), warum zweifelst du?“ Beide besteigen das Boot, und der Wind legt sich. Die Bootsbesatzung (offenbar noch Andere als der Jüngerkreis) fällt vor ihm auf die Knie und bekennt: „Du bist wahrlich Gottes Sohn!“[92].

[91] Kürzer und etwas anders bei Joh 6,15–21.

[92] Hierzu gibt es eine Anekdote, die ich seit den späten 50er Jahren des letzten Jahrhunderts kenne, und für die vermutlich heute nur noch die Älteren das angemessene Verständnis aufbringen können. – Der Mainzer Neutestamentler und umstrittene ‚Linksbultmannianer‘ Herbert Braun (1903–1991), der Göttinger Neutestamentler Rudolf Bultmann (1884–1976) selbst und der Bonn-Basler Systematiker Karl Barth (1886–1968) sind im Heiligen Lande und beschliessen, auf dem See Genezareth eine Bootstour zu machen. Während sie über den See rudern, fällt ihnen ein: „Das war doch hier, wo Jesus über das Wasser wandelte!“ Und sie beschliessen, es auch einmal zu versuchen. Als Erster steigt Rudolf Bultmann aus und wandelt langsam aber sicher zum Ufer des Sees. Danach probiert es Karl Barth. Er schreitet flott fürbass und kommt auch sicher zum Ufer. Nun ist noch Herbert Braun an der Reihe. Er klettert über den Bordrand – und säuft ab. Die beiden Anderen kommen zurück und hieven Braun mühsam wieder an Bord. Triefnass fragt Braun die Kollegen: „Wie habt ihr das geschafft?“ Rudolf Bultmann sagt: „Gewusst, wo die Steine liegen!“ Daraufhin fragt Barth: „Welche Steine?“

Abbildung 8: Sturmstillung (Mt 8; 14). Quelle: Schnorr v. Carolsfeld, Text S. 30; Abb. S. 190.

Früher wurde diese Erzählung ‚eschatologisch' interpretiert[93] Heute erkennt man darin eher eine Rückprojektion der Glaubenszweifel und Probleme der jungen und noch nicht verfassten und innerlich gefestigten jungen Christus-Gemeinden Ende des 1. Jh.s n. C., die ich mich noch scheue, ‚Kirche' zu nennen.

Ein wichtiges Wasser im NT ist weniger wild: das Jordanwasser, mit dem Johannes Baptistes im Gefolge seiner Bußpredigt die Juden[94] und auch Jesus tauft[95]. Bei Jesus ist es keine Taufe zur Sündenvergebung. Anders als die von Johannes getauften Juden[96] muss Jesus nicht Sünden bekennen. Johannes ist auch der Meinung, dass eigentlich Jesus ihn taufen müsse. Auf Jesus fliegt nach der Taufe Gottes Geist „wie eine Taube" (*ωσει περιστεραν*) herab. Und „eine

[93] Vgl. W. Schmauch: *Das Evangelium des Matthäus*. KEK Sonderband, 2. Aufl., Göttingen 1958, bes. S. 241f.

[94] Vgl. Mt 3,1–12; Mk 1,2–8; Lk 3,1–18. – Taufe zur Vergebung der Sünden.

[95] Vgl. Mt 3,13–17; Mk 1,9–11; Lk 3,21f.; etwas anders Joh 1,32–34.

[96] Vgl. Mt 3,6

Stimme vom Himmel" spricht die Adoptionsformel (s.o.): „Dies ist mein lieber Sohn, an dem ich Wohlgefallen habe (εν ω ευδοκησα)."

Ströme lebendigen Wassers (ποταμοι ... υδατος ζωντος) quellen aus denen, die an Jesus glauben, und Er spendet dies auch denen, die an Ihn glauben mit den Worten: „Wen da dürstet, der komme zu Mir und trinke!". Auf die Glaubenden soll dann auch der Geist herabkommen, nachdem Jesus verherrlicht wurde.[97] – Jesu „lebendiges Wasser" (υδωρ ζων) kann auch der Quell zum „ewigen Leben" (εις ζωην αιωνιον) sein.

5.3 (c) ‚Liturgische' Wasser

Zumal im Psalter, dem jüdisch-judäischen Gebetsbuch der Antike und im synagogalen Gottesdienst bis heute[98], spielt die Wasser-Symbolik eine grosse Rolle *quasi passim*. Ich wähle hier nur zwei prominente Texte und einen weniger bekannten Psalm aus.

In Psalm 1 wird ein Tag und Nacht über der Thorah YHWHs Sinnender mit einem Baum verglichen: *gepflanzt an Wasserbächen, der seine Frucht bringt zu seiner Zeit* (Ps 1,3a). Hier wird das Wasser zu einem positiven Vergleich herangezogen.

In dem berühmten und vielfach vertonten Psalm 137 klagen die unter dem Neubabyloner Nebukadnezar zu Beginn des 6. Jh.s v. C. exilierten Judäer:

An den Wassern zu Babel sassen wir und weinten,
wenn wir an Zion (poetisches Symbol für den Jerusalemer Tempelberg) *gedachten.*
Unsere Harfen hängten wir
an die Weiden (an den Flussufern[99]) *dort im Lande* (Ps 137,1f.).

Hier ist das Wasser scheinbar neutral, steht aber im Bezug zu den geweinten Tränen.

An Ps 137 lässt sich die ‚liturgische' Funktion von Wasser und Exilierten-Trauer besonders deutlich machen. Die exilierten Judäer (und etwa 150 Jahre früher auch

[97] Vgl. Joh 7,37–39*; Bezüge zu dem Taufbericht und zu Apg 2, dem ‚Pfingstwunder'.
[98] Die Samaritaner haben dies judäische Gebetsbuch nicht rezipiert.
[99] Weiden wachsen vorzüglich an Wasserbächen und Flussläufen.

die von den Assyrern exilierten Samarier) hatten das grosse Los gezogen. Aus dem trockenen Judäa kamen sie in das fruchtbare Zweistromland, wo sie auch anderthalb Jahrtausende blieben und eine nach Millionen zählende kulturelle Minderheit bildeten und mit dem Babylonischen Talmud die bis heute normative Thorah-Interpretation schufen. Nur eine winzige Minderheit liess sich nach Generationen zur ‚Rückkehr' ins judäische Land bewegen[100]. Ich hatte im Rahmen meiner archäologischen Tätigkeiten mehrmals die Gelegenheit, von den Zinnen der antiken Ruinenstadt Dura Europus auf die glasklaren blau-grünen Fluten des Euphrat zu blicken[101]. Gesegnet, wer an die ‚Wasser Babylons' verpflanzt wurde. Das ‚Weinen' an diesen Wassern dürfte vergleichbar sein mit unserer christlich-liturgischen (auch je nach Temperament tränenreichen) Trauer in den Passionswochen vor Ostern um die Leiden Jesu Christi, die dann in der Osternacht blitzschnell – wie von einem Lichtschalter hergestellt – in die ebenfalls liturgische Osterfreude umschlägt mit dem bekannten *risus paschalis* (Osterlachen), ausgelöst von der Osterpredigt.

Ich beschliesse diesen Unterabschnitt mit einem Blick auf Psalm 124, der hier für einige andere Psalmen steht:

... wäre YHWH nicht bei uns,
wenn Menschen wider uns [sc.: Israel] *aufstehen,*
sie verschlängen uns lebendig,
wenn ihr Zorn über uns entbrennt;
so ersäufte uns Wasser,
Ströme gingen über unsere Seele.
Es gingen Wasser hoch über uns hinweg (Ps 124,2–5).

Hier werden – wie häufig in der BH – die Feinde Israels mit Sturmfluten, der Sintflut gar, verglichen, die über Israel hereinbrechen, sofern YHWH dies nicht verhindert. Darum auch der liturgische Schluss dieses Psalters, der noch heute zum christlichen Gebetsgut gehört:

Unsere Hilfe steht im Namen des HERRN [YHWHs],
der Himmel und Erde gemacht hat (Ps 124,8).

[100] Vgl. die Schriften Esra / Nehemia in den *K:tuvim* der BH.

[101] Jedenfalls noch in den neunziger Jahren des 20. Jh.s; der fortdauernde syrische Krieg verhindert es nun.

5.4 (d) ‚Kontingente' Wasser

Natürlich begegnet Wasser auch an Stellen der Bibel, wenngleich nur wenigen, die nicht direkt religiös-theologisch qualifiziert sind. Frauen kommen gegen Abend, wenn es nicht mehr so heiss ist, zum Brunnen, um Wasser zu schöpfen[102]. Das ist eine alltägliche Gepflogenheit im Vorderen Orient. Aber es ist sehr schwer, in der Bibel textliche ‚Wasserstellen' zu finden, die wirklich ohne religiösen Bezug sind. Hermeneutisch gesehen sollte es auch klar sein, dass eine religiöse Schriftensammlung kaum etwas ohne religiösen Bezug enthält. Dies gilt selbst für Vergleiche, etwa in Apk 1,15, wo u. a. geschildert wird, dass die Stimme der vom Seher wahrgenommenen Erscheinung „eines Menschen Sohn gleich" war „wie grosses Wasserrauschen".

6 Das Element Erde

Der Begriff *'äräz*, pl. *aråzóth* wird im Gesenius auf 7 verschiedene Bedeutungsebenen verteilt. **1**. Erde im Gegensatz zu Himmel, **2**. Erde, Land im Gegensatz zu Meer; **3**. ein (bestimmtes) Land, z. B. das Land Ägypten; **4**. zur Bezeichnung der Stammesterritorien; **5**. ein Stück Land, Acker; **6**. Erde für Erdboden, *humus*; **7**. Land der Finsternis, *sh:'ol* / Land des Lebens. - Diese Gliederung nur zu dem *einen* Begriff.

Bezüglich der Erde(n) unterscheide ich hier nur drei Bereiche: (a) Erde(n) als schöpferische Elemente; (b) Erde / Welt (*'äräz*) im globalen Sinne; (c) Erde (= Land; *'äräz*) als theologisch-politischer Begriff.

6.1 (a) Erde(n) als schöpferische Elemente

Hier dürfte einem zuerst die Erschaffung des Menschen (*'ådhåm*), des ‚Erdlings' (Abbildung 9), in Gen 2 einfallen. Die Erde ist noch eine Art vegetationslosen Niflheims[103]:

> *Da machte YHWH 'älohim den Menschen ('ådhåm) aus Erde vom Acker ('aphar min hå 'ådhåmåh) und blies ihm den Odem des Lebens*

[102] Vgl. Gen 24,11 u. ö. Ex 2,16.
[103] Vgl. Gen 2,4b–6.

Abbildung 9: Schöpfung Adams (Gen 2). Quelle: Hentzen, Meister Bertram, Hauptaltar von St. Petri (Hamburg, „Grabower Altar“, Ende 14. Jh); Text [o.S.]; Platte, Text S. 5–21; Abb. 7, S. 31.

> *(nishmath chayyim) in seine Nase. Und so wurde der Mensch ein lebendiges Wesen (näphäsh chayyåh)* (Gen 2,7).

Der Begriff *'aphar* für ‚Staub‘, ‚Erde‘ im materiellen Sinne steht neben anderen Begriffen wie *chomär*, *tit*, *chäräsh* und *chasith* im AT für die schöpferische Substanz. Im berühmten „Töpfer-Gleichnis“ Jeremia 18 steht der Begriff *yozér* (der Machende, Schaffende, Schöpfer) für den Töpfer, auch *yozér chäräsh*, der mit Ton Schaffende. So weiss man, für wen in den Töpfergleichnissen des Jeremia der

Töpfer steht. – Jeremia wird von YHWH zum Haus des Töpfers (*yozér*) geschickt und soll sich dessen Arbeit an der Töpferscheibe ansehen. Wenn dem Töpfer ein Topf missrät, dann zerstört er ihn und macht aus dem wohl noch knetbaren Ton einen neuen Topf. Israel ist, wie der Ton in den Händen des Töpfers, in der Hand YHWHs. Bei Bekehrung von seiner zerstörerischen Bosheit reut Gott das über ein Volk – und sei es Israel – geplante Unheil[104]. Und knetet Israel sozusagen neu.

In Jeremia 19 nun soll der Prophet sich beim Töpfer (*yozér chäräsh*) „einen irdenen Krug" (*baqbuq*[105]) kaufen. Diesen soll der Prophet nun vor den Augen der Volksältesten und der ältesten Priester zerbrechen. Der hier hartgebrannte Ton kann „nicht wieder ganz werden", und so will Gott „dies Volk [sc. Israel] und diese Stadt [sc. Jerusalem] zerbrechen", weil sie „auf den Dächern dem ganzen Heer des Himmels [sc.: den Gestirnen] geopfert und anderen Göttern (*l:'älohim 'acherím*) Trankopfer dargebracht haben"[106].

Unter **6**. Erde (*'äräz*) für Erdboden, *humus*, also das handgreifliche Material, bringt Gesenius explizit drei Bibelstellen „u. ö.". Bei den drei Belegen (Gen 18,2; 19,1; 33,3) geht es aber gar nicht um den materiellen Erdboden, sondern um die Proskynese, bei der der Kopf den Boden berührt. Bei Gen 18,2; 19,1 könnten dies durchaus Steinplatten gewesen sein, also nicht direkt die Erdkrume. Für die Substanz ‚Erdboden' steht die Vox *'adhåmåh*, so z. B. bei der Verfluchung von Schlange (*nåchåsh*), Frau und Mann gegen Ende der Paradiesgeschichte Gen 3,17.19 (insgesamt dreimal). Hier begegnet auch zweimal wieder der Begriff *'åphår* im Sinne von der Substanz, aus der der Mensch erschaffen wurde und zu der er nach dem Tode wieder zerfallen wird. Auch Rubrik **5**. *'äräz* als ‚ein Stück Land, Acker' versteht ‚Erde' als elementare Erdkrume, also im Sinne von *'adhåmåh*[107].

---

104 Vgl. Jer 18,1–10.

105 Der Begriff bezeichnet eigentlich nur die „Flasche", aber es dürfte eine ‚irdene' Flasche vom Töpfer sein wie in der Antike üblich.

106 Vgl. den Gesamttext von Jer 19, bes, 19,1.10–13.

107 Z. B. Gen 23,15.

6.2 (b) Erde (*’äräz*) im globalen Sinne (alle möglichen Länder der irdischen Welt)

Dieser Unterabschnitt behandelt kurz und in etwa, was das hebräisch-deutsche Standardwörterbuch Gesenius unter **3.** rubriziert. So heisst Ägypten gern *‘äräz mizráyim* z. B. Gen 13.10, und wird Jud(ä)a gern als *‘äräz y:hudhåh* bezeichnet (z. B. Rut 1,7). – Einen eigentlichen Begriff für ‚Welt‘ im Sinne der globalen Erfassung aller Länder der Erde, also im Sinne von unserem ‚die Erde‘ (auch als Planet) kennt das Bibelhebräische nicht. Der Begriff *chäläd* ist eher eine zeitliche „Lebensdauer“[108]. Am ehesten begegnet die ‚Erde‘ im Sinne von dem, was wir heute als ‚Erdball‘ bezeichnen, in der Wendung, die Gesenius als **1.** ‚Erde im Gegensatz zu Himmel‘ rubriziert (*hash-shåmmayim*[109] *w:hå’äräz* = „die Himmel und die Erde“[110]).

6.3 (c) Erde (= Land; *’åräz*) als theologisch-politischer Begriff: *’åräz Yisrå‘el*

Diesen für die BH so wichtigen Aspekt erfasst Gesenius in seiner Rubrizierung erstaunlicherweise gar nicht speziell. Er summiert diesen Aspekt unter **3.** ‚ein (bestimmtes) Land‘. Der Begriff begegnet in AT und (selten) NT etwa 35 mal. Auch wenn nur *’åräz* steht, handelt es sich oft um dies spezielle Land. Die Grenzen und damit die Weite dieses ‚verheissenen Landes‘ zeigt Gott in Gen 15,18–21 Avraham und in Dtn 34,1–4 Moses, vgl. auch Gen 12,7 u. ö. – Das weite Land, das Gott Avraham und Mose zeigt, hat den Umfang des mythischen Davidisch-Salomonischen Reiches oder – historisch etwas greifbarer – des Hasmonäerreiches zur Zeit seiner grössten Ausdehnung unter König Alexander Jannaios (103–76 v. C.)[111]. Bei den Texten in Gen 15 und Dtn 34 dürfte es sich um eine legitimierende Retrojektion einer späteren und als Ideal empfundenen historischen Wirklichkeit handeln.

---

[108] Vgl. Ps 39,6; 49,2 (*josh:vey chåläd* [Pausalform], frei und sinngmäss übersetzt: „die zu dieser Zeit [die Erde] Bewohnenden“).

[109] Ein Pluraletantum, weil es in der Mythologie der Antike immer mehrere Himmel übereinander gibt, bis heute bei uns in der Wendung ‚siebter Himmel‘ für die Zone des himmlischen Liebesglücks bewahrt.

[110] Z. B. gleich zu Beginn der Thorah: Gen 1,1; 2,1.4.

[111] Vgl. B. Kanael, Art. „Hasmonäer“, in *BHH* Bd. II, Göttingen 1964, Sp. 653f.. – Es ist die Ausdehnung, die für das Westjordanland das heutige Israel mit seiner Siedlungspolitik erstrebt.

7 Das biblische Element Licht ('or)

Das Wort für „Licht" (hebr. *'or*; griech.: *φως*) begegnet in der Bibel (gemäß Gesenius) sowohl im realen Sinne (Helligkeit) wie auch in verschiedenen metaphorischen Bedeutungen (etwa als „Lebenslicht", für „Freundlichkeit", „Glück", als Metapher für Gottes heilsame Offenbarung und auch im Sinne von „Augenlicht" [Ps 38,11]). Eigentlich lassen sich ‚Licht' und ‚Finsternis' in der Bibel nicht gesondert besprechen[112]. Beide sind aufeinander bezogen. Auch hier unterscheide ich im Folgenden vier Aspekte: (a) Licht als Metapher für Gott; (b) Licht als Phänomen göttlicher Offenbarung, (c) Licht als Metapher für menschliche Erleuchtung; (d) Licht im vordergründigen Sinne als Tageslicht (im Gegensatz zum Dunkel der Nacht).

Das Licht zähle ich – und ebenso die Finsternis – zu den biblischen Elementen und Grundsubstanzen, weil es laut dem Schöpfungsbericht in Gen 1 das Erste ist, was Gott erschafft (Gen 1,3f.). Gottes Befehlswort: „Es werde Licht!" (v3a) ist ein performativer Richterspruch, der Wirklichkeit schafft.

7.1 (a) Licht als Metapher für Gott

YHWH ist mein Licht und mein Heil;
vor wem sollte ich mich fürchten? (Ps 27,1)

Das Licht kann auch Gott selber sein:

Gott ist Licht,
in Ihm ist keine Finsternis (1.Joh 1,5).

Licht wird auch Jesus bei der „Verklärung" (Rubrik; Abbildung 10) „auf einem hohen Berg" (Mt 17,1*):

> *Und Er wurde verklärt vor ihnen* [sc.: Petrus, Jakobus und Johannes], *und Sein Angesicht leuchtete wie die Sonne, und Seine Kleider wurden weiss wie das Licht* (Mt 17,2)[113].

[112] Vgl. Dan 3,72 (LXX): *ευλογειτε, φως και σκοτος, τον κυριον*. – Vgl. auch Art. „Licht und Finsternis", in: *RGG 4. Aufl.*, Tübingen 2002, „II. Altes Testament" (B. Janowski), Sp. 330f.; „III. Neues Testament" (K. Erlemann), Sp. 331f.

[113] Im Kontext von Mt 17,1–9; par. Mk 9,2–13; Lk 9,28–36.

7.2 (b) Licht als Phänomen göttlicher Offenbarung und Wahrheit

Hier möchte ich ein bekanntes Wort aus dem JohEv voranstellen. Jesus Christus ist nicht nur gemäss Joh 1 Gott und Gottes Fleisch gewordenes Wort. Jesus spricht zu ‚ihnen‘, den Schriftgelehrten und Pharisäern (Joh 8,3):

Ich bin das Licht der Welt.
Wer Mir nachfolgt, der wird nicht mehr wandeln in Finsternis,
sondern wird das Licht des Lebens haben (Joh 8,2; vgl. auch Joh 9,5; 12,35).

Gott kann die Menschen mit Licht und Wahrheit versehen:

Sende Dein Licht und Deine Wahrheit,
dass sie mich leiten und bringen
zu Deinem heiligen Berge
und zu Deiner Wohnung (Ps 43,3).

Abbildung 10: Verklärung Jesu (Mt 17 par. Lk 9). Quelle: Schnorr v. Carolsfeld, Text S. 31; Abb. S. 195.

Licht und Wahrheit (*'ämäth*) sozusagen als göttliche Wegweiser und Navigatoren.

7.3 (c) Licht als Metapher für menschliche Erleuchtung

In dem Danklied oder -gebet Ps 118,27 heisst es „YHWH ist Gott, der uns erleuchtet". Die ‚Weisheit' (*da'ath; chåkhmåh*) ist identisch mit der Thorah. „Mit Seinem Gesetz", der Thorah (griech.: εντολη, pl. εντολαι; auch νομος), „erleuchtet [Gott] Israel" (εν νομω αυτου φωτισαι Ισρσηλ; Sir 45, 17β LXX). Darum kann gesagt werden: „Die Weisheit des Menschen erleuchtet sein Angesicht" (Pred 8,1a), „ ... damit wir erleuchtet werden zur Erkenntnis" (γνωσις; 2.Kor 4,6b). Der blinde Simeon hält das Christkind in Händen und preist dieses: es sei „ein Licht zu erleuchten die Heiden (φως εις αποκαλυψιν εθνων και δοζα λαου σου Ισραηλ; Lk 2,32). Entsprechend bezeugt Johannes der Täufer, nachdem gesagt wurde, „nicht er war das Licht, sondern er sollte zeugen von dem Licht" (Joh 1,8):

Er war das wahrhaftige Licht (φως το αληθινον),
welches alle Menschen erleuchtet (ο φωτιζει),
die in diese Welt kommen (Joh 1,9).

7.4 (d) Licht im vordergründigen Sinne als Tageslicht (auch im Gegensatz zu Finsternis)

Es ist geradezu unmöglich, in der Bibel eine Erwähnung von Licht zu finden, die nicht in einem religiös-theologischen Kontext steht. Das gilt selbst dort, wo wir meinen könnten, dass es um einen praktisch-technischen Vorgang ginge. So auch bei der Anweisung für das Licht in der „Stiftshütte" (*'ohäl mo'ed*), dem Vorläufer des (Jerusalemer) Tempels in der Wüste. Dort geht es um „das Öl zum Licht" (Ex 35,14b).

YHWH spricht zu König David durch den Mund des Predigers (*nåvi'*) Nathan im Zusammenhang mit Davids Ehebruch Sein Strafgericht:

... du hast es heimlich getan,
Ich aber will dies tun vor ganz Israel
und im Licht der Sonne (2.Sam 12,12).

Auch in diesen Fällen steht das Licht in einem religiösen Kontext.

8 Das biblische Element Finsternis (*chóshäkh*)

Auch hier möchte ich differenzieren: (a) Finsternis im Kontext göttlicher Offenbarung, (b) Finsternis als Mittel göttlicher Bestrafung; (c) Finsternis als schöpferisches Element, (d) Finsternis als theologische Metapher für Verirrung; (e) Finsternis als Dunkel der Nacht.

Eine diffuse Finsternis war gemäss Gen 1,1 vor dem ersten Schöpfungswerk Gottes da, sozusagen präexistent. Aber durch die performative Scheidung von Licht und Finsternis (v4b) durch Gottes Richterwort wird die Finsternis sozusagen erst richtig erschaffen und sozusagen von der diffusen ‚Ur-Finsternis' (v2a) unterschieden.

8.1 (a) Finsternis im Kontext göttlicher Offenbarung

Ebenso gern wie Gott in feurigen Phänomenen erscheint, hüllt er sich bei Seinen Offenbarungen in mysteriöse Finsternis und in (Wolken-)Dunkel (*'aråphäl*)[114]. Obwohl Gott gern im Dunkel wohnt, baut Salomo ihm einen Tempel. Allerdings wohnt er auch hier im dunklen, fensterlosen *d:vír*, der *cella* der griechisch-römischen Tempel. Auch im Psalter umgibt sich Gott gern mit „Wolke und Dunkel" (*'ånån wa 'aråphäl*). Jedoch kann es auch umgekehrt heissen, nämlich: „dass Gott Licht (*φως*) ist, und in Ihm ist keine Finsternis (*σκοτος*)"[115].

Gott ist auch vor einem „Stiftshütten"- oder Tempelbau gern im Dunkel. Das Volk möchte nicht gern direkt mit Gott sprechen: „wir könnten sonst sterben" (Ex 20,19b):

So stand das Volk von ferne,
aber Moses näherte sich dem Dunkel, darin Gott war (Ex 20,21).

[114] So etwa in Ex 20,21b; Dtn 4,11; aber auch Gottes Reden aus Feuer (*'esh*) und Dunkel (*'aråphäl*) müssen keine Unmöglichkeit sein (Dtn 5,22a).

[115] 1.Joh 1,5; Jak 1,17.

8.2 (b) Finsternis als Mittel göttlicher Bestrafung

Für Finsternis als göttliches Strafmittel verweise ich auf die Plagen, mit denen Gott Pharao – und natürlich auch das ägyptische Volk – bestraft, weil dieser Israel nicht freigeben will[116]. Auch sonst verhängt der strafende Gott gern Finsternis über die Feinde Israels[117] oder über Seine Feinde, die Gottlosen[118]. Beide Aspekte fallen natürlich zusammen: die Feinde Israels sind auch immer die Feinde YHWHs. Im „Gericht über Babel" (Rubrik) Jes 47,5 heisst es:

Setze dich stumm hin,
geh in die Finsternis,
du Tochter der Chaldäer!

„Der Tag des HERRn ist ein Tag des Gerichtes" (Rubrik) heisst es in der Schrift Amos:

Weh denen, die den Tag YHWHs herbeiwünschen! ...
Denn der Tag YHWHs ist Finsternis und nicht Licht ...
Ja, YHWHs Tag wird finster und nicht licht sein,
dunkel und nicht hell (Am 5,18*.20).

8.3 (c) Finsternis als schöpferisches Element

Hier ist noch einmal auf Gen 1 zu verweisen. Gott „schied" (*wayyavdél*) Licht und Finsternis. Das ist eine richterliche, schöpferische Entscheidung (v4b; vgl. u. a. auch Jes 45,7). Ebenso schöpferisch ist die Benennung (*wayyiqra'*) Seiner Entscheidung in Tag (*yom*) und Nacht (*låylåh*). Ebenso schöpferisch ist Gottes abermalige (Ent-)Scheidung zwischen Tag und Nacht auf Grund der Schöpfung von Tag- und Nachtgestirnen. Hier werden wieder Tag und Nacht geschieden (v16–18), nur hier präziser und nicht mehr so diffus.

Eine geradezu gegen-schöpferische Finsternis begegnet in der Schrift Hiob. Hiob beklagt sein kurzes und leidvolles Leben und bittet:

[116] Vgl. Ex 10,21f.; Dtn 4,11.

[117] Der Geschichts-Ps 105,28 bezieht sich auf die ‚ägyptische Finsternis'.

[118] „Seine Feinde verfolgt Er [sc.: YHWH] mit Finsternis" (Nah 1,8b; vgl. auch u. a. Pred 2,14).

... dass ich (noch) ein wenig erquickt werde,
ehe ich hingehe - und komme nicht zurück -
ins Land der Finsternis und des Dunkels,
ins Land, wo es stockfinster ist
und dunkel ohne alle Ordnung,
und wenn es hell wird,
so ist es immer noch Finsternis (Hi 10,20b–22).

Gemeint ist das Reich der Toten, griech. *Αιδης* = „Hades"; hebr. *sh:'ol.*

8.4 (d) Finsternis als theologische Metapher für Ver(w)irrung und Strafe

Am bekanntesten dürfte die messianische Verheissung in Jes 9,1 sein:

Das Volk, das im Finstern (bachóshäkh) wandelt,
sieht ein grosses Licht[119],
und über denen, die da wohnen im finsteren Lande (*b:'äräz zalmåwäth*[120]),
scheint es hell[121].

Nach einer ‚kleinen Weile' wird es die grosse Wandlung geben. Zu ihr gehört:

Zu der Zeit werden die Tauben
hören die Worte des Buches [sc.: der Thorah],
und die Augen der Blinden
werden aus Dunkel und Finsternis sehen (Jes 29,18).

Ein häufiges, geradezu redewendliches Motiv ist die Finsternis als Schicksal der Gottlosen (*r:shå'im*)[122]. – Grausame Strafen verhängt Gott über alle im Gottesvolk, die nicht Seiner Stimme gehorchen und nicht alle Seine „Gebote und Rechte"

[119] Vgl. auch Ps 112,4; die junge christliche Gemeinde ist aus der Finsternis ins Licht berufen: Eph 5,8; Kol 1,13; 1. Thess 5,4; 1.Pe 2,9.
[120] Eigentlich der ‚Todesschatten'.
[121] Im antiken Zitiermodus auch bei Mt 4,16.
[122] Vgl. 1.Sam 2,9; Ps 107,10f.; Nah 1,8; SapSal 17,2 u. ö.

(*mizoth w: chuqoth*) tun, die Gott Seiner Gemeinde in einem zeitlos gegenwärtigen Heute aktueller Verkündigung gebietet. Am harmlosesten wirkt noch:

... du wirst tappen am Mittag wie ein Blinder tappt im Dunkeln ('aphelåh),
und wirst auf deinem Wege kein Glück haben,
und wirst Gewalt und Unrecht leiden müssen dein Leben lang,
und niemand wird dir helfen (Dtn 28,29).

8.5 (e) ‚Finsternis' untheologisch als Dunkel der Nacht und des Schachtes

Am untheologischsten wirkt die Finsternis noch in Hiobs dritter Antwort an Bildad, dem „Lied von der Weisheit Gottes" (Rubrik) Hi 28, in dem Weisheit und Gott erst gegen Ende erwähnt werden. Das Lied beginnt mit einer nüchtern und real erscheinenden Beschreibung des Bergbaus[123]:

Eisen bringt man aus der Erde,
und aus dem Gestein schmilzt man Kupfer.
Man macht der Finsternis (choshäkh) ein Ende[124] (qez),

[123] Für Forscher wie E. A. Knauf ein Grund, die Herkunft der Schrift Hiob in einer Bergbaugegend anzusiedeln.

[124] Welcher Finsternis macht man wie „ein Ende"? Es sei „hier wohl an das schon aus vorgeschichtlicher Zeit bekannte und bis ins Mittelalter gebräuchliche Verfahren des ‚Feuersetzens' gedacht, indem man durch Feuer Gestein sprengte" (A. Weiser : *Das Buch Hiob* : *übersetzt und erklärt.* ATD Bd. 13, 2.Aufl., Göttingen 1956, S. 199). Der Mensch „kann der Finsternis dadurch, daß er Tageslicht in den Schacht eindringen oder ihn künstlich beleuchten läßt, ein Ende setzen" (Fr. Hesse: Hiob. ZBK: AT 14, Zürich 1978, S. 158). „So kommt man in V. 3 ... von dem charakteristischen bergbaulichen Erleben her, daß die Schachtbeleuchtung die Dunkelheit immer weiter zurückdrängt, während die Schächte immer weiter vorgetrieben und ausgebaut werden". Man stosse „auf Gott als Subjekt ... des Begrenzens (der Finsternis) und Durchforschens" (H. Strauß: *Hiob.* BK XVI/2, Neukirchen-Vluyn 1996, S. 140). Es klinge „durchaus Bewunderung mit, wenn davon die Rede ist, wie man in die Finsternis der Erdtiefen vordringt (V. 3)" (J. Ebach: *Streiten mit Gott: Hiob: Teil 2: Hiob 21–42*, Kleine Biblische Bibliothek, Neukirchen-Vluyn 1996, S. 58; das Ende der Finsternis interessiert Ebach nicht). Nüchtern unsere exegetischen Grossväter, so Bernhard Duhm (1847–1928): „M[asoretischer] T[ext] קץ ... giebt keinen rechten Sinn; dass die Finsternis nicht aufhört, zeigt ja gleich v. 3^{b}, auch thut sie das doch trotz der Bergmannslampe

und bis ins Letzte erforscht man das Gestein,
das im Dunkel (zalmåwäth[125]*) tief verborgen liegt* (Hi 28,2f.).

Insgesamt ist es auch bei der ‚Finsternis' ein Stecknadelsuchen im Heuhaufen, will man in der Bibel ‚profane' Textstellen in unserem aufgeklärten Verständnis finden.

9 Eine kurze Summe

Hier versuche ich, Typisches und Bezeichnendes herauszustellen. Bei der Fülle alles Möglichen kann nur eine Auswahl getroffen werden. – Bei diesem Aufsatz handelt es sich prinzipiell um eine Art kritisch kommentierter Bibelkunde unter dem Aspekt der Elemente. Ich verzichte demzufolge auf eine diachrone Einordnung der Erwähnung der Elemente in den biblischen Texten beider Testamente, sondern stelle sie synchron nebeneinander. – Nur um Disachronie kurz anzusprechen: Es lässt sich pauschal sagen, dass das nt.liche Schrifttum wohl zwischen 50 (älteste Paulusbriefe) und 125 n. C. (jüngste Schriften des Briefkorpus, evtl. auch das Johannes-Evangelium) entstand. Die Datierung des at.lichen Schrifttums wird seit inzwischen gut drei Jahrhunderten und zumal seit etwa 1970 so kontrovers diskutiert, dass es sich nicht lohnt, meinen Beitrag mit dieser Diskussion zu belasten oder einen bestimmten Ausschnitt des Meinungsspektrums zu präferieren. – Ich selber vertrete die (argumentativ m.E. gut begründbare) Meinung, dass alles in der *Biblia Hebraica et Aramaica* (BH) tradierte Schrifttum – unbeschadet in ihm aufgehobener unterschiedlicher älterer Traditionen und möglichen älteren Schrifttums – seine uns durch Dokumente tradierte Textgestalt[126] – wohl erst seit hellenistischer Zeit (ab 3. Jh v. C.) erhielt. Heute normative Druckausgaben des AT.s / der BH beruhen grundsätzlich auf jüdischen Manuskripten des 11. /

nicht" (B. Duhm: *Das Buch Hiob : erklärt*. KHC XVI, Freiburg usw. 1897, S. 135). Duhm schlägt eine Textänderung vor und übersetzt v3 danach: „Man hat durchforscht die Finsternis bis zur äussersten Grenze, durchsucht den Stein des tiefsten Dunkels" (ebd.). Aber Eingriffe in einen im Grunde verständlichen Text sind problematisch. Es gilt immer die hermeneutische Regel: Nicht den Text unseren Lesegewohnheiten anpassen, sondern unsere Lektüre auf die Texte einstellen.

[125] Auch: Totenreich, vgl. Hi 10,21f., 38,17.

[126] Die ältesten Dokumente sind die Papyri aus Qumran (2. Jh v. bis 1. Jh n. C.).

12. Jh.s n. C.[127]. Älteste Manuskript-Fragmente des NT.s stammen aus der ersten Hälfte des 2. Jh.s.[128] Die älteste griechische Vollbibel (sog. LXX) bietet der *Codex Vaticanus Graecus* 1209, bekannt als Codex B, aus der Mitte des 4. Jh.s.[129]. Ich präsentiere hier also, wie gesagt, nur eine nicht chronologisch differenzierende synchrone Beschreibung der Texte.

Die vier antiken Elemente Wasser, Erde / Land, Luft und Feuer, ergänzt durch die ‚biblischen' (religiös-theologischen) Elemente Licht und Finsternis spielen in der Bibel eine konstitutive Rolle. Das zeigt bereits ein Blick in die Bibel-Konkordanzen (hebr., griech., dt.) mit ihren Belegstellen. Nur wenige Voces wie etwa „Gott", „Herr", „Israel", „Jesus", „Christus" und natürlich theologische Begriffe wie z. B. „Gnade", „Gerechtigkeit" und „Prophet"[130], sowie viele Verben und Adjektive sind zahlreicher belegt.

Danksagung. Für die Unterstützung bei der Fahnenkorrektur danke ich meiner Frau Birgid Diebner (Heidelberg), meiner Tochter Karen Diebner (Yokohama) sowie insbesondere Frank Zeidler (Emden).

[127] Aleppo-Kodex (verbrannt); *Codex Leningradensis*. Die griechische Version, die sog. „Septuaginta" (Bezeichnung für die griechische Vollbibel des AT.s problematisch; kurz: LXX) hat ihre eigene Texttradition, die sich an Manuskripten seit dem *Codex Vaticanus Graecus* 1209 (genannt: Codex B) aus der Mitte des 4. Jh.s n. C. orientiert.

[128] P 52 aus der Zeit um 125 n. C. ein Fragment des Joh Ev.s.

[129] Das sich seit Konstantin d. Gr. langsam anbahnende römische Staatschristentum (Konstantin: *religio licita*; Theoderich d. Gr.: einzige staatlich lizensierte Religion im Reich; Justinian d. Gr. Mitte des 6. Jh.s ein juristischer Verwaltungsakt: Verbeamtung des Klerus, womit erst das Christentum Staatskirche ist.

[130] Allerdings werden verschiedene hebräische Begriffe seit der LXX (*προφητης*) in den neuzeitlichen Versionen mit dem einen Begriff ‚Prophet' wiedergegeben, einem Begriff, der dem häufigsten hebräischen Terminus *nåvi'* nicht gerecht wird. Der Verbalstamm *nv'* bedeutet ursprünglich „ausrufen", „verkündigen". Man würde den *nåvi'* besser mit „Prediger" im Auftrag Gottes übersetzen. Das Gottes Willen ‚Vorhersagen' im Sinne des griech. *προ-φημι* ist nur ein Aspekt der Tätigkeit eines *nåvi'*.

Verwendete Abkürzungen biblischer Schriften

(a) Altes Testament (gemäss BH):

Thorah:	
Gen	Genesis / 1. Buch Moses
Ex	Exodus / 2. Buch Moses
Lev	Levitikus / 3. Buch Moses
Num	Numeri / 4. Buch Moses
Dtn	Deuteronomium / 5. Buch Moses
N:vi'im:	
2.Sam	2. Buch Samuel
1.Kön	1. Buch der Könige (Israels und Judas)
2.Kön	2. Buch der Könige
Jes	Prophet Jesaja
Jer	Prophet Jeremia
Ez	Prophet Ezechiel / Hesekiel
Am	Prophet Amos
Jona	Erzählung über den Propheten Jona(s)
Nah	Prophet Nahum
Sach	Prophet Sacharja
K:tuvim:	
Ps	Psalter
Hi	Hiob
Rut	Ruth
Hld	Hoheslied Salomonis
Pred	Prediger Salomonis / Qohäläth
Kld	Klagelieder Jeremiae
Dan	Daniel
Neh	Nehemia

(b) Apokrypha (vom AT ausgesondert durch Martin Luther; zum AT gehörig gemäss LXX):

SapSal	Sapientia Salomonis / Weisheit

Sir	Jesus Sirach
StzDan	Stücke zu Daniel (nach Dan 3,23 BH)

(c) Neues Testament (Reihenfolge des Luthertextes):

Evangelien:	
Mt	Matthäus-Evangelium
Mk	Markus-Evangelium
Lk	Lukas-Evangelium
Joh	Johannes-Evangelium
Briefkorpus:	
Apg	Apostelgeschichte
Eph	Brief des Paulus an die Epheser
Kol	Brief des Paulus an die Kolosser
1.Thes	Erster Brief des Paulus an die Thessalonicher
1.Pe	1. Brief des Apostels Petrus
1.Joh	1. Brief des Johannes
Hbr	Hebräerbrief
Jak	Brief des Jakobus
Jud	Brief des Judas
Apk	Apokalypse des Johannes

Literatur

(a) Quellen-Literatur:

Aristoteles: Περι Ψυχης / *De anima* : Aristoteles: *Über die Seele : Griechisch-Deutsch*, H. Seidl (Hrsg.), Philosophische Bibliothek 476, Hamburg 1995.

Aristoteles: Περι ζωων κινησεως / *De motu animalium*. E. S. Forster (Hrsg.): *Aristotle : Parts of Animals; Movement of Animals; Progression of Animals*. Loeb Classical Library 323, Harvard (reprint) 1961.

Aristoteles: Περι ζωων μοριων / *De partibus animalium*: W. Kullmann (Hrsg.): *Aristoteles : Über die Teile der Lebewesen : übersetzt und erläutert*. Berlin 2007.

K. Elliger, W. Rudolph (Hrsg.): *Biblia Hebraica Stuttgartensia : Editio Minor*. Stuttgart 1984.

A. Rahlfs (Hrsg.): Septuaginta : *Id est Vetus Testamentum graece iuxta LXX interprete : Editio Minor*. Stuttgart 1979.

K. Aland, B. Aland (Hrsg.): *Novum Testamentum Graece et Latine*. Stuttgart 1979. 26. Aufl., 7. Druck, Stuttgart 1979.

Das Alte Testament : *Nach der Übersetzung Martin Luthers*. Stuttgart 1966.

Die Apokryphen : *Nach der Übersetzung Martin Luthers* : Revidierter Text 1970. Witten, Stuttgart 1971.

Das Neue Testament und der Psalter : *Nach der Übersetzung Martin Luthers* : *Revidierter Text*. Stuttgart o. J.

Vulgata: Biblia Sacra : *iuxta Vulgatam versionem*. Bd. I., 2.Aufl., Stuttgart 1975.

(b) Hilfsmittel:

Fr. Buhl (bearb.): *Wilhelm Gesenius' Hebräisches und Aramäisches Handwörterbuch über das Alte Testament* : Unveränderter Neudruck der 1915 erschienenen 17. Auflage. Berlin, Göttingen, Heidelberg 1962.

Kaegi (bearb.): *Benselers Griechisch-Deutsches Schulwörterbuch*. 12.Aufl., Leipzig, Berlin 1904.

H. G. Lidell, R. Scott: *A Greek-English Lexicon*. Reprint Oxford 1973.

G. W. H. Lampe (Hrsg.): *A Patristic Greek Lexicon*. 6. Aufl., Oxford 1982.

W. Sengebusch (bearb.): *Dr. W. Pape's Griechisch-Deutsches Handwörterbuch*. 3. Aufl., 6. Abdruck. Bd. I.II. Braunschweig 1914.

K. E. Georges, H. Georges: *Ausführliches Lateinisch-Deutsches Handwörterbuch*. Bd.I.II Hannover 1962.

Grosse Konkordanz zur Luther-Bibel. Stuttgart 1979.

(c) Sekundär- und Tertiär-Literatur:

Anonymos: siehe *wikipedia*.

Biblisch-Historisches Handwörterbuch (BHH), B. Reicke, L.Rost (Hrsg.), Göttingen 1962ff.

Fr. W. Deichmann: Repertorium der christlich-antiken Sarkophage. Bd. I,1: Abb.; I,2: Text. Wiesbaden 1967.

K. A. Deurloo: *Genesis*. Kampen 1998.

K. A. Deurloo: *Jona*. Baarn 1995 (siehe: M. Kessler)

B. J. Diebner: *Seit wann gibt es „jenes Israel“ : gesammelte Studien zum TNK und zum antiken Judentum : Bernd J. Diebner zum 70. Geburtstag*. V. Dinkelaker, B. Hensel, F. Zeidler (Hrsg.), BVB 17, Berlin 2011. Darin:

„Seit wann gibt es ‚jenes Israel‘ (Martin Noth)? : Anmerkungen zu ‚Israel‘ als ekklesiologische Größe im TNK (2002)“, S. 67–84.

„Platonisch-Aristotelisches und frührabbinische Denkstruktur in Gen 1–3: Zur kulturgeschichtlichen Einordnung von Schöpfungs- und Paradies-Erzählung (2010)“, S. 87–96.

„Was der ‚Prophet Jona‘ zu lernen hat, oder: Eine Ketuvim-Botschaft unterwandert die Nevi'im (1998)“, S. 205–220.

„Raum und Ritus in den Synagogen : Synagogen der Antike und Spätantike nach Baumustern der Herrschaftskultur (2006)“, S. 267–276.

ders.: „Antike Wissenschaft im Alten Testament“, in: *Badische Pfarrvereinsblätter* 7-8 (2020), S. 371–377.

J. Dresken-Weiland: *Repertorium der christlich-antiken Sarkophage* Bd. II, Mainz 1998.

B. Duhm: *Das Buch Hiob : erklärt*. KHC XVI, Freiburg, Leipzig, Tübingen 1897.

Das Grosse Bibellexikon (GBL), Wuppertal, Giessen 1987.

J. Ebach: *Streiten mit Gott : Hiob : Teil 2 : Hiob 21–42*. Kleine Biblische Bibliothek. Neukirchen-Vluyn 1996.

K. Erlemann: Art.: „Licht und Finsternis : III. Neues Testament“, in: *RGG* 4.Aufl., Bd. 5, Tübingen 2002, Sp. 331f.

W. D. Furley: Art. “Feuer”, in: *RGG* 4.Aufl., Bd. 3, Tübingen 2000, Sp. 103f.

A. Hentzen (Hrsg.): *Hamburger Kunsthalle : Meisterwerke der Gemälde-Galerie*. Köln 1969.

Fr. Hesse: *Hiob*. ZBK.AT 24, Zürich 1978.

B. Janowski: Art. „Licht und Finsternis : II. Altes Testament”, in: *RGG* 4.Aufl., Bd. 5, Tübingen 2002, Sp. 330f.

B. Kanael: Art. „Hasmonäer“, in: *BHH* Bd. II, Göttingen 1964, Sp. 650–655.

M. Kessler, K. Deurloo: *A Commentary on Genesis : The Book of the Beginnings*. New York, Mahwah N.J. 2004.

E.A. Knauf: „Hiobs Heimat“, in: WO 19 (1988), S. 65–83.

G. Lindeskog: Art. „Feuer“, in: *BHH* Bd. I, Göttingen 1962, Sp. 979f.

D. Marguerat: *Die Apostelgeschichte : übersetzt und erklärt.* KEK Bd. 3, 18. Aufl. / 1. Aufl. dieser Auslegung, Göttingen 2022.

Meyers Enzyklopädisches Lexikon (MEL), Mannheim 1971ff.

A. Negev (Hrsg.): Art. ”Tarshish”, in: *Archaeological Encyclopedia of the Holy Land.* Jerusalem 1972, S. 308r.

H. Platte: *Meister Bertram in der Hamburger Kunsthalle.* Berlin [o.J.]

G. von Rad: *Das erste Buch Mose : Genesis.* ATD 2/4, Göttingen 1953 (spätere Auflagen unveränd. Nachdrucke).

B. Reicke: Art. „Luft“, in: *BHH* Bd. II, Göttingen 1964, Sp. 1108.

G. Schiffkoff (Hrsg.): *Philosophisches Wörterbuch.* Kröners Taschenausgabe Bd. 13, Stuttgart 1957.

W. Schmauch, E. Lohmeyer: *Das Evangelium des Matthäus.* KEK, Sonderband, 2.Aufl., Tübingen 1958.

J. Schnorr von Carolsfeld: *Die Bibel in Bildern : 240 Darstellungen erfunden und auf Holz gezeichnet.* Nachdruck Zürich 1972.

H. Strauß: *Hiob.* BK XVI/2, Neukirchen-Vluyn 1996.

J. A. Thompson: Art. “Tarsis”, in: *GBL* Bd. 3, Wuppertal, Zürich 1989, S. 15.

W. Fr. Volbach, M. Hirmer: *Frühchristliche Kunst : Die Kunst der Spätantike in West- und Ostrom.* München 1958.

A. Weiser: *Das Buch Hiob : übersetzt und erklärt.* ATD 13, 2. Aufl., Göttingen 1956.

Cl. Westermann: *Genesis.* BK 1/1, Neukirchen-Vluyn 1974.

Wikipedia (verschiedene anonyme Beiträge).

J. Wilpert, W. N. Schumacher: *Die römischen Mosaiken der kirchlichen Bauten vom IV.–XIII. Jahrhundert.* Freiburg, Basel, Wien 1976.

H. W. Wolff: *Dodekapropheton 3 : Obadja, Jona.* BK XIV/3, Neukirchen-Vluyn 1977.

E. Zenger (Hrsg.): *Einleitung in das Alte Testament.* StBTh 1,1, 5. Aufl., Stuttgart 2004.

B. Zuber: Das *Tempussystem des biblischen Hebräisch : Eine Untersuchung am Text*. BZAW 164, Berlin, New York 1986.

Über den Autor

Bernd Jørg Diebner ist Theologe (Pastor, Bibelwissenschaften, Kirchengeschichte), Archäologe (Frühbyzantinistik) und Orientalist (Koptologie). Promotion 1965 in Heidelberg im Fache Kirchengeschichte (Spezialfach: frühchristlicher Kirchenbau). Lehraufträge für Koptologie am Ägyptologischen Seminar der Universität Hamburg und später am Ägyptologischen Institut der Ruprecht-Karls-Universität Heidelberg. Dort auch Lehrauftrag für Altes Testament seit 1972. Vorlesungen und Seminare über die Pensionierung 2004 hinaus bis 2017/18. – Als Germanist seit 1979 Arbeit, Publikationen und Herausgeber-Tätigkeit im Bereich der niederdeutschen Sprache und Regionalgeschichte. – Seit 1985 in Nebentätigkeit Pastor von Dansk Kirke i Sydslesvig.

Korrespondenz:
Hon.-Prof. Dr. Bernd Jørg Diebner
Universität Heidelberg
Wissenschaftlich-Theologisches Seminar
Kisselgasse 1
69117 Heidelberg
E-Mail: bernd.diebner@ts.uni-heidelberg.de
Homepage:
https://www.uni-heidelberg.de/fakultaeten/theologie/personen/diebner.html

Erde, Luft, Wasser und Feuer – Wie Pflanzen diese Elemente nutzen

CLAUDIA ERBAR & PETER LEINS

Centre for Organismal Studies (COS) Heidelberg – Biodiversität und Pflanzensystematik, Universität Heidelberg

Zusammenfassung

Es sind die klassischen vier Elemente der großen griechischen Philosophen, die – entmythologisiert – sich in heutiger Sicht als Schauplätze organismischer Evolution präsentieren. Mit ihren unterschiedlichen physikalischen und chemischen Qualitäten bilden sie die abiotischen Umweltfaktoren, an die sich Organismen durch zufällige genetische Veränderungen im Laufe der Evolution anpassen können. Andererseits können die ständig sich ändernden Umweltfaktoren immer wieder Organismenarten zum Aussterben zwingen. Wasser ist das Element, in dem das Leben entstand und sehr lange Zeit auch das alleinige Substrat für Pflanzen war. Die ältesten Landpflanzen-Fossilien kennen wir aus dem Oberen Silur, sind also mehr als 400 Millionen Jahre alt. Sie hatten allgemein dasselbe Bauprinzip, nämlich im Querschnitt runde Stiele, die sich mehrfach räumlich-gabelig verzweigen und einen sog. Telomstand bilden, von dem sich im Verlauf des Devons durch unterschiedliche Formveränderungen (sogenannte Elementarprozesse) u. a. die Bärlappe und Wedelfarne ableiten lassen, die im Karbon ihren Höhepunkt erreichten. Mit dem Landgang der Pflanzen erobern sie gleichzeitig das Element Luft. Unterschiedliche Feuchtigkeitsgrade und Temperaturen dieses Elements „zwingen" die Pflanzen (aufgrund zufälliger Erbänderungen und anschließender dem Optimierungsprinzip gehorchender Selektion) zu unterschiedlichsten Anpassungen. Kompromisse zwischen „Hungern" und „Dursten" finden sich vielfach an ariden Wuchsorten. Das meist zerstörerische Element

https://doi.org/10.17885/heiup.hdjbo.2022.1.24622

Feuer bildet als „Feuerball“ Sonne eine für das Pflanzenleben unabdingbare Lichtquelle. Sogar das offene Feuer kann von Pflanzen in Gebieten regelmäßig auftretender Buschbrände zur Samenausbreitung in genialer Weise genutzt werden. Die „Verschmutzung“ der genannten Elemente, insbesondere des Wassers, der Luft und des Bodens, oft verursacht von ethisch entkernten Großkonzernen, stellt uns heutzutage vor fast unüberwindbare Probleme (Klimawandel, Insektensterben, Rückgang der Biodiversität insgesamt, „versaute“ Nahrungsmittel).

1 Eine Aufsehen erregende Entdeckung

Man schreibt das Jahr 1916, als der schottische Geologe William Mackie[1] über seine geologisch-petrographischen Studien im Gebiet von Rhynie in Aberdeenshire (Schottland) berichtet. Er entdeckt in Hornstein-Blöcken (Hornstein ist ein altes silikatreiches Sedimentgestein), die an einer Straßenböschung und in einer Gartenmauer zu finden waren, neben fossilen Krebsen eine Menge an pflanzlichen Überresten. Die Felsblöcke können dem Devon, das vor etwa 400 Millionen Jahren beginnt und vor etwa 320 Millionen Jahren ins Karbon übergeht, zugeordnet werden.

Es sind der ursprünglich als Bankangestellter arbeitende, später als Paläobotaniker tätige Robert Kidston[2] und der Botaniker William Henry Lang von der Victoria Universität Manchester, die gleich darauf die fossilen Pflanzenreste in Augenschein nehmen. Ein Glücksumstand gestattet ihnen eine bis ins Detail gehende Analyse. Durch die fein kristalline Beschaffenheit des Hornsteins ist es nämlich möglich äußerst dünne Schliffe herzustellen, an denen (fast wie in frischem Zustand) lichtmikroskopisch Gewebe- und zelluläre Strukturen beobachtet werden können. Von den vier neu von Kidston & Lang (1917, 1920a, b) beschriebenen Arten[3] verdienen zwei besondere Beachtung, nämlich *Rhynia gwynne-vaughani* und *Rhynia maior* (der Gattungsname bezieht sich auf die Gegend der Fundstellen). In ihrer Rekonstruktion besteht die ganze Pflanze aus vorwiegend dichotom verzweigten, kreisrunden Stielchen, die an der Basis der

[1] William Mackie war ursprünglich Mediziner.
[2] Robert Kidston war ein durch Erbschaft wohlhabender und höchst angesehener Gelehrter.
[3] Neben diesen sogenannten Gefäßpflanzen werden 15 Pilze und 5 Algen gefunden (vgl. hierzu Mägdefrau 1968).

Pflanze horizontal wachsen und darüber sich ± vertikal aufrichten. Um das Bauprinzip des aufgerichteten Stielchenstandes zu veranschaulichen, können wir uns eines „idealisierten“ Baukasten-Modells bedienen (Abb. 1a).

Betrachtet man einen dünnen Querschliff durch ein Stielchen etwa von *Rhynia gwynne-vaughani* (Stielchen-Durchmesser wenige Millimeter, bei *R. maior* etwas größer), so ist ringsum eine Außenzellschicht (Epidermis) zu beobachten, die eine verdichtete Außenhaut, wahrscheinlich eine hydrophobe Cuticula, aufweist (Abb. 1b). Nach innen zu folgen eine aus ± isodiametrischen Zellen bestehende Außenrinde und eine aus längsgestreckten, im Querschnitt kleinerlumigen Zellen aufgebaute Innenrinde. Ganz im Zentrum fällt ein dickwandiges Gewebe auf, welches nach genaueren Analysen ring- oder seltener schraubenartige Verdickungen in seinen Zellen erkennen lässt. Diesen innersten recht auffälligen Gewebestrang umgibt ein aus dünnwandigen Zellen bestehender Gewebsring. An der Spitze der Stielchen ist das Gewebe kleinzellig und deutet auf ein Bildungsgewebe (Apikalmeristem) hin. An den Spitzen befinden sich auch keulenförmige Behälter, die relativ dickwandige Sporen (in Tetraden) enthalten. Es handelt sich um sogenannte Meiosporen, die, da ohne Bewegungsorganellen, vom Wind ausgebreitet werden können. Ins gesamte Bild für die Rekonstruktion passt auch das Vorhandensein

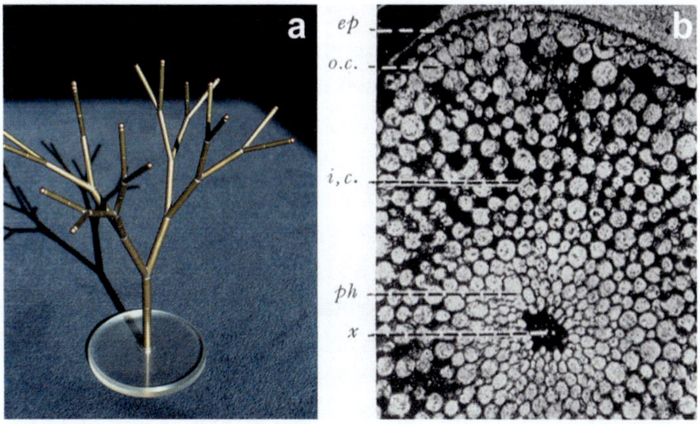

Abbildung 1: Erste Landpflanzen. – a, Baukasten-Modell eines räumlich dichotom verzweigten Stielchen- bzw. Telomstandes (eigene Aufnahme). – b, Querschliff durch ein Stielchen von *Rhynia gwynne-vaughani*; aus Kidston & Lang 1917 (siehe auch Mägdefrau 1968). ep = Epidermis mit Cuticula, o.c. = Außenrinde, i.c. = Innenrinde, ph = Phloem (Assimilatleitgewebe), x = Xylem (Holz, Wasserleitgewebe).

von Spaltöffnungen an der Stielchen-Außenseite, die dem Gasaustausch dienen. Spätestens jetzt wird klar, dass mit *Rhynia* eine Landpflanze aus dem Devon zum ersten Mal beschrieben wurde.

Einfach eine Sensation! Die zwingenden Indizien – das sei nochmals herausgestellt – sind das Abschlussgewebe (mit hydrophober Cuticula), die für den Gasaustausch nötigen Spaltöffnungen, welche mit den Interzellularräumen im Rindengewebe Verbindung aufnehmen, der zentrale Strang, verantwortlich für die Wasserleitung aus dem Bodenwasser (Wasseraufnahme mit Hilfe fädiger sogenannter Rhizoide an den horizontalen im Boden befindlichen Stielchen) bis hinauf zu den Stielchenspitzen, das das Wasserleitgewebe ringsum ummantelnde Gewebe, das wohl der Assimilatleitung dient und schließlich die unbegeißelten vom Wind ausgebreiteten Meiosporen.

2 Die Eroberung der Luft durch die ersten devonischen Landpflanzen

Wie oben angedeutet haben Kidston und Lang noch zwei weitere Gefäßpflanzen (Pflanzen mit Leitgeweben) in den devonischen Hornsteinblöcken entdeckt und beschrieben: *Horneophyton lignieri* und *Asteroxylon mackiei*. *Horneophyton* besitzt in seinem Sporangium ein steriles Gewebsstück, Columella genannt, unterscheidet sich aber sonst nur wenig von *Rhynia*. *Asteroxylon* hingegen zeigt gegenüber den anderen Arten schon einen differenzierteren Aufbau, vor allem was den Verzweigungsgrad und den Besitz einer geförderderten (Haupt-) Achse sowie einen dichten Besatz von schmalen blättchenförmigen Anhängseln betrifft. Zudem ist das zentrale Wasserleitgewebe im Querschliff mehr sternförmig ausgebildet, und zwischen den Sternstrahlen befindet sich das Assimilatleitgewebe.

Die faszinierenden Ergebnisse, die Kidston und Lang zutage gefördert haben, mögen zu einem Aufschwung der Forschung an devonischen Pflanzenresten beigetragen haben. Als eine geradezu an unterdevonischen Pflanzenfossilien überreiche Fundstelle bieten sich die großen Aufschlüsse an einer Straßenböschung im unteren Wahnbachtal in der Nähe von Siegburg an (Abb. 2a). Der erste, der hier diesen „Reichtum“ entdeckt hat, ist Wilhelm Elberskirch 1928 (Steinmann & Elberskirch 1929, siehe auch Mägdefrau 1968). Kräusel & Weyland (z. B. 1930, 1935) verdanken wir eine gründliche Bearbeitung des umfangreichen Materials. Es hat sich bereits während unserer Bonner Zeit und in der Folge auch von Heidelberg aus ergeben, im Rahmen zahlreicher Studierenden-Exkursionen sich an diese paläontologische „Pilgerstätte“ zu begeben und noch weitere devonische

Abbildung 2: Zum Landgang der Pflanzen. – a, Aufschluss an der Straßenböschung im Wahnbachtal. – b, *Zosterophyllum rhenanum.* Pfeile zeigen auf dichotome Verzweigungen. – c, *Taeniocrada decheniana.* Pfeile zeigen auf die sehr dünnen Leitstränge. – d–f, Herausvergrößerungen von Verzweigungen der Stielchen (Telome). Pfeile weisen auf dünne Leitstränge. – d–e, *Zosterophyllum rhenanum.* – f, *Taeniocrada decheniana.* – g, Aufschluss im Jabachtal mit dicker, ±horizontal verlaufender Schicht sehr zahlreicher fossiler *Taeniocrada*-Stücke (Schicht etwa 10 bis 20 cm dick). Bildquellen: Eigene Aufnahmen.

Aufschlüsse in der näheren Umgebung und in der Eifel aufzusuchen.[4] Zum besseren Verständnis phylogenetischer Zusammenhänge wollen wir im folgenden Abschnitt bei der Vorstellung unserer Funde die von Walter Zimmermann (1930, 1961, 1965) entwickelte Telomtheorie zugrunde legen.

2.1 Die devonischen Urlandpflanzen als Vorläufer der Farngewächse – die Telomtheorie von Zimmermann in etwas modifizierter Form

Walter Zimmermann, einer der herausragendsten Phylogenetiker des 20. Jahrhunderts, der den Zweitautor dieses Artikels während seines Studiums in Tübingen für stammesgeschichtliche Überlegungen begeisterte, geht von einem räumlich und dichotom verzweigten Stielchen-Stand aus. Ein nach den Vorstellungen von Zimmermann von uns konstruiertes räumliches Baukasten-Modell (Vorbild *Rhynia*) haben wir oben in Abb. 1a bereits vorgestellt. Zimmermann verwendet für ein Stielchen den Begriff Telom. Ein Telom ist demnach eine einzelne (stielrunde) mit einem Leitbündel (innen Xylem als Wasserleitgewebe, außen der Assimilatleitung dienendes Phloem) und einer Rinde sowie einer Epidermis mit Cuticula und Spaltöffnungen versehene Grundeinheit eines ursprünglichen ans Landleben angepassten Vegetationskörpers. Die Telome sind mehr oder weniger gleich lang. In den erwähnten Aufschlüssen im Wahnbachtal finden sich solche Telom-Stände dicht gepackt von *Zosterophyllum rhenanum* (Abb. 2b) und seiner größeren „Schwester" *Taeniocrada decheniana* (Abb. 2c). Allerdings handelt es sich bei diesen von Kräusel & Weyland beschriebenen beiden Arten sehr wahrscheinlich um Wasserpflanzen, bei denen lediglich die ungewöhnlich ährigen Sporangienstände aus dem Wasser ragen (Windausbreitung der Sporen!). Die Gründe für diese Annahme liegen im Fehlen von Spaltöffnungen und im geringen Ausmaß des Leitgewebes (siehe Ausschnitte in Abb. 2d–f). Zuweilen wird angenommen, dass deren Telome abgeflacht sind (z. B. Zimmermann 1965). Wir meinen aber, dass der Seegras-ähnliche Habitus durch den Sedimentdruck bei ihrer Fossilisierung sie in vielen Schichten einfach zusammengepresst hat. Viele dünne Lagen bilden zum Beispiel in einem Aufschluss im nahe gelegenen Jabachtal eine Schicht von etwa

[4] Das Auffinden der Aufschlüsse verdanken wir Herrn Dr. Klaus Kramer, einem ehemaligen Mitarbeiter des Zweitautors.

10 bis 20 cm Dicke, in der fast ausschließlich *Taeniocrada*-Telome zu finden sind (Abb. 2g). Ein Grund für das Flachpressen der Telome mag auch in der geringen Stabilität eines bei den Wasserpflanzen häufig auftretenden Interzellularen-reichen Gewebes liegen. Jedenfalls lassen sich keine Verdrillungen an den fossilen Telomen erkennen, wie sie bei von vornherein abgeflachten Strukturen gelegentlich auftreten müssten (vgl. etwa Tagliatelle mit Spaghetti).

Eine echte Urlandpflanze ist neben *Drepanophycus spinaeformis* (Kräusel & Weyland 1930) *Protolepidodendron wahnbachense*; Locus classicus (erster Fundort) ist die Straßenböschung im Wahnbachtal (Abb. 2a), aus dem auch das in Abb. 3a gezeigte Fossil stammt: Gegabelte, dünne Telome entspringen einer geradlinig verlaufenden dicken Achse. Wie können wir diesen Pflanzenkörper mit einem ursprünglichen aus mehr oder weniger gleichen Gliedern aufgebauten Telom-Stand in Beziehung bringen? An unserem Baukasten-Modell müssen wir zunächst lediglich den Verzweigungsgrad dergestalt verringern, dass nur jeweils eine der beiden Gabeläste eine neue Gabelung hervorbringt (vgl. Abb. 3b). Diese sich daraus ergebende Zick-Zack-förmige Anordnung der geförderten Telome muss nur noch in einen geradlinigen Verlauf gebracht und verdickt werden, und wir erhalten den Habitus von *Drepanophycus* (siehe Rekonstruktion von Kräusel & Weyland 1930). Bei *Protolepidodendron* lässt sich durch die Gabelung der seitlichen, reduzierten Telome auf einen etwas ursprünglicheren Zustand schließen.

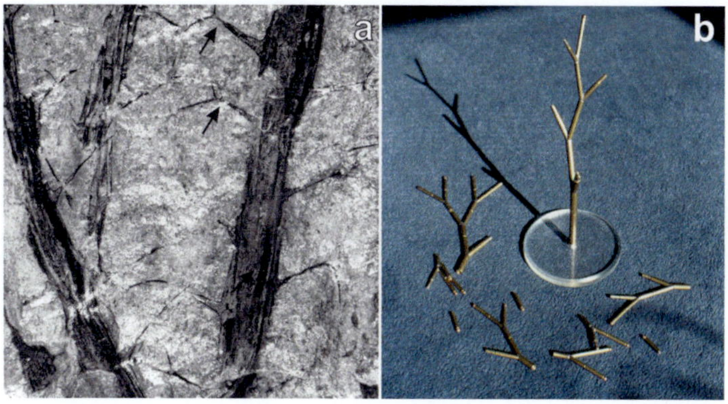

Abbildung 3: Erste Landpflanzen. – a, *Protolepidodendron wahnbachense*. Pfeile weisen auf am Ende gegabelte Telome. – b, Baukasten-Modell den Elementarprozess der Reduktion zeigend. Bildquellen: Eigene Aufnahmen.

Was die Sporangien betrifft, so befinden diese sich nach der Rekonstruktion von Kräusel & Weyland (1930, 1933) bei *Drepanophycus* auf einem kurzen Stielchen (Telom) auf der Oberseite des größeren dornartigen Teloms, bei *Protolepidodendron* in der Achsel des gegabelten Teloms. Jetzt fehlt nur noch ein kleiner Schritt, um zu den heutigen Bärlappgewächsen (Abb. 4a–c) zu gelangen, bei denen ein unteres Telom sich flächig verbreitert und zu einem kleinen Blatt, einem sogenannten Mikrophyll, entwickelt, und das Sporangien-tragende Telom sich extrem verkürzt und mit dem Blatt eine Einheit bildet, die nach dieser Herleitung einer Telomgabel entspricht. Zusammengefasst sind es also folgende Prozesse, die unser Ausgangsmodell durchlaufen hat: Reduktion im Verzweigungsgrad, Übergipfelung und

Abbildung 4: Sprossender Bärlapp (*Lycopodium annotinum*). – a, Pflanze mit terminalen Sporangienständen an aufrechten Sprossen. – b, Unterer Teil eines Sporangienstandes (Sporenbehälter noch geschlossen) mit chlorophylllosen Mikrophyllen; unterhalb des Sporangienstandes grüne Mikrophylle. – c, Ausschnitt aus einem Sporangienstand mit geöffneten Sporangien (öffnen sich mit Querriss). Bildquellen: Eigene Aufnahmen; am Ufer des Tonbachs (Baiersbronn, Nordschwarzwald).

ungleiche Ausgestaltung der Telome. Zimmermann nennt sie Elementarprozesse, zu denen bei der Ableitung der allbekannten Wedelfarne, welche große Blätter (mit vielen Leitbündeln) besitzen, neben Übergipfelung die Planation (flächige Anordnung) und „Verwachsung“[5] hinzukommen.

Übergipfelung und Planation auf der Grundlage des Urtelom-Standes seien wieder an unserem Baukasten-Modell demonstriert (Abb. 5). Die Planation lässt sich in Abb. 5c im Schattenwurf des in eine Ebene ausgerichteten, geförderten, reich verzweigten Telom-Standes erkennen. Ein letzter Schritt besteht dann in einem vollständigen oder meist partiellen gemeinsamen Auswachsen flächig verbreiteter Telom-Stände und schon erhalten wir einen Farnwedel. Viele solcher Farnwedel werden dann von unten nach oben an einer aus zahlreichen Telomen bestehenden verdickten Achse gebildet. Wieder erhalten wir einen Spross, gegliedert in Sprossachse und Blätter, die jetzt nicht mehr Mikrophylle wie bei den Bärlappen sind, die jeweils einem einzelnen Telom entsprechen (mit einem Leitbündel), sondern Makrophylle, die aus einem reich verzweigten ganzen Telomstand hervorgegangen sind und damit entsprechend viele Leitbündel (Blattadern) aufweisen (Abb. 6).

Um übergipfelnde Telome quasi in natura zu Gesicht zu bekommen, begeben wir uns ins nahe gelegene Bröltal (nahe Siegburg). In Steinblöcken einer bewal-

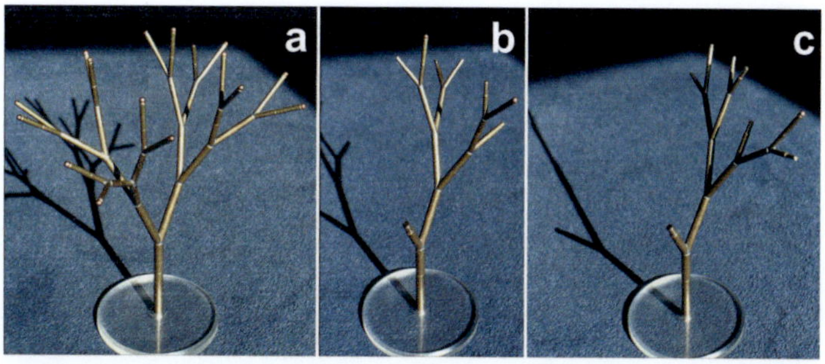

Abbildung 5: Baukasten-Modell. – a, Ur-Telomstand. – b, Übergipfelung durch einen Teil- Telomstand. – c, Planation des übergipfelnden Teil-Telomstandes (vgl. Schattenwurf). Bildquellen: Eigene Aufnahmen.

[5] Dieser Begriff ist in unseren Augen als realer Vorgang etwas unglücklich; wir ersetzen ihn durch gemeinsames Aus- oder Hochwachsen (oder im Verbund wachsen).

deten Straßenböschung (Abb. 7a) findet man Fragmente eines Fossils, das wir als *Psilophyton goldschmidti* bestimmen konnten. Die Telome werden nach oben zu immer schmaler und sind im oberen Bereich sehr wahrscheinlich mehr oder weniger in einer Ebene ausgerichtet (Abb. 7b–c). Wir können *Psilophyton* als Ausgangsmodell – nicht als direkter Vorfahr! – für einen Wedelfarn benutzen und uns vorstellen, dass ein Wedel durch partielles gemeinsames Auswachsen gewisser Telom-Stand-Partien schließlich ein gefiedertes oder doppelt gefiedertes großes Blatt, eben ein Makrophyll entsteht. In den Steinkohle-Wäldern der Karbonformation, die vor etwa 320 Millionen Jahren begann, entwickelten die Wedelfarne bereits Makrophylle, die denen der heutigen Vertreter sehr ähnlich sehen (Abb. 8a–c).

Das Geniale der von Zimmermann entwickelten Telomtheorie besteht darin, dass durch die genannten Elementarprozesse in groben Zügen die Herleitung des aus den drei Grundorganen Wurzel, Sprossachse, Blatt (entweder Mikrophyll oder Makrophyll) bestehenden sogenannten Kormus leicht verständlich wird. Es handelt sich natürlich beim Kormus nur um ein Konstrukt bzw. Modell, nicht etwa um einen „Bauplan“. Der Bauplan-Begriff stammt noch aus der Zeit der idealistischen Betrachtungsweise, geistert aber immer noch in den Lehrbüchern umher (interessanterweise gerade auch in den aus den USA stammenden, teilweise übersetzten

Abbildung 6: Wedelfarn mit Stamm (Baumfarn *Cyathea* = *Alsophila dregei*). Bildquelle: Eigene Aufnahme; Südafrika-Expedition 2003, zwischen Sabie und Graskop, Provinz Mpumalanga.

Büchern). Auch müssen wir davon ausgehen, dass die Stammesgeschichte nicht geradlinig verläuft; die stammesgeschichtliche Entwicklung findet heutzutage in sogenannten Kladogrammen ihren (stets theoretischen) Niederschlag (vgl. Erbar & Leins 2020).

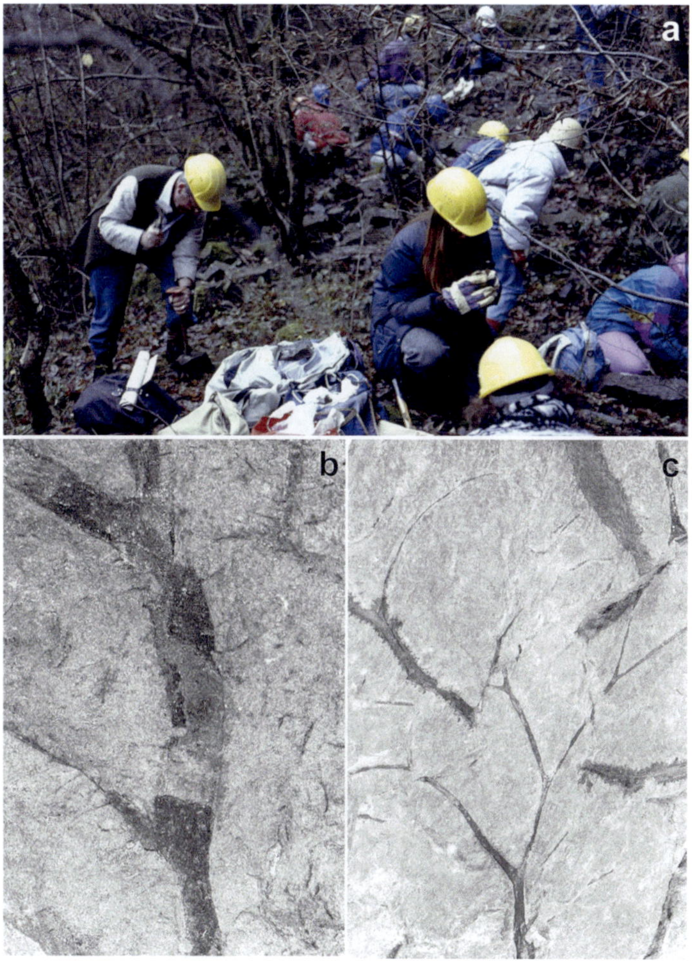

Abbildung 7: Erste Landpflanzen. – a Fundort von *Psilophyton goldschmidti*: Bewaldete Straßenböschung im Bröltal. – b–c, Telomstände aus den Felsblöcken gehauen. Bildquellen: Eigene Aufnahmen.

Mit dem Landgang der Pflanzen haben sie die Luft erobert; zwei übrige Elemente bleiben ihnen erhalten: Wasser und Feuer (in Form des Feuerballs Sonne). Ohne Wasser kein Leben! Bei allen Lebewesen ist Wasser das Medium, in dem die Stoffwechselvorgänge ablaufen; die Wasserquelle verlagert sich normalerweise in die Erde, kann aber auch wie etwa bei Epiphyten ausschließlich in Form von Regen oder Nebel direkt zur Verfügung stehen (siehe weiter unten). Als Produzenten in einem Ökosystem sind grüne Pflanzen auf das Sonnenlicht als Energielieferant bei der Photosynthese angewiesen.

Alles in Allem bilden die vier Elemente die abiotische Spielwiese, auf der sich aufgrund zufälliger Erbänderungen und anschließender dem Optimierungsprinzip gehorchender Selektion eine unüberschaubare, reiche Biodiversität der Landpflanzen entwickeln konnte. Im Folgenden werden wir uns hauptsächlich auf die Blütenpflanzen (Angiospermen), die zusammen mit den ursprünglicheren Nacktsamern (Gymnospermen) als Samenpflanzen aus den makrophyllischen Farngewächsen hervorgehen, konzentrieren.

3 Boden – die lebende und mineralstoffhaltige dünne Hülle der Erde

Der Boden ist die oberste belebte Verwitterungsschicht der Erdkruste, auf der Höhere Pflanzen wachsen können. Neben der mineralischen Substanz aus dem verwitterten Gesteinsuntergrund (Silikate, Tonmineralien, Kalk) und dem orga-

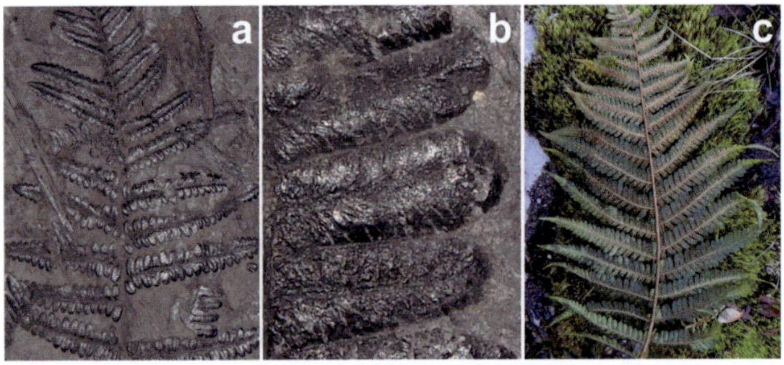

Abbildung 8: Wedelfarne. – a, Versteinerter, doppelt gefiederter Farnwedel aus dem Karbon. – b, Ausschnitt aus einer Fieder 1. Ordnung (man beachte die Fieder 2. Ordnung mit ihren wiederum fiederig angeordneten Blattadern. – c, Rezenter Farnwedel vom Wurmfarn (*Dryopteris*). Bildquellen: Eigene Aufnahmen; das karbonische Fossil ist ein Geschenk von Dr. Klaus Kramer.

nischen Material (Humus) aus zersetzten Pflanzen- und Tierresten enthält er in den Hohlräumen auch Wasser und Luft. Nicht vergessen werden darf, dass der Boden belebt ist durch eine Vielzahl von Mikroorganismen (Bakterien, Pilze, Algen) und heterotrophen eukaryontischen Lebewesen (Fadenwürmer, Borstenwürmer, Regenwürmer, Milben, Springschwänze, Rädertiere, Larven von Käfern und Fliegen, Schnecken, Spinnen, Asseln). Böden entstehen durch die Einflüsse des Klimas (Temperatur und Niederschlag) und unter Mitwirkung von Lebewesen in Abhängigkeit von den Umweltbedingungen. Durch das Zusammenspiel vieler Faktoren (Entstehungszeit des Bodens, Klima, Vegetation, Tiere) sind die Böden weltweit gesehen sehr unterschiedlich.

In tropischen Gebieten mit hohen Temperaturen und hohen Niederschlägen werden sehr nährstoffarme Böden gebildet, in deren oberen Horizonten sich jedoch Eisen und Aluminium konzentrieren (sogenannte rote Laterit-Böden). Dies rührt daher, dass fast der gesamte Nährstoffvorrat in der oberirdischen Phytomasse enthalten ist. Abgeworfene Blätter und andere Pflanzenteile, es können beispielsweise auch ganze Bäume sein, werden im tropischen Regenwald rasch zersetzt, und die frei gewordenen Nährstoffe können sofort wieder aufgenommen werden. Somit tritt trotz der hohen Niederschläge kein Verlust von Nährstoffen durch Auswaschen ein. Das Problem tritt aber auf, wenn der Regenwald gerodet und alles Holz verbrannt wird. Dann nämlich findet eine starke Auswaschung des durch das Feuer plötzlich mineralisierten gesamten Nährstoffkapitals statt. Nur ein kleiner Teil wird von den Bodenkolloiden (siehe unten) adsorbiert und kann dann von Kulturpflanzen einige Jahre ausgenutzt werden. Warum aber ist in Mitteleuropa seit Jahrhunderten eine landwirtschaftliche Nutzung möglich, obwohl die landwirtschaftlich genutzten Böden der gemäßigten Zonen ja ebenfalls durch Waldrodungen entstanden sind? Die Antwort ist einfach und liegt in dem unterschiedlichen Nährstoffkreislauf (Abb. 9). Der Braunerde-Boden in den Wäldern der gemäßigten Breiten ist durch die Humus-Bildung selbst ein großes Nährstoffreservoir.

Bei den Pflanzen erfolgt die Aufnahme von Wasser und gelösten Mineralstoffen (Nährsalzen) aus dem Boden über die Wurzeln, genauer gesagt über die Wurzelhaarzone hinter der oft kurzen Wurzelspitze mit dem Spitzenmeristem (Bildungsgewebe) und einer oft wenige Millimeter langen Streckungszone.

Die Wurzelhaare vergrößern also die resorbierende Oberfläche. Aber die resorbierenden Teile der Wurzeln wachsen langsam und durchdringen lediglich einen kleinen Bereich des Bodens. Durch eine Partnerschaft mit Pilzen („**Wurzelpilz**“) können Holzgewächse die Effektivität der Wasser- und Nährstoff-Aufnahme enorm steigern. Da auch der Pilz Vorteile aus der Partnerschaft zieht, spricht man von einer Symbiose, in diesem Falle von einer **Mykorrhiza**[6] (Abb. 10). Durch den Pilz vergrößert sich der Wasser und Nährsalze aufnehmende Bereich und außerdem durchdringen die Pilzfäden den Boden um ein Vielfaches intensiver als die Wurzelhaare. Im Austausch zu Nährsalzen und Wasser erhalten die Pilze

Tropischer Regenwald:

- Boden extrem nährstoffarm und sauer (pH-Wert = 4,5–5,5)
- geringe Nährstoffanreicherung im Boden (nur ein kleiner Teil der Nährstoffe wird von Bodenkolloiden adsorbiert)
- fast gesamter Nährstoffvorrat (98%) in der oberirdischen Phytomasse gespeichert
- Boden kann Nährstoffe nicht binden

→ starke Nährstoff-Auswaschung nach Rodung

Wälder der gemäßigten Zonen:

- Boden großes Nährstoffreservoir
- Klima (Kälteperiode) → Humusbildung
- Humus: Speicher für lösliche mineralische Nährstoffe
- kolloide organische, positiv geladene Teilchen binden an ihrer Oberfläche Anionen (Phosphat, Nitrat, Sulfat)
- negativ geladene Tonmineralien (vor allem Silikate) binden Kationen (Kalium, Calcium, Magnesium)

→ geringe Auswaschung der Nährstoffe

Abbildung 9: Nährstoffkreisläufe im Vergleich. Links oben: Khao Yai National Park, Thailand; oben rechts: Reilingen, Baden-Württemberg. Bildquellen: Eigene Aufnahmen und Zusammenstellung..

[6] Übersetzt bedeutet Mykorrhiza „Pilz-Wurzel“ (aus dem griechischen„mukes“ = Pilz und „rhiza“ = Wurzel) oder passender: verpilzte Wurzel, da der Pilz den vorderen Wurzelbereich mit einem Fadengeflecht (Myzel aus Hyphen) überzieht.

einen Teil der von der grünen Pflanze durch Photosynthese erzeugten Zucker[7]. Also eine Win-Win-Situation.

Beachtenswert ist, dass bereits an den aus horizontal wachsenden Telomen, aus denen nach der Telomtheorie später die echten Wurzeln hervorgehen, Wurzelhaare sowie eine Mykorrhiza an den 400 Millionen Jahre alten Fossilien nachgewiesen werden können.

Eine wichtige Bodeneigenschaft ist der Gehalt an chemischen Elementen. Von diesen benötigen die Pflanzen Stickstoff, Schwefel, Phosphor, Kalium, Calcium, Magnesium und Eisen und in geringerer Menge Kupfer, Zink, Eisen, Mangan, Bor und Molybdän. Die beträchtlichen Unterschiede im Vorkommen und in der Verfügbarkeit der mineralischen Nährstoffe haben zu Angepasstheiten der Pflanzen an Standortgegebenheiten erheblich beigetragen. Ein Übermaß von Mineralstoffen in der Bodenlösung kann zu Ernährungsstörungen und sogar zur Toxizität für die Pflanzen führen und ist somit als selektionierender Stressfaktor wirksam. Selektion hat also im Laufe der Zeit Sippen herausgebildet, die den edaphischen Stressfaktor nicht nur ertragen können, sondern in manchen Fällen sogar diesen als Standortfaktor benötigen.

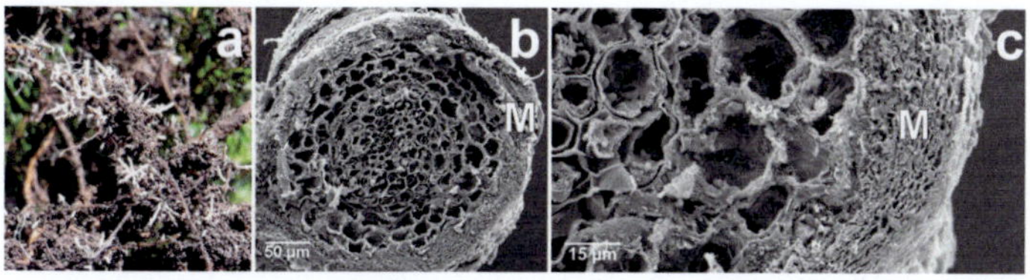

Abbildung 10: Mykorrhiza bei der Fichte. – a, Am Standort ausgegraben. – b–c, Wurzel quer. Rasterelektronenmikroskopische Aufnahmen. M = „vielschichtige“ Mykorrhiza-Umhüllung. Bildquelle: Eigene Aufnahmen.

[7] Am Ende der Vegetationsperiode, vor dem Blattabwurf im Herbst, werden im Baumstamm Zucker stammabwärts zur Speicherung in die Wurzeln transportiert. Somit stehen jetzt den Pilzen genügend Zucker zur Verfügung, so dass sie auf ihrem Myzel die typischen Fruchtkörper ausbilden. Dabei sind manche Pilze auf Laub- oder auf Nadelgehölze oder sogar auf bestimmte Baumarten spezialisiert. Fast jeder Baum wiederum geht Partnerschaften mit mehreren Pilzarten gleichzeitig ein. In Mitteleuropa sind mehr als tausend Mykorrhiza-Pilze bekannt, darunter so bekannte Arten wie Fliegenpilz, Knollenblätterpilz, Pfifferling, Steinpilz und auch die Trüffel.

Pflanzenarten mit einer geringen Toleranz gegenüber Veränderungen in der Beschaffenheit des Bodens werden als **Zeigerpflanzen** (Indikatorpflanzen) oder spezieller als Boden-anzeigende Pflanzen bezeichnet. Ein typischer Stickstoffanzeiger ist die Brennnessel (*Urtica dioica*, Urticaceae); das Heidekraut (*Calluna vulgaris*, Ericaceae) weist auf nährstoffarme, saure Böden hin, und der Sanikel (*Sanicula europaea*, Apiaceae) findet sich nur auf basisch reagierenden Böden, wie beispielsweise auf den Löss-Böden im Kleinen Odenwald.

Besonders auffällig ist die Toleranz oder Phobie verschiedener Arten gegenüber einem erhöhten Säuren- oder Basenreichtum des Bodens. Mit dem Protonenmilieu (pH-Wert) gekoppelt sind auch unterschiedliche Löslichkeiten, Adsorptions- und

Kalkpflanzen basophile Pflanzen calcicoles Verhalten	**Silikatpflanzen** azidophile Pflanzen calcifuges Verhalten
kalkreiche Böden	Silikatböden
• reagieren alkalisch: pH-Wert < 7	• reagieren sauer: pH-Wert bis 7
• in der Regel trockener und wärmer	
• allgemein Anionen-Aufnahme eingeschränkt	• allgemein Kationen-Aufnahme eingeschränkt
• P, Fe, Mn sowie weitere Spurenelemente schlechter verfügbar (liegen in schwerlöslichen Verbindungen fest)	• erhöhtes Angebot von Al
→ leistungsfähige physiologische Fähigkeiten zur Aufnahme dieser Nährstoffe	→ funktionell an erhöhtes Al-Angebot angepasst

Abbildung 11: Vikariismus (Pflanzenbeispiel: Behaarte Alpenrose *Rhododendron hirsutum*, links, und Rostrote Alpenrose *Rhododendron ferrugineum*, rechts. Bildquellen: Eigene Aufnahmen und Zusammenstellung.

Chelatisierungsmöglichkeiten[8] für andere Ionen, die so im Überschuss oder – gravierender – in unzureichenden Mengen pflanzenverfügbar sind. In den Alpen kann geradezu von Kalkpflanzen und Silikatpflanzen unterschieden werden bzw. einer Kalk- und einer Silikatflora. Calcicoles und calcifuges Verhalten der einzelnen Pflanzensippen bedeutet die unterschiedliche Einnischung unter einem ganzen Syndrom von miteinander gekoppelten Standorteigenschaften (Abb. 11). Nah verwandte Sippen, die sich an sehr unterschiedliche Bodenverhältnisse angepasst haben, nennt man vikariierende Sippen (das Phänomen bezeichnet man als Vikariismus). In den Alpen sind einige Beispiele von vikariirenden, d. h. sich gegenseitig vertretenden Arten bekannt. Zwei der bekanntesten Beispiele sind die großblütigen blauen Enziane und die Alpenrosen: Stängelloser Kalk-Enzian (*Gentiana clusii*) und Behaarte Alpenrose (*Rhododendron hirsutum*) auf Kalkböden, Stängelloser Silikat-Enzian (*Gentiana acaulis*) und Rostrote Alpenrose (*Rhododendron ferrugineum*) auf Silikatböden.

Calcium ist für Pflanzen essentiell, d. h. lebensnotwendig. Es ist wichtig für viele Prozesse wie Atmung, Zellteilung und -streckung. Zudem stimuliert Calcium wichtige membrangebundene Enzyme und ist an der Regulierung des Quellungszustandes des Plasmas beteiligt. Unter bestimmten Bedingungen kann auch für calciphile Pflanzen die Calciumversorgung ein schädliches Übermaß annehmen: An

Abbildung 12: Kalkpflanzen. – a, *Sempervivum tectorum* (Crassulaceae), obere Bildhälfte; *Saxifraga paniculata* (Saxifragaceae), unten im Bild; man beachte die weißen Kalkabscheidungen am Blattrand (Monte Baldo). – b, *Saxifraga paniculata*, nach einem Regen sind die Kalkausscheidungen abgewaschen (Monte Baldo). – c, Hand-Längsschnitt durch eine Hydathode von *Saxifraga paniculata* mit Kalkschüppchen (K) vor der Wasserspalte (W); M = Mesophyll, WR = Wasserresorptionsgewebe. Bildquellen: Eigene Aufnahmen.

[8] Chelate sind stabile metallorganische Komplexe, bei denen das Metall-Kation vom Chelatbildner scheren- oder klammerartig (gr. chele = Schere) umschlossen wird. An Chelate gebundene Kationen sind von der Ausfällung und damit Festlegung im Boden geschützt.

warmen Kalk-Felsstandorten kann es zu einem beträchtlichen Calcium-Einstrom in die Pflanzen kommen und letztlich zu einer physiologisch problematischen Calcium-Anreicherung in den Blättern: es droht **Verkalkung**. Im Laufe der Evolution haben sich bei den Pflanzen verschiedene Strategien zur Lösung des Problems herausgebildet: Calcium kann beispielsweise als zellphysiologisch unwirksames Oxalat ausgefällt oder aber im Zellsaft toleriert werden. Letzteres findet sich bei sukkulenten Pflanzen wie die Dach-Hauswurz *Sempervivum tectorum* (Abb. 12a), die sowohl über Silikat auch Kalk vorkommen kann, In ihren calciphilen Ökotypen reichern sie größere Mengen Calcium in ihrem Zellsaft an, erreichen aber eine elektrische Neutralisierung durch die Bildung von reichlich Äpfelsäure (Malat), die in einem modifizierten Photosyntheseweg der Dickblattgewächse zur Verfügung steht (siehe weiter unten).

Bei einer anderen Kalkpflanze, dem Trauben-Steinbrech *Saxifraga paniculata*, beobachtet man an den Blatträndern Kalkkrusten (Abb. 12a). Dahinter verbirgt sich eine weitere Strategie: Hier wird reichlich Kalk über sogenannte Hydathoden[9] sezerniert. Hydathoden oder Wasserspalten sind eine spezielle Form wasserabscheidender Drüsen und bestehen aus Gruppen kleiner chlorophyllfreier Zellen (Abb. 12c). Beim Trauben-Steinbrech wird kalkreiches Wasser aktiv ausgeschieden und nach Verdunstung des Wassers bleiben an den Austrittsstellen die eben erwähnten kleine Kalkschüppchen zurück (Abb. 12a, c).

Eigentlich ist ein zu viel von Schwermetallen ein Stressfaktor für Pflanzen. Zwar benötigen sie einige Schwermetalle wie Bor, Kupfer, Mangan, Molybdän und Zink als Spurenelemente für ihren Stoffwechsel. Gelangen jedoch größere Mengen der Stoffe in ihren Organismus, wirken sie toxisch. Dennoch haben sich einige wenige Pflanzenarten auf ganz spezielle Schwermetallböden spezialisiert, zeigen also eine **giftige Vorliebe für Schwermetalle**. Solche Schwermetallböden sind beispielsweise die Galmei-Böden, die in Deutschland im Raum Aachen und im Harz zu finden sind. Galmei-Böden enthalten hauptsächlich Zink (in Form von Zinkspat und Kieselzinkerz)[10]. Diese Spezialisten, die sogenannten Schwermetallpflanzen,

[9] Von griech. hydato [Nominativ hydor] „Wasser“ und hodos „Weg“.

[10] Diese Schwermetall-reichen Standorte wurden seit dem Mittelalter (teilweise schon seit der Bronzezeit) durch Erz abbauende Bergleute geschaffen, die das ausgeräumte Gestein auf Halden aufschütteten; durch die frühere, noch unvollkommene Verhüttungstechnik blieb ein beträchtlicher Rest der Schwermetalle in den Schlacken zurück.

können extreme Mengen von bestimmten Schwermetallen anreichern (bis zum 100fachen verglichen mit „normalen“ Pflanzen), ohne sich dabei selbst zu vergiften. Sie bilden charakteristische Schwermetallrasen. Arten am Breinigerberg (südöstlich von Aachen) wie das Galmei-Veilchen (*Viola lutea* ssp. *calaminaria*, Abb. 13a) und die Galmei-Grasnelke (*Armeria maritima* ssp. *halleri*, Abb. 13b) sind endemische Arten für den Raum Aachen-Lüttich, während die Galmei-Frühlings-Miere (*Minuartia verna* ssp. *hercynica*, Abb. 13c) auch auf Galmei-Böden im Harz vorkommt.[11] Obwohl noch nicht alle Schwermetall-Pflanzen umfassend untersucht sind, lassen sich verschiedene Strategien finden, der drohenden Vergiftung durch Schwermetalle zu entgehen. So können die Schwermetalle in speziellen Speichervakuolen abgelagert werden (Deinlein et al. 2012, Haydon et al. 2012) oder aber in älteren Blättern, die ohnehin bald abgeworfen werden. Schwermetalle können aber auch durch Pektine in der Zellwand oder spezifische metallbindende Proteine regelrecht „festgesetzt“ werden (Frey & Lösch 2010).

Häufiger als dem Schwermetall-Stress sind Pflanzen dem **Salz-Stress** ausgesetzt. In der Gezeitenzone der Küsten wurzeln Pflanzen auf Salzböden und fallen innerhalb von 24 Stunden zweimal trocken und werden auch zweimal wieder von Salzwasser überflutet. Ein typisches Beispiel ist das Wattenmeer (Abb. 14a)

Abbildung 13: Galmei-Pflanzen, Breinigerberg bei Aachen. – a, *Viola lutea* ssp. *calaminaria*. – b, *Armeria maritima* ssp. *halleri*. – c, *Minuartia verna* ssp. *hercynica*. Bildquellen: Eigene Aufnahmen.

[11] Galmei-Veilchen und Galmei-Frühlings-Miere entstammen einer eiszeitlichen alpinen Reliktflora (Ernst 1965, Ellenberg 1986). Die Verwandten der Galmei-Grasnelke sind typische Vertreter der Salzwiesen an der Meeresküste und könnten in historischer Zeit zusammen mit Erztransporten oder wandernden Bergleuten in die heutigen Verbreitungsgebiete gelangt sein (Baumbach & Hellwig 2007).

mit den sich anschließenden Salzwiesen an den Küsten der Deutschen Bucht. In der Gezeitenzone tropischer Küsten finden sich oft Mangrovenwälder; da diese sehr anfällig für Wellenschlag sind, können sie nur im Schutz von vorgelagerten Korallenriffen gedeihen (Abb. 14b–c).

Salzwasser besitzt eine höhere Salzkonzentration als die Pflanzenzellen und würde ihnen somit ständig Wasser entziehen. Die Pflanzen würden quasi „verwelken". Dies verhindern die Pflanzen, indem sie in ihren Zellvakuolen Kochsalz (NaCl) anreichern. Allerdings wirkt das Salz ab einer gewissen Konzentration als Zellgift. Um nun die Salzkonzentration in den Zellvakuolen ständig auf dem Level zu halten, dass das Salz nicht stoffwechselschädlich wirkt, aber andererseits ein ausreichender Wassereinstrom gewährleistet ist, haben sich bei an Salzböden angepassten Pflanzen, den Halophyten[12], im Laufe der Evolution verschiedene Mechanismen zur Regulation ihres Salzhaushaltes entwickelt Im Wesentlichen sind dies Abschirmung (Vermeidung der Salzaufnahme), Verdünnung (Salzsuk-

Abbildung 14: Pflanzen in der Gezeitenzone. – a, *Salicornia europaea* (Amaranthaceae) im Queller-Watt bei St. Peter-Ording. – b, Ausgedehnte Mangrove bei Recife (NO-Brasilien) im Schutz von Riffen, vom Flugzeug aus. – c, *Rhizophora mangle* (Rhizophoraceae) mit Stelzwurzeln zur Verankerung in der Mangrove an der Südspitze Floridas. Bildquellen: Eigene Aufnahmen.

[12] Normale Pflanzen werden schon durch geringe Mengen von Na-Salzen (etwa 50 % Meerwasser) geschädigt. Fakultative Halophyten können solche Konzentrationen noch gut ertragen. Obligate Halophyten (viele Vertreter der Chenopodiaceae, jetzt Amaranthaceae, wie etwa der Queller) erreichen erst bei 75–100 % Meerwasser ihre optimale Wuchsleistung.

kulenz) und Elimination (Abwurf alter salzhaltiger Blätter bzw. toter Haare oder Salzdrüsen).

Einige Halophyten können die großen Mengen an Kochsalz in der Bodenlösung bereits im Wurzelbereich aufgrund einer Barriereschranke ausfiltern. Befähigt dazu sind Gräser wie der Andel oder Salzschwaden (*Puccinellia*, Poaceae) und die Echte Strand-Grasnelke (*Armeria maritima* ssp. *maritima*, Plumbaginaceae). Die Salzanreicherung bis über die Toxizitätsgrenze hinaus in älteren Blättern, die dadurch absterben und mit der Salzfracht abgeworfen werden, findet sich bei der Salz-Aster (*Tripolium pannonicum* ssp. *tripolium*, Asteraceae). Die Portulak-Salzmelde (*Halimione portulacoides*, Amaranthaceae) eliminiert überschüssiges Salz über tote Blasenhaare an der Epidermis. Eine Mengenanreicherung der Salzionen bei gleichzeitig nur mäßigem Konzentrationsanstieg ist nur bei Volumenvergrößerung des Lösungsraumes möglich, also durch eine Erhöhung des Sukkulenzgrades der Blätter. Bei der Salz-Sukkulenz wird eine gewisse Menge an Salzen aufgenommen und im Zellsaft gespeichert, und die Salzregulation erfolgt durch Verdünnung. Ein typisches Beispiel ist **die** Wattpflanze an unseren Küsten, der Queller *Salicornia europaea* (Abb. 14a, 15a). Unmittelbar über der Hochwasserlinie gesellt sich dann ein weiteres Gänsefußgewächs hinzu, die Strand-Sode *Suaeda maritima* (Abb. 15b). Salzanreicherung und Volumenvergrößerung bis zum Platzen? Die beiden Pflanzen-Arten sind einjährig, d. h. im Herbst nach der Fruchtreife sterben die Pflanzen ab und das Problem erledigt sich von selbst.

Abbildung 15: Salzpflanzen von der Küste. – a, *Salicornia europaea* (Amaranthaceae). – b, *Suaeda maritima* (Amaranthaceae). St. Peter-Ording. – c, *Avicennia germinans* (Acanthaceae), Mangrove bei Recife (Brasilien); Blatt mit Kristallen aus abgesondertem Salz. – Bildquellen: Eigene Aufnahmen.

Aktive Salzausscheidung über mehrzellige Salzdrüsen erfordert einen hohen Energieaufwand, da die Ionen aktiv gegen ein osmotisches Gefälle in die Drüsen befördert werden müssen. An der Blattoberfläche bildet sich dadurch ein Belag von Salzkristallen, der beim nächsten Regen dann abgewaschen wird. Ein Beispiel von den Salzwiesen an der Nord- und Ostseeküste ist der Gewöhnliche Strandflieder (*Limonium vulgare*, Plumbaginaceae). Auch viele Mangrove-Bäume wie die Schwarze Mangrove (*Avicennia germinans*) besitzen mehrzellige Salzdrüsen und zeigen bei trockener Witterung viele makroskopisch sichtbare Salzwürfelchen, die auf den Blättern auskristallisiert sind (Abb. 15c).

Ausgedehnte Binnen-Salzstandorte kommen in Gebieten von Randanatolien bis hinein nach Innerasien vor. Ein nach Westen vorgeschobener Posten dieser Vegetation findet sich am Neusiedler See (besonders im Seewinkel) im Südosten Österreichs. In dem hier herrschenden Steppenklima überwiegt die Verdunstung gegenüber dem Niederschlag, was zu einer Salzanreicherung in der Bodenoberfläche und damit in der Wurzelzone der Pflanzen führt. Es entwickeln sich extreme Salzanreicherungsböden, der Solontschak-[13] oder Zick-Böden (von ungar. szik = Soda) oder den Solonetz-Böden (von russisch sol = Salz und etz = stark, deutlich). Für den Seewinkel im Südosten des Neusiedler Sees ist charakteristisch, dass Kochsalz (Natriumchlorid) wie auch Glaubersalz (Natriumsulfat) und Bittersalz (Magnesiumsulfat) nur in kleinen Mengen auftreten gegenüber einem hohen Gehalt an Soda (Natriumkarbonat). Bemerkenswert ist hier die Salz-Kresse (*Lepidium cartilagineum* ssp. *cartilagineum*, Abb. 16), die Salz akkumulieren und noch auf extremen Salzausblühungen gedeihen kann. Für weitere Informationen zum Thema Boden, und die nächsten Kapitel Luft, Wasser, Feuer und Pflanzen siehe beispielsweise Mohr & Schopfer 1978, Larcher 1994, Walter & Breckle 1999, Frey & Lösch 2010).

[13] Beide Bodentypen sind, obwohl oft vergesellschaftet, von unterschiedlicher Genese. Solontschak-Böden sind salzreicher als Solonetz-Böden. Auffällig ist, dass auf ihnen eine unterschiedliche Halophyten-Vegetation wächst.

4 Den Boden unter den Füßen verloren – epiphytische und epilithische Gewächse

Der immergrüne Laubbaum ist die beherrschende Lebensform im tropischen Regenwald. Obwohl die Bäume mit vielen Arten vertreten sind, verlagert sich die eigentliche Formenfülle auf das Kronendach der Bäume 40–60 m über dem Erdboden. Die hohen Bäume nehmen Pflanzen am Boden das Licht. Dieses ist aber im Kronendach im Überfluss vorhanden und erlauben Lianen und Epiphyten als weitere typische Lebensformen im „Kampf ums Licht" eine eigene Strategie zu „fahren". Lianen sind Kletter- und Schlingpflanzen, die im Boden wurzeln, aber ihre Blätter und Blüten entfalten sie im Kronendach. Den ungünstigen Lichtverhältnissen am Waldboden entgehen sie, indem ihre Stängel rasch in die Höhe wachsen ohne genügend mechanisches Gewebe auszubilden, stattdessen aber andere Holzgewächse als Stütze verwenden.

Epiphyten oder Aufsitzerpflanzen benützen andere Pflanzen nur als Unterlage; sie beziehen aus ihrer Trägerpflanze weder Wasser noch Nahrung. Bei hohem Besatz kann es durch Gewicht und Lichtverlust dennoch zu einer Schädigung der Trägerpflanze kommen (Abb. 17).

Epiphyten keimen hoch oben auf den Ästen der Bäume und kommen auf diese Weise gleich in den Genuss einer höheren Lichtintensität. Demgegenüber ist aber die Versorgung mit Wasser und Nährstoffen erschwert. Außer epiphytischen Flechten und Moosen, die auch außerhalb der Tropen in luftfeuchten Wäldern vorkommen, sowie Farnen, weisen eine Reihe von Blütenpflanzen eine epiphy-

Abbildung 16: Dickblättrige Salzkresse *Lepidium cartilagineum* ssp. *crassifolium* (Brassicaceae) auf Solontschak-Salzboden im Seewinkel, Neusiedlersee; links die typischen Salzausblühungen bei Trockenheit. Die Hauptverbreitungsgebiete der Salz-Kresse liegen in den Salzsteppen Asiens; im Südosten des Neusiedler Sees erreicht sie die Westgrenze ihrer Verbreitung. – Bildquellen: Eigene Aufnahmen.

tische Lebensweise auf. Orchideen stehen dabei an der Spitze, gefolgt von den Aronstab- (Araceae), Ananas- (Bromeliaceae, nur in der Neuen Welt) und Pfeffergewächsen (Piperaceae). Nur im feuchten Regenwald ist es ihnen überhaupt möglich, die für ein aktives Leben notwendige Hydratur des Protoplasmas dauernd aufrechtzuerhalten. Dies gelingt durch besondere Angepasstheiten des Spross- und Wurzelsystems.

Farne der Gattung *Drynaria* (Polypodiaceae) bauen sich praktisch ihren eigenen Blumentopf. In regelmäßigem Rhythmus werden besondere Mantel- oder Nischenblätter ausgebildet, hinter denen sich Humus und Wasser ansammeln (Abb. 18a). Bei diesem sogenannten heterophyllen Farn gibt es dann noch grüne, der Photosynthese dienende Blätter. Die artenreichste Monokotylen-Familie der Orchidaceae umfasst bei weitem mehr epiphytische Arten als erdbewohnende. Luftwurzeln können ein reich verzweigtes „Gespinst“ bilden, in dem sich wiederum Humus und Feuchtigkeit ansammeln (Abb. 18b). Viele Baum bewohnende tropische Orchideen haben an der Oberfläche ihrer frei in den Luftraum hängenden, oft grünen Luftwurzeln ein besonderes Wasserabsorptionsgewebe: das Velamen radicum („Hülle um die Wurzel“, Abb. 18c). Es ist ein Gewebe, das aus abgestorbenen Zellen besteht, die wie ein Schwamm kapillar Niederschläge aufsaugen. Das zuvor infolge seiner Luftfüllung weißlich-grau erscheinende Velamen lässt im vollgesogenen Zustand die grüne Farbe des inneren chlorophyllhaltigen Rindengewebes durchschimmern. Das aufgesogene Wasser wird allmählich durch Durchlasszellen

Abbildung 17: Bäume in den Tropen voll besetzt mit Epiphyten. – a, Mata Atlantica (nahe Recife, NO- Brasilien, 2000). – b, In der Nähe eines Moores am Doi Inthanon (N-Thailand, 1993). Bildquellen: Eigene Aufnahmen.

in das Wurzelinnere weitergeleitet. Andere Orchideen haben Sprossknollen als Wasserspeicher entwickelt, die bei Regenfällen prall gefüllt werden (Abb. 18d).

Unter den tropischen Epiphyten finden sich auffällig viele Pflanzen, die in hohlen Organen, unter oder zwischen gewölbten Blättern oder im Wurzelgeflecht Ameisen Wohnraum bieten. Im Gegenzug zu diesen trockenen Lebens- und

Abbildung 18: Epiphyten im tropischen Regenwald in Thailand. – a, Farn *Drynaria* (Polypodiaceae). – b, Orchidee mit „Wurzelgeflecht“. – c, Querschnitt durch eine Luftwurzel einer Orchidee. Orig. von Denffer, „Strasburger“ 1971. En = Endodermis, Ex = Exodermis, L = zentrales Leitbündel, R = Rinde, V = Velamen radicum. – d, Orchidee mit Sprossknollen als Wasserspeicher; am Ende der Trockenzeit (September 1993) sind die Speicher fast leer. Bildquellen a–b, d: Eigene Aufnahmen.

Nisträumen erhalten die Pflanzen in einer mutualistischen Beziehung von den Ameisen Nahrung in Form von abgebauten organischen Abfällen, die von den Wurzeln (bzw. bei den Bromelien über Schildhaare; siehe Kapitel 4) aufgenommen werden. Epiphyten müssen halt sehen wie sie an Wasser und Nährstoffe kommen!

Zu den extremsten Lebenskünstlern gehören diejenigen Vertreter der Gattung *Tillandsia* (Ananasgewächse, Bromeliaceae), die als graue Tillandsien bezeichnet werden. Diese wachsen ohne Substrat direkt auf Baumstämmen (Abb. 19a–b) oder

Abbildung 19: Bromeliaceae: Epiphyten und Epilythen. – a, *Tillandsia fasciculata* auf der Sumpfzypresse (*Taxodium distichum*, Taxodiaceae; Corkscrew Swamp Santuary, Florida). – b, *Tillandsia fasciculata* und – dominierend – *Tillandsia usneoides* am Tamiami Trail zwischen Naples and Miami. – c, *Tillandsia loliacea* auf einem Aststück. – d, *Tillandsia recurvata* auf dem nackten Fels wachsend (epilythisch). Inselberge in Pernambuco, NO-Brasilien. Eigene Aufnahmen; Florida 2001, Brasilien 2000.

Ästen (Abb. 19c), sogar auf dem nackten Fels (Abb. 19d) oder an vom Menschen geschaffenen Standorten, nämlich auf Telefondrähten (Abb. 20). Sie decken ihren Wasserbedarf nur aus der Atmosphäre und zwar über besondere Absorptionshaare, den sogenannten Saugschuppen (Abb. 21b–e); die benötigten Mineralstoffe beziehen sie aus den geringen Mengen, die im herangewehten Staub enthalten sind und die sich im aufgenommenen Wasser befinden. Ihr graues Aussehen (Abb. 21a) resultiert daraus, dass ihre Sprossachsen und Laubblätter dicht von den winzigen Saugschuppen bedeckt sind (Abb. 21b–c). Durch ihren speziellen Bau wirken diese Haare wie ein Ventil. Die mehrzelligen Haare bestehen aus lebenden Stiel- und toten Schildzellen; mit ihren Stielzellen sind sie in die Epidermis eingesenkt (Abb. 21d–e). Bei Wassermangel sind die toten Zellen mit Luft erfüllt, so dass Licht reflektiert wird und die Pflanzen fast weiß erscheinen. Steht Wasser etwa als Regenwasser oder als Tröpfchen in feuchtigkeitsgesättigter Luft zur Verfügung, das sich an den Haaren niederschlägt, wird das Wasser kapillar vom Schuppenhaar angesaugt. Durch die lebenden Stielzellen wird das Wasser ins Innere des Pflanzenkörpers weitergeleitet (Abb. 21e). Sobald sich die Schuppenhaare mit Wasser vollgesogen haben (die Luft in den Zellen wird dabei vom Wasser verdrängt), wird das unterhalb der Saugschuppen liegende grüne Assimilationsgewebe sichtbar, die Pflanze „ergrünt". Nun kann die Pflanze mehr Licht aufnehmen. Bei Trockenheit nimmt der Turgor der Stielzellen und damit ihr Volumen ab. Dadurch werden die toten Schildzellen fest an die Oberfläche herangezogen und verschließen wie ein Ventil die Eintrittsstellen für das Wasser, aber gleichzeitig auch die Austrittsstelle, so dass ein Wasserverlust aus dem Gewebe unterbunden wird. So dienen die Saugschuppen nicht nur der Wasseraufnahme, sondern auch als Verdunstungsschutz.

Andere Ananasgewächse gehören zu den sogenannten **Trichter- oder Zisternen-Bromelien**. Die basalen rinnenförmigen Teile der Blätter überdecken sich und bilden auf diese Weise Trichter, in denen sich Regenwasser ansammelt. Auch hier erfolgt die Wasser- und Nährstoff-Aufnahme über Saugschuppen. Vorhandene Wurzeln dienen lediglich der Befestigung und haben daher keine Wurzelhärchen, durch die Wasser und Mineralstoffe aufgenommen werden könnten. Jeder dieser Trichter bildet eine winziges **Ökosystem**. In dem Mini-Teich leben Mikroorganismen, Insekten, Kaulquappen der Pfeilgiftfrösche und sogar Höhere Pflanzen. Die Pflanzen ernähren sich von den zersetzten Ausscheidungen der Tiere.

Auf den extrem trockenen Inselbergen in Pernambuco im Nordosten Brasiliens (Abb. 22a) wächst eine recht große Bromelie der Gattung *Aechmea* (*A. leptantha* =

Portea leptantha; Abb. 22b–f), bei der wir während einer Inselberg-Expedition in Pernambuco (NO-Brasilien, 2000) eine solche Gemeinschaft beobachten konnten. Ein sehr seltenes Aronstabgewächs (*Anthurium bromelicola*) bezieht Wasser und Nährsalze aus dem Trichter (Abb. 22c–e). Auch ein Frosch saß gut geschützt in dem Trichter (Abb. 22f).

5 Das Gaswechsel-Dilemma: Verhungern oder Verdursten

Luft ist ein Gasgemisch und besteht hauptsächlich aus Stickstoff (ca. 78 Volumenprozent) und Sauerstoff (ca. 21 Volumenprozent). Hinzu kommen geringe Mengen

Abbildung 20: *Tillandsia recurvata* an Telegraphendrähten (Pernambuco, NO-Brasilien, 2000). – a, Im Gelände in der Nähe von Bonito – b, In Bezerros: wie eine Karnevals-Beflaggung. Es ist nicht verwunderlich, dass die ursprünglich epilythische *Tillandsia recurvata* (Abb. 19d) auch auf Telefondrähten gedeihen kann. Verglichen mit den Baumkronen als Standort sind die Bedingungen auf dem nackten Fels noch härter: hohe Temperaturen bei voller Sonneneinstrahlung, große Wasserknappheit. Bildquellen: Eigene Aufnahmen.

von Kohlendioxid (0,04 Volumenprozent), Edelgasen und Wasserstoff. Von diesen ist für die Pflanze CO_2 für die Photosynthese von größter Wichtigkeit, da sie in diesem Prozess aus den Ausgangstoffen CO_2 und Wasser sowie Sonnenlicht als Energielieferant Zucker (Glucose) bildet. Sauerstoff wird sozusagen als Abfallprodukt abgegeben, den die Pflanzen allerdings für ihre eigene Atmung wieder aus der Luft aufnehmen.

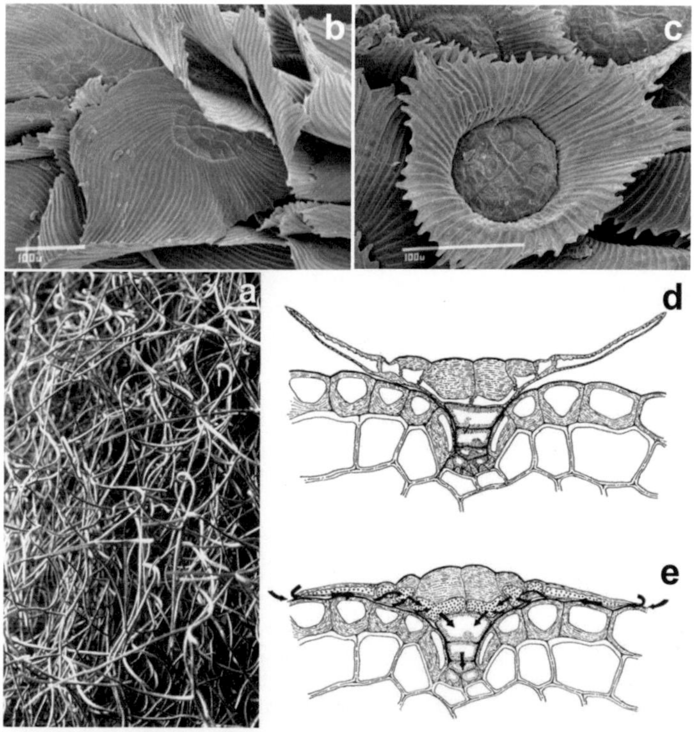

Abbildung 21: Saugschuppen bei den Bromeliaceae. – a, *Tillandsia usneoides*; alle Pflanzenteile außer den Blüten sind von Saugschuppen dicht bedeckt. – b–c, Verschieden gestaltete Saugschuppen von *Tillandsia usneoides* (b) und einer *Vriesea*-Art (c) im rasterelektronenmikroskopischen Bild. – d–e, Saugschuppe im schematisierten Längsschnitt. – d, Im trockenen Zustand: Wasserabgabe aus dem Blattgewebe wird verhindert. – e, Im feuchten Zustand: Wasser wird kapillar angesaugt und ins Blattgewebe geleitet; Pfeile geben den Weg des Wassers an. Bildquellen: a–c, Eigene Aufnahmen, d, verändert aus Benzing et al. 1976.

Der geringe Anteil von CO_2 in der Luft ist ein limitierender Faktor, denn das CO_2-Angebot begrenzt die sogenannte Dunkelreaktion der Photosynthese, in der die Zucker gebildet werden. Das Enzym, das für die chemische Bindung von CO_2 aus der Atmosphäre zuständig ist (Ribulose-1,5-bisphosphat-carboxylase), würde bei 1-2 Volumenprozent CO_2 optimal arbeiten. Also profitieren die Pflanzen letztlich von jeder Erhöhung des CO_2-Gehaltes? Bis zu einem gewissen Grad ist die Antwort ja. Aber auf Grund der vielseitigen Wechselwirkungen der CO_2-Konzentration mit anderen Faktoren (z. B. Temperatur, Strahlung, Wasserversorgung) sowie von Rückkoppelungsmechanismen innerhalb der Pflanze wurde in fast allen Studien zum „CO_2-Düngeeffekt" beobachtet, dass die Stimulation des Pflanzenwachstums andererseits zu einer Veränderung der Gewebestruktur und

Abbildung 22: Pflanzen auf Inselbergen. – a, Inselberg bei Alagoinha (Pernambuco, SO-Brasilien). – b, *Aechmea leptantha* (= *Portea leptantha*, Bromeliaceae) beherbergt als Gast eine Anthurie. – c–e, *Anthurium bromelicola* (Araceae). Die erst im Jahr 2000 (Mayo et al. 2000) als neue Art beschriebene Windepflanze, die endemisch auf Inselbergen in Pernambuco ist, bezieht Wasser und Nährstoffe über ihre Wurzel (e), die in den Bromelien-Trichter hineinwächst. – e, Wurzel herausgezogen. – f, Bild stark aufgehellt, um den Frosch zwischen den Bromelienblättern sichtbar zu machen; Pfeile weisen auf die Augen. Bildquellen: Eigene Aufnahmen, 2000.

vor allem zu einer Verminderung der Nährstoffgehalte sowie einer Veränderung an sonstigen Inhaltsstoffen (z. B. Zucker, Vitamine, sekundäre Pflanzenstoffe) führt (z. B. Weigel 2011).

Ein kurzfristiger CO_2-Speicher wäre sinnvoll: Bei etwa 15% der Höheren Pflanzen sind im Laufe der Evolution zwei Varianten der Photosynthese entstanden, bei denen blattintern eine CO_2-Speicherung stattfindet und zwar unter Energieaufwand in Form von Malat (einem Salz der Äpfelsäure). Die beiden Konzentrierungsmechanismen unterscheiden sich dadurch, dass die Zwischenspeicherung von Malat in dem einen Mechanismus räumlich von der eigentlichen Zuckerproduktion getrennt ist (also in verschiedenen Zellen stattfindet) und im anderen Fall zeitlich (nachts Speicherung von Malat, tagsüber Zuckerproduktion, z. B. bei vielen Sukkulenten) von ihr getrennt ist. Der Aufbau des Zwischenspeichers Malat verbraucht zwar Energie (Lagerhaltung kostet halt!), bringt den Pflanzen aber den zusätzlichen Vorteil, dass eine erhöhte CO_2-Konzentration auch dann bereitgestellt werden kann, wenn die CO_2-Versorgung von außen nicht groß genug ist, wenn sich die Spaltöffnungen bei Wassermangel schließen.

Damit sind wir bei dem Problem der Spaltöffnungen gelandet. Über die Spaltöffnungen, die Stomata (Abb. 23a), nehmen Pflanzen nicht nur Kohlendioxid auf und geben Sauerstoff ab. Gleichzeitig werden die Stomata auch für die Wasserdampfabgabe benutzt, die Transpiration (siehe Kapitel 6.1).

Spaltöffnungen sind winzige Poren in den Laubblättern (und/oder anderen Teilen) von Pflanzen, die man mit bloßem Auge nicht erkennen kann[14]. Sie befinden sich bei den meisten Pflanzen auf der Blattunterseite. Nur bei Wasserpflanzen mit Schwimmblättern befinden sich die Stomata logischerweise auf der Blattoberseite (Erbar & Leins 2021).

Neben Licht und Temperatur sind die CO_2-Konzentration sowie das Wasserpotential der Atmosphäre und des Blattgewebes die wichtigsten Faktoren, die die

[14] Eine Spaltöffnung besteht aus zwei spezialisierten, bohnenförmigen Schließzellen, die sich an den Enden berühren. Zwischen diesen beiden Schließzellen befindet sich der Spalt, über den der Interzellularraum des Blattes und der übrigen Pflanzenteile mit der Umgebungsluft in Verbindung steht. Wassereinstrom in die Schließzellen führt zu einer Erhöhung des Innendrucks (Turgordrucks), so dass sich diese sich aufgrund der speziellen Zellform und den ungleichmäßig stark verdickten Zellwänden sich so verformen, dass der Spalt sich öffnet. Umgekehrt führt Turgorabnahme zu einer Erschlaffung der Zellen, also zu einer Entkrümmung der Schließzellen, die Öffnung schließt sich.

Öffnung oder Schließung der Stomata beeinflussen (Abb. 23b). Da Wasserdampfabgabe und CO_2-Aufnahme gemeinsam durch die Spaltöffnungen ablaufen, betreffen Änderungen der Stomataweite unvermeidlich beide Prozesse gleichermaßen. Werden die Stomata weit geöffnet, um die CO_2-Aufnahme für die Photosynthese zu ermöglichen, nimmt zwangsläufig die Abgabe von Wasser zu und damit die Gefahr des Austrocknens. Schließt die Pflanze jedoch die Stomata, um dieser Gefahr zu begegnen, wird die CO_2-Aufnahme und damit die Photosynthese blockiert. Überspitzt ausgedrückt: Landpflanzen haben also zwischen „Verdursten“ oder „Verhungern“ zu „wählen“. Die Landpflanzen befinden sich also in einem Dilemma zwischen Wasserverlust und CO_2-Aufnahme, besonders wenn das Wasser am Standort knapp ist. Die Pflanzen konnten das Festland als Lebensraum nur deshalb erobern, weil in der Evolution Anpassungsmechanismen entstanden sind, die das Gaswechsel-Dilemma umgehen oder zumindest entschärfen. Es hat sich ein fein reguliertes, komplexes System eingestellt, das den jeweils passenden Kompromiss einstellt.

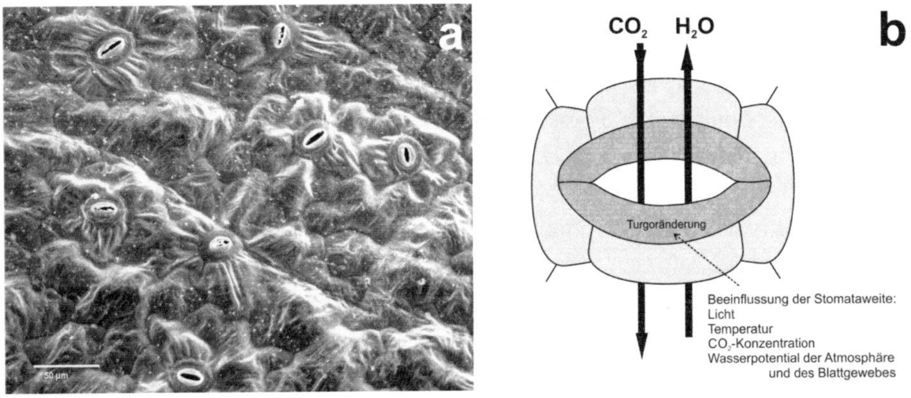

Abbildung 23: Spaltöffnungen. – a, Rasterelektronenmikroskopische Aufnahme von der Unterseite eines Veilchen-Blattes mit Spaltöffnungen in unterschiedlichem Öffnungszustand. – b, Schematische Darstellung einer Spaltöffnung: 2 Schließzellen (dunkelgrau) umgeben von 4 Nebenzellen (hellgrau); die Spaltgröße wird durch den Turgor (Innendruck der Zelle) reguliert, der durch verschiedene Faktoren beeinflusst wird. Bildquellen: Eigene Bilder.

6 Wasser – das Lebenselixier

Jeder Organismus braucht Wasser. Alle chemischen Vorgänge in den Zellen sind an Wasser gebunden. Dementsprechend ist der Wassergehalt der Pflanzen in der Regel sehr hoch, im Durchschnitt zwischen 60 und 90%. Sinkt er unter einen bestimmten, von Fall zu Fall verschiedenen Schwellenwert ab, werden die Lebensvorgänge verlangsamt. Bei Ruhe- und Dauerzuständen kann aber eine Pflanze in den Zustand des latenten Lebens übergehen. Dies ist z. B. in allen Samen der Fall. Die Lebensvorgänge sind dann kaum noch nachweisbar. Der Wassergehalt kann bis auf 5% – und sogar noch weniger – absinken. Daher gibt es keine Samenkeimung ohne Wasser!

Bei den Landpflanzen ist also ein ausgeglichener Wasserhaushalt die Voraussetzung für einen geregelten Ablauf der Lebensvorgänge. Manche Pflanzen haben die Fähigkeit, kurzfristige Schwankungen in der Wasserversorgung aufzufangen. Als Beispiel sei der Milz- oder Schriftfarn *Asplenium ceterach* (= *Ceterach officinarum*) vorgestellt (Abb. 24a–c). Seine Austrocknungsfähigkeit wird durch Zellverkleinerung und Vakuolenreduzierung erreicht und durch Ausfüllen der Vakuolen mit Phloroglucin-Gerbstoffen, die sich beim Austrocknen verfestigen und dadurch eine Schädigung der Zellen durch Deformation verhindern. Bei Trockenheit schrumpfen die Zellen auf der Wedeloberseite stärker, wodurch sich die mit Spreuschuppen besetzte Blattunterseite nach oben wendet (Abb. 24b) und sich das Blatt schließlich nach innen einrollt (Abb. 24c). Die Verdunstungsrate wird hierdurch erheblich reduziert. Die rostbraunen Spreuschuppen reflektieren das einfallende Sonnenlicht in hohem Maße. Sie sind es aber auch, die schon bei einem kurzen Regen eine rasche Wasseraufnahme durch kapillare Wasserleitung ermöglichen; die Wedel entrollen sich bald wieder.

6.1 Die Wasserleitung in den Pflanzen – wie hoch können Bäume werden?

Im Allgemeinen sind Landpflanzen in das Dampfdruckgefälle (Wasserpotentialgefälle) zwischen Boden und Atmosphäre eingeschaltet, indem sie mit den Wurzeln in den feuchten Boden und mit den transpirierenden Organen in die oft trockene Atmosphäre hineinragen. Wir haben gesehen, dass die Transpiration vornehmlich über die Stomata erfolgt (aber in weit geringerem Maße verläuft sie auch über die gesamte Cuticula, siehe Kapitel 6.2). Sie ist die wichtigste Kraft, die das

Wasser aus dem Boden mit den darin gelösten Nährsalzen in den Pflanzenkörper transportiert. Was aber geschieht, wenn die Atmosphäre eine Luftfeuchtigkeit von 100% erreicht, z. B. bei der nächtlichen Abkühlung? Viele Pflanzen sind in der Weise angepasst, dass sie das Wasser aktiv in Form der sogenannten Guttation ausscheiden. Dadurch wird der Wassertransport und der Transport von Nährsalzen, und darauf kommt es ja im Besonderen an, aufrecht erhalten. Wenn wir früh morgens barfuß über eine nasse Wiese gehen, muss es sich bei den tropfnassen Gräsern nicht unbedingt um Tau handeln, sondern sehr oft sind es Guttationstropfen, also von den Gräsern aktiv ausgeschiedene Wassertropfen. Einen speziellen Fall dieses Phänomens der Guttation über Hydathoden hatten wir schon bei der Kalkpflanze *Saxifraga paniculata* kennengelernt (Abb. 12). Guttation kommt bei zahlreichen Blütenpflanzen vor. Bei aktiven Hydathoden erfolgt die Guttation durch Energieverbrauch: Osmotisch wirksame Substanzen werden aktiv in die Hydathoden transportiert und das Wasser wird dann passiv nachgezogen. Ein beeindruckendes Beispiel einer allmorgendlichen Guttation liefert uns der Kleine Wiesenknopf (Abb. 25), der an tagsüber trockenen Standorten wächst und die Transpiration dann reduzieren muss.

Wasserleitung über weite Strecken kennen wir von den Bäumen. Die höchsten Bäume der Erde finden wir unter den Küsten-Mammutbäumen (*Sequoia sempervirens*, Cupressaceae), den berühmten Redwoods (Abb. 26). Die Reliktareale dieser Baumart (sie kam im Tertiär auch in Mitteleuropa vor) erstrecken sich heute an der Nordwestküste der USA von nördlich San Francisco bis in den Süden Oregons. Küsten-Mammutbäume werden mit einer Höhe von bis zu 115 m angegeben. Dem

Abbildung 24: Milzfarn *Asplenium ceterach*. Das Hauptverbreitungsgebiet des Milzfarns befindet sich in mediterranen Gebieten, er kommt aber beispielweise im Gardasee-Gebiet vor und in Heidelberg am Philosophenweg. Nach längerer Trockenheit sind die Pflanzen eingerollt und sehen vertrocknet aus (c); sobald es feucht wird, ergrünen sie wieder (a), b: Zwischenstadium. Bildquellen: Eigene Aufnahmen, derselbe Standort am Monte Baldo oberhalb Navene (Gardasee) in verschiedenen Jahren.

„Wachstum in den Himmel“ setzt der Transpirationssog Grenzen. Limitierend wirken die Schwerkraft und die Reibung, die das Wasser im Leitungssystem verursacht. Berechnungen haben ergeben, dass Bäume mit einer Höhe von über 150m unwahrscheinlich sind (Mohr & Schopfer 1978). Würde der Baum noch höher werden, droht die Gefahr einer Embolie: die geschlossene Wassersäule würde durch Bläschenbildung unterbrochen.

6.2 Angepasstheiten der Pflanzen bei Wassermangel: Sparen, Hungern oder Speichern

Die überwiegende Zahl der Landpflanzen hat einen Wasserhaushaltstypus, durch den sie relativ unabhängig von der Hydratur (Wasserzustand) der Luft wurden

Abbildung 25: Guttation beim Kleinen Wiesenknopf (*Sanguisorba minor*, Rosaceae). Da die Hydathoden am Ende von Blattadern liegen, finden sich dort Tropfen von Guttationswasser. Bildquellen: Eigene Aufnahmen.

Abbildung 26: *Sequoia sempervirens*. – a, Blick in die Baumkronen an der „Avenue of Giants“ (Humboldt Redwoods State Park). – b, Mammutbaum mit „Durchfahrmöglichkeit“ in Myers Flat (Baum-Alter; 5000 Jahre, Durchmesser: 6,4 m; Umfang: 19,5 m; Höhe: 83,8 m). Bildquellen: Eigene Aufnahmen, Kalifornien 1996.

und eine eigene Hydratur des Protoplasmas auch bei großer Trockenheit der Luft aufrecht erhalten können.

Solange die Blätter über die Wurzeln genügend Wasser aus dem Boden aufnehmen können, stellt der Wasserverlust durch die Transpiration kein Problem dar. Bei Wassermangel reagiert die Pflanze über ihre Regelkreise (siehe Kapitel 5). Dass die Pflanzen ihre Spaltöffnungen bei Wassermangel schließen, um den transpirationsbedingten Wasserverlust bei der CO_2-Aufnahme zu reduzieren, wurde schon vorgestellt. Die beiden Varianten der Photosynthese sind nicht nur CO_2-Konzentrierungsmechanismen (siehe Kapitel 5). Die räumliche bzw. zeitliche Trennung wichtiger Prozesse der Photosynthese ist ökologisch vorteilhaft, da die Kohlenstoffversorgung sichergestellt wird, ohne gleichzeitig den Wasserhaushalt zu gefährden (wegen der tieferen Temperaturen und in der Regel höheren Luftfeuchtigkeit ist nachts der Wasserverlust durch die geöffneten Spaltöffnungen geringer). In ariden Gebieten haben sich nun neben diesen physiologischen verschiedene morphologisch-anatomische Angepasstheiten entwickelt, mit denen selbst eine lange Trockenzeit im aktiven Zustand überdauert werden kann. Wir unterscheiden die Trockenpflanzen, die Xerophyten, und die „Saftreichen“, die Sukkulenten.

Unter den Xerophyten sind sicherlich viele Vertreter aus dem Mittelmeergebiet mit der ausgeprägten Sommerdürre in ihren Angepasstheiten vertraut wie Verkleinerung der transpirierenden Oberfläche durch Roll- oder Nadelblätter (Beispiel: Rosmarin *Rosmarinus officinalis*, Lamiaceae) oder die Wuchsform der Rutensträucher, die keine oder stark reduzierte wasserverdunstende Blätter haben, und die Photosynthese auf die grünen, rutenförmigen Sprosse übertragen (Beispiel: Pfriemenginster *Spartium junceum*, Fabaceae). Weitere Angepasstheiten sind eine dicke Cuticula mit Wachsauflagerung, eine mehrschichte Epidermis und der Besatz mit toten Haaren (was die cuticuläre Transpiration herabsetzt) und die Einsenkung der Stomata (es werden wasserdampferfüllte, windstille Räume geschaffen). Die typischen Hartlaubblätter in allen Regionen der Welt mit mediterranem Klima (europäisches Mittelmeergebiet, Teile Kaliforniens, Teile Chiles, das Kapland, SW-und S-Australien) haben nicht nur eine verkleinerte transpirierende Oberfläche, sondern die Blätter dieser sogenannten sklerophyllen Xerophyten sind auffällig durch den großen Reichtum an Sklerenchymelementen (abgestorbenes, aus Zellen mit starken Wandverdickungen bestehendes Verfestigungsgewebe), der selbst bei größeren Wasserverlusten die Festigkeit der Blätter sicherstellt.

Ein noch wenig verstandenes Phänomen sind die sogenannten stenohydren Xerophyten, die typischerweise in Wüsten vorkommen. Sie zeichnen sich durch eine fast konstante Zellsaftkonzentration und kaum schwankende Hydratur aus (stenos: eng, schmal). Ein eindrucksvolles Beispiel ist *Fouquieria splendens*, der Ocotillo, aus der Sonora (Abb. 27). Zu Beginn des Wassermangels schließt die Pflanze die Stomata und unterbindet damit den Gaswechsel und die Photosynthese. Eine längere Dürre bedeutet also eine Hungerzeit, dafür nimmt die Hydratur des Plasmas nicht, oder nur wenig, ab. Die Zweige sind durch Kork vor Wasserabgabe geschützt. Die Blätter vertrocknen zunächst nicht, sondern sie vergilben. Beim Vergilben werden alle wichtigen Nährstoffe aus den Blättern in die (schwach sukkulenten) Achsen zurückgeführt. Nach einem Regen stehen diese Nährstoffe für das erneute Austreiben von Blättern sofort wieder zur Verfügung. Pro Jahr können 5–6 Blattperioden auftreten, 2–3 sind der Normalfall.

Eine besondere Gruppe bilden die Sukkulenten. Sie unterscheiden sich von den Xerophyten dadurch, dass sie auf völlig trockenen Böden lange Zeit durchhalten können. Sie speichern während der günstigen Jahreszeit größere Mengen an Wasser und geben dieses während der Dürrezeit sehr sparsam ab. Als Speicherorgan dienen die Blätter (z. B. bei den Dickblattgewächsen, Abb. 12a und Aloe-Arten) oder die Sprossachse (z. B. bei Kakteen, Wolfsmilch-Arten, Stapelien), seltener die Wurzeln. Ein ausgewachsener großer Säulenkaktus, der Saguaro Carnegiea

Abbildung 27: *Fouquieria splendes*, Fouquieriaceae. Drei verschiedene Erscheinungsbilder am gleichen Tag an drei unterschiedlichen Standorten im Anza-Borrego-Desert-State Park (USA, Kalifornien). Der Sommerregen etwa zwei Wochen zuvor hatte den Arealen unterschiedlich viel Niederschlag beschert. Bildquellen: Eigene Aufnahmen 1999.

gigantea, soll ein Wasserreservoir von 2000–3000 (oder gar 4000) Litern haben, mit dem er in der Wüste ein Jahr ohne Wasseraufnahme auskommen kann. Stabilitätsproblemen, die sich durch der mit dem Wasserverlust durch Transpiration in der langen Trockenperiode einhergehenden Volumenveränderung ergeben würden, steht bei Rippen-Kakteen der Blasebalg- bzw. Ziehharmonika-Effekt entgegen (Ausführlicheres dazu siehe Erbar & Leins 2021).

In den Savannen Afrikas und Südamerikas sind Flaschenbäume beeindruckende Beispiele für eine Wasserspeicherung im holzigen Stamm (Abb. 28). Ein sehr großer Vertreter des Afrikanischen Flaschenbrotbaums (*Adansonia digitata*) soll bei einem Stammumfang von 20 m bis zu 120 000 Liter Wasser speichern können (Walter & Breckle 1999). Die südamerikanischen „Gegenstücke" sind die Wollbäume aus den Gattungen *Canavallesia* und *Ceiba*.[15]

6.3 Ein Spezialist der Namib

Im Jahre 1859 entdeckte der österreichische Arzt und Botaniker Friedrich Welwitsch eine in der Wüste Namib beheimatete, äußerst kuriose Pflanze (Abb. 29), die von Joseph Dalton Hooker (Royal Botanic Gardens Kew) beschrieben und nach dem Entdecker benannt wurde: *Welwitschia mirabilis* (1863); es handelt sich um einen eigenartigen Nacktsamer, der eine eigene Familie repräsentiert, die Welwitschiaceae. Die Pflanze hat einen kurzen, knolligen Stamm und eine sehr lange Pfahlwurzel, die in die tieferen, feuchten Bodenschichten reicht, sowie ein sehr gut ausgebildetes Wurzelsystem. *Welwitschia*-Pflanzen können über 1000 Jahre alt werden, aber sie bilden außer den beiden hinfälligen Keimblättern und zwei winzigen Schuppenblättern nur zwei Blätter, die ebenso alt wie die ganze Pflanze sind. Es sind breit bandförmige, am Grunde zeitlebens nachwachsende, vorne absterbende Blätter, die dick, sehr hart und xeromorph gebaut sind (Abb. 29b–c). Bei guter Wasserversorgung sind die Blätter mehr als ein Meter lang; bei

[15] Die Gattungen *Adansonia*, *Cavanillesia* und *Ceiba* (Kapokbaum) gehören zur Unterfamilie der Bombacoideae innerhalb der Malvengewächse (*Malvaceae*). Sie unterscheiden sich in den Früchten. Bei den altweltlichen *Adansonia*-Arten wird die Innenwand der Frucht mehlig; die Früchte werden von Pavianen, Elefanten und Kleinsäugern gefressen und die Samen ausgeschieden. Die neuweltlichen Gattungen *Cavanillesia* und *Ceiba* bilden Kapseln aus, deren Innenwand sich in Haare auflöst; der Wind reißt kleine Stückchen ab und ein solches Wattebällchen umschließt einen Samen, der somit vom Wind ausgebreitet wird.

extremer Dürre kann dagegen die Blattspreite bis auf den basalen Teil mit dem Meristem ganz absterben. Über die Wasserversorgung der *Welwitschia*-Pflanzen ist viel spekuliert worden. *Welwitschia* wächst genau an der Übergangszone zwischen innerer und äußerer Namib. In der inneren Namib fällt spärlicher Sommerregen. Dieser versickert im Boden und kann von der mehr als 1,5 m tief reichenden Pfahlwurzel erreicht werden. Die äußere Namib hingegen ist eine fast regenlose Küsten-Wüste, die sich allerdings durch eine hohe Luftfeuchtigkeit mit etwa 200 Nebeltagen im Jahr auszeichnet. Verantwortlich dafür der kühle Benguela-Strom, über dem eine Nebelbank liegt (Walter & Breckle 1999). Dieser Nebel schlägt sich in den kalten Frühmorgenstunden nieder. Die *Welwitschia*-Blätter zeigen aber keinerlei Strukturen zur Aufnahme von Wasser; die Blätter sind eher denen der Hartlaubgewächse vergleichbar (Abb. 29c). Die Blätter von Welwitschia sind für Wasser unbenetzbar: Nebel bildet Tropfen wie auf einem lackierten Metallblech und diese fließen leicht ab. Das Wasser wird damit direkt an die Wurzeln geleitet.

Abbildung 28: Flaschenbäume aus der Unterfamilie der Malvaceae-Bombacoideae. – a, Ein noch nicht so imposanter Affenbrotbaum *Adansonia digitata*, den wir in der Savanne im Tal des Olifants River in der Nähe von Tzaneen (Provinz Limpopo, Südafrika, 2003) fanden. – b, Wollbaum *Cavanillesia arborea* in der trockenen Savanne (Caatinga) bei Bezerros (Pernambuco, NO-Brasilien, 2000). Bildquellen: Eigene Aufnahmen.

7 Feuer als Chance: die Feuerspezialisten

Die Erzeugung und Beherrschung von Feuer ist ein wichtiger Faktor in der kulturellen Evolution des Menschen. Schon in der griechischen Mythologie erfahren wir, dass, als Zeus den Sterblichen den Besitz des Feuers verweigerte, Prometheus dieses vom Himmel holte, als er den markigen Stängel des „Narthex" (Abb. 30)[16] am vorüberfahrenden Sonnenwagen zum Glimmen brachte.

Abbildung 29: *Welwitschia mirabilis*. – a, Eine besonders große und alte (auf mehr als 1000 Jahre geschätzte) Pflanze in Namibia, südlich Swakopmund, zum Schutz eingezäunt. – b, Die beiden Laubblätter sterben nicht nur an der Spitze ab und verwittern, sondern da sich der kurze Stamm stark verbreitert, reißen die Blätter schon an der Blattbasis ein und täuschen so mehrere Blätter vor. Die gespaltenen Blätter winden sich großflächig um die Pflanze, so dass der Stamm vor Verdunstung geschützt wird. – c, In der Sonne glänzt das xeromorphe Blatt wie ein lackiertes Autoblech. – Bildquellen: Dieter Kücherer, Heidelberg. Wir danken ihm in alter Freundschaft für die Überlassung der Bilder.

[16] „Narthex" kann eindeutig als Gewöhnliches Steckenkraut oder Riesenfenchel (*Ferula communis*), identifiziert werden. Im Gegensatz zu anderen Doldenblütern (Apiaceae) ist der Stängel nicht

Es sei nochmals erwähnt, dass Pflanzen das Sonnenlicht in chemische Energie umwandeln können. Strahlungsempfänger für die Photosynthese sind die Chlorophylle, die grünen Blattfarbstoffe, und weitere sogenannte akzessorische Pigmente. Die in der Lichtreaktion gewonnene chemische Energie wird in der Dunkelreaktion

Abbildung 30: Gewöhnliches Steckenkraut *Ferula communis* (Apiaceae), vor der wiedererrichteten Fassade der Celsus-Bibliothek, einer öffentlichen antiken Bibliothek aus römischer Zeit in Ephesos, nahe der heutigen Stadt Selçuk (Türkei). – Bildquelle: Eigene Aufnahme.

hohl, sondern von einem lockeren Mark erfüllt. Das Mark kam als Zunder zum Einsatz und diente zum Transport der Glut von Hirtenfeuer zu Hirtenfeuer.

der Photosynthese genutzt, um energiereiche Verbindungen wie Zucker aufzubauen. Zu starke Sonneneinstrahlung jedoch stresst die Blätter von Pflanzen. Hitze kann durch Membranschäden und vor allem durch die Inaktivierung und Denaturierung von Proteinen rasch zum Zelltod führen. Auch hier haben sich im Laufe der Evolution Angepasstheiten ergeben. Hitzeminderung wird z. B. erreicht durch Strahlungsreflexion (in Form von toten lufterfüllten Haaren oder epicuticularen Wachsen) oder durch Blattbewegungen (Steilstellung, Hängenlassen und Einrollen der Blätter). Einen schnellen Schutz bringen spezifische Hitzeschockproteine, die innerhalb einer Stunde kodiert werden; sie stabilisieren Chromatinstrukturen und Membranen und fördern Reparaturmechanismen (innerhalb eines Tages nach dem Hitzestress verschwinden sie wieder).

Gravierende Hitzeeinwirkungen auf Pflanzen ergeben sich bei Bränden. Feuer und Brände üben einen erheblichen Einfluss auf Vegetationseinheiten aus. Ein gelegentlicher Waldbrand verjüngt die Vegetation, reißt Lücken, wo vorher dichter Bewuchs war, und düngt den Böden mit Mineralstoffen. In den Feuergebieten der Erde, speziell in den Savannen Afrikas und in den Regionen mit Mediterranklima, ist Feuer ein in mehr oder minder regelmäßigen Abständen auftretender Faktor (im Durchschnitt ein Zeitraum von 30–50 Jahren)[17]. Einige Pflanzen haben sich im Laufe der Evolution daran angepasst, episodische Feuer zu überstehen, ja sie sind oft sogar in ihrem Lebenszyklus, vor allem auch bei der Reproduktion, auf periodische Feuer angewiesen. Sie werden als „Feuerpflanzen", als Pyrophyten, bezeichnet.

Natürliche Brände werden in der Regel durch Blitzschlag ausgelöst und durch den anschließenden Regen gelöscht. Eine ideale Situation für Samen auf nährstoffarmen Böden: Durch das Feuer wird Blattmasse mineralisiert und durch den Regen steht Wasser für die Samenkeimung zur Verfügung.

In Südafrika und Australien fällt der hohe Anteil von Myrmecochorie, also der Ausbreitung durch Ameisen, auf (siehe Erbar & Leins 2018). Für die Kap-Halbinsel konnte eindrucksvoll gezeigt werden, dass die heimischen Ameisen die Samen in ihren Nestern genau in die richtige Tiefe einbringen. Dadurch erfahren die Samen einerseits Schutz vor dem Verbrennen, andererseits ist die gebremste Hitze ein Stimulans zu deren Keimung (Bond & Slingsby 1984).

[17] Durch Brände wegen Rodung oder Brandstiftung (Bodenspekulation!) erhöht der Mensch die Frequenz der Feuer erheblich.

Für Europäer geradezu provokant und zumindest fremdartig erscheint das Vorkommen von Sonnentau-Arten (*Drosera*) auf glühend-heißen australischen Böden. In Europa denken wir bei *Drosera* an zarte Pflanzen auf nassen und kühlen Hochmooren. Die Gemeinsamkeit der Lateritböden Australiens und der europäischen Moorböden liegt in ihrem extrem geringen Nährstoffgehalt. Bei australischen Arten aus den Feuergebieten liegt die Angepasstheit in tief im Boden liegenden Knollen, die von der Hitze des Feuers nicht erreicht werden.

Ein bekannter Pyrophyt des westlichen Mittelmeergebietes ist die Kork-Eiche *Quercus suber* (Abb. 31a–b). Bei den Holzgewächsen liegen verborgen hinter dem toten Korkgewebe[18] (einem Teil des sekundären Abschlussgewebes, der Borke) die lebenden Gewebe und die Leitungsbahnen für Wasser und darin gelöste Nährsalze sowie für die durch die Photosynthese gewonnenen Zucker. Die Borke schützt die darunterliegenden Schichten des Holzgewächses vor mechanischen und physikalischen Einflüssen und eben auch vor Bränden. Je dicker die Korkschicht (bei der Kork-Eiche kann sie mehrere Zentimeter dick werden; Abb. 31b), desto besser der Feuerschutz. Kork ist nahezu unbrennbar, sodass sich der Baum meist gar nicht erst entzündet oder nur die äußerste Schicht der Rinde ankohlt. Dickes Korkgewebe als Angepasstheit an Feuer kommt in zahlreichen Arten und Familien vor. Neben der europäischen Kork-Eiche seien aus Nordamerika der Küsten-Mammutbaum (*Sequoia sempervirens*; Abb. 26) und die Ponderosa-Kiefer (*Pinus ponderosa*; Abb. 31c–d)[19] genannt. Auch Kiefern-Arten aus dem europäischen Mediterrangebiet haben ein dickes Korkgewebe. Beindruckend ist das Beispiel der Kanaren-Kiefer *Pinus canariensis* (Abb. 31e–f). Seit ihrer Existenz auf den

[18] Die Korkeiche ist der weltweit einzige Baum, dessen Rinde man am lebenden Stamm ernten kann, ohne dass er anschließend stirbt. Eine regelmäßig alle zehn Jahre abgeerntete Korkeiche (z. B. für Flaschenkorken) wird resistenter gegen Feuer, da sie nach dem Abschälen eine dickere Korkschicht bildet.

[19] Ein tierischer Nutzer dicker Borken ist im westlichen Amerika der Eichel-Specht (*Melanerpes formicivorus*). Eichel-Spechte leben meist in Familiengruppen und betreiben eine intensive Vorratshaltung. Dazu legen sie besondere Speicher in Bäumen an, in denen tausende Eichelfrüchte (Nüsse) gespeichert werden können. Als Speicherbäume kommen alle Arten mit dicker Rinde in Frage. Die Löcher sind der zu speichernden Nuss genau angepasst; sie dringen nicht bis in die Wachstumsschicht (das Kambium) und schaden daher dem Baum nicht. Die Speicherbäume werden von allem Familienmitgliedern energisch verteidigt (auch wir wurden lautstark beschallt!).

Kanarischen Inseln ist die Kiefer einem hohen Druck infolge der wiederkehrenden Vulkanausbrüche und den damit verbundenen Feuern ausgesetzt.

Allgemein weisen die Pyrophyten ein hohes Regenerationsvermögen, z. B. aus schlafenden Knospen, auf (siehe dazu Leins & Erbar 2017). Immer wieder als Beispiel angeführt werden die Grasbäume Australiens (Vertreter der monokotylen Familie der Xanthorrhoeaceae), die sofort nach dem Brand neue Blätter aus geschützten Meristemen bilden, und selbst die verbrannten Blätter am Stamm setzen ihr basales Wachstum fort. Beeindruckend ist auch ein aktuelles Beispiel: Nach dem Vulkanausbruch auf La Palma Mitte September 2021 treiben Anfang

Abbildung 31: Feuerresistente Pflanzen. – a–b, Kork-Eiche *Quercus suber* (Toskana). – b, Ein Stück abgeschälter Kork, ca. 3,5 cm dick. – c–d, Ponderosa-Kiefer *Pinus ponderosa* (Chaparral-Vegetation, Cuyamaca Rancho State Park, Kalifornien). – d, Ein Stück Kork mit Eicheln in den Löchern (siehe Fußnote 19). – e–f, Kanaren-Kiefer *Pinus canariensis*, Teneriffa. – e, Trockener Kiefernwald (Pinar) auf der Südseite der Insel; im Unterwuchs *Lotus campylocladus*, Fabaceae. – f, Pionierbaumart auf jungen Lavaböden. – g, *Dictamnus albus*: Entzündung der Wolke aus ätherischen Ölen wurde mit dem Feuerzeug ausgelöst. Bildquellen: Eigene Aufnahmen.

Januar 2022 die ersten Kanaren-Kiefern schon wieder aus (https://lapalma1.net-/2022/01/06/ein-vulkanausbruch-und-seine-auswirkungen/).

Kiefernnadeln, Eukalyptus-Blätter – wir nutzen die **ätherischen Öle** in vielfältiger Form. Aber sind sie in ihrem Vorkommen in Feuergebieten sinnvoll, denn sie wirken ja zweifelsfrei **brandfördernd**? Aber genau darin liegt der Vorteil. Erreichen die Feuer die Kronen der Bäume, können Temperaturen bis über 1000°C erreicht werden; sie sind in jedem Fall schädlich. Aber ätherische Öle fördern schnell über die Fläche eilende Feuer, die oft flächenmäßig begrenzt bleiben (siehe Abb. 32a). In diesen schnellen Feuern steigen die Temperaturen nur kurzfristig über 100°C, und in 1–2 cm Bodentiefe erhöht sich die Temperatur dann nur um wenige Grade, so dass die Werte im physiologisch tolerierbaren Bereich bleiben (Frey & Lösch 2010) und wiederum Samen zum Keimen stimulieren (siehe vorne).

Der submediterrane Diptam (*Dictamnus albus*, Rutaceae), der in Mitteleuropa vereinzelt an wärmeliebenden Gebüschsäumen zu finden ist, trägt in den Blüten und am Blütenstand purpurfarbene Drüsenhaare (Leins & Erbar 2010). Wenn an warmen, windstillen Tagen eine Wolke von ätherischen Ölen den Blütenstand umgibt, soll sich diese bei entsprechender Hitze sogar selbst entzünden können. Aber bei Bränden fördern die ätherischen Öle das schnelle Feuer (Abb. 31g), das ein schädigendes langes Brennen der Pflanzen verhindert.

Eine weitere Strategie verfolgen in „Feuergebieten" solche Pyrophyten (z. B. Vertreter der australischen und südafrikanischen Silberbaumgewächse, Proteaceae, und die Myrtaceen-Gattung *Eucalyptus*), die ihre Samen aus holzigen Früchten erst entlassen, wenn diese durch die Hitze eines Feuers aufgesprungen sind (Abb. 32). Diese Ausbreitungsweise wird **Pyrochorie** genannt. Auch die gut verschlossenen Zapfen mancher Kiefern-Arten öffnen sich erst durch Hitzeeinwirkung. Die entlassenen Samen erfahren dann beste Keimungsbedingungen.

Die Proteaceae[20] sind eine südhemisphärische Familie, die schwerpunktmäßig in den Feuergebieten Afrikas und Australiens vorkommt. Entsprechend vielfältig sind die Anpassungen an die natürlichen Buschfeuer. Von den Samen in die „richtige Tiefe" verbuddelnden Ameisen war schon die Rede. Die in Abb. 32b–f ge-

[20] Die Familie der Proteaceae ist recht vielgestaltig hinsichtlich ihrer Blattausgestaltung, Form der Blütenstände und Fruchtformen (Balgfrüchte, Nüsse und Steinfrüchte). Wahrscheinlich liegt darin der Grund, dass Carl von Linné (1753) eine Gattung nach Proteus, einem wandlungsfähigen Meeresgott in der griechischen Mythologie benannte.

zeigten Beispiele sind windausgebreitet, aber in den Fruchtständen spielt zunächst Holzigkeit eine große Rolle. Beim Zapfenbusch (*Leucadendron strobilinum*) von der Kap-Halbinsel (incl. Tafelberg) verholzen die Hochblätter (= Tragblätter, in deren Achsel die Blüten bzw. Früchte sitzen; Abb. 32b–c). Abbildung 32a zeigt eine Fläche auf der Kap-Halbinsel, in der kurz vor dem Aufnahmetag (Januar 2003) ein Buschfeuer über den rechten Teil der Fläche gelaufen ist. Die zapfenförmigen Fruchtstände haben sich geöffnet (Abb. 32c), indem die Hochblätter spreizen und damit die geflügelten Nüsse dem Wind dargeboten werden. Auf der vom Brand nicht betroffenen Fläche sind die Nüsse noch von den dicht schließenden Hochblättern im zapfenartigen Fruchtstand eingeschlossen (Abb. 32b).

Bei einer Banksie aus Australien (*Banksia serrata*) sind die Samen in holzigen Früchten, sogenannten Bälgen, eingeschlossen (Abb. 32d). Trotz der großen Anzahl von Blüten pro Blütenstand (Fig. 253 in Leins & Erbar 2010) entwickeln sich nur wenige Früchte (bei *Banksia serrata* bleiben die vertrockneten Blüten am Fruchtstand stehen). Jeder Balg öffnet sich nach Feuer mit zwei horizontal gestellten Klappen (Abb. 32e), die zuvor die asymmetrisch geflügelten Samen fest umschließen. Als Dekorationsobjekte angebotene holzige Früchte stammen ebenfalls von pyrochoren Pflanzen Australiens (Abb. 32f).

8 Abschließende Bemerkung zu den von uns mit dem Pflanzenleben in Verbindung gebrachten „Vier Elementen“

Auf der Grundlage der Überlegungen über die Seinsprinzipien der griechischen Philosophen aus Milet, nämlich Thales, Anaximander und Anaximenes sowie Heraklit von Ephesus hat im 5. Jahrhundert v.Chr. Empedokles aus Akragas (Agrigent, Sizilien) eine umfassende Vier-Elemente-Lehre entwickelt. Diese Lehre hatte einen großen Einfluss auf das Denken der klassischen Philosophie. Wenngleich zunächst die vier Elemente Feuer, Wasser, Luft und Erde bestimmten Göttern zugeschrieben wurden und die Vier-Elemente-Lehre sich teilweise in die Esoterik verirrte, welch letztere heutzutage zum Beispiel in der Naturheilpraxis noch gelegentlich ihren Niederschlag findet, stellt sie dennoch einen Meilenstein in der kulturellen Evolution des Homo sapiens dar. Entmythologisiert und unter Einbeziehung der ständigen Veränderung („panta rhei“, dem griechischen Philosophen Heraklit von Ephesus zugeschrieben), liefert diese Grobgliederung des Seienden eine durchaus brauchbare Grundlage für die Beschreibung der unbelebten und belebten Natur. [21]

Abbildung 32: Pyrochorie (Feuerausbreitung) bei Proteaceae. – a, Fläche auf der Kap-Halbinsel (Südafrika), über die teilweise (rechts) ein Buschfeuer gelaufen war. – b, Fruchtstand vom Zapfenbusch *Leucadendron strobilinum* (einem Endemiten der Kap-Halbinsel) vom unverbrannten Arealteil. – c, Vom verbrannten Arealteil. – d–e, Säge-Banksie *Banksia serrata* (Bot. Garten Bonn). – d, Fruchtstand mit noch geschlossenen Früchten. – e, Nach Brand (von den Autoren vor vielen Jahren ausgelöst) mit geöffneten Früchten. – f, Gekaufte holzige Proteaceen-Früchte aus Australien; B = Propeller-Banksie *Banksia candolleana*, H = *Hakea*, X = „Holzbirne" *Xylomelum pyriforme*. Bildquellen: Eigene Aufnahmen.

[21] Freilich hat sich bekanntermaßen in den modernen Naturwissenschaften wie der Chemie der Begriff „Element" als ein Baustein auf der atomaren Ebene neu definiert: 94 Elemente, die in

Wir wollten in diesem Artikel die wechselseitige Beeinflussung der vier Elemente aufzeigen und ein außerordentlich komplexes und unüberschaubares System von verschiedenen Seiten, wenngleich in äußerst bescheidenem Maße, beleuchten. Wir konnten dabei nicht umhin, die einzelnen chemischen und physikalischen Komponenten im Detail zu berücksichtigen.

Als Evolutionsbiologen fühlen wir uns in der Pflicht, wenn auch hier nur andeutungsweise, auf das leidige Thema Umweltverschmutzung einzugehen. Es geht vor allem um die verantwortungslose Einbringung Natur gefährdender Substanzen, z.T. von ethisch entkernten Konzernen produziert. Von Wasser-, Luft-, Erd- und Lichtverschmutzungen ist über die Medien – glücklicherweise auch aus soliden und ernst zu nehmenden Quellen – immer wieder die Rede. Denken wir etwa an die Verschmutzung der Meere mit Plastikmüll und allem Möglichen (Abb. 33), Luftverschmutzung durch verschiedenste Abgase, Erdverschmutzung durch Pflanzenschutzmittel und Lichtverschmutzung unnötiger Leuchtreklamen.

Abbildung 33: Am Spülsaum in der Bucht von Syrakus (Sizilien, im Bereich der Saline di Siracusa). Bildquelle: Eigene Aufnahme.

---

einem sogenannten Periodensystem festgehalten werden, kommen auf der Erde natürlich vor – von Wasserstoff mit der Ordnungszahl 1 bis Plutonium mit der Ordnungszahl 94. Der Konnex zur Physik liegt damit ebenfalls auf der Hand.

Im Brennpunkt steht beispielsweise das mit Neonicotinoiden gebeizte Saatgut, das in der nicht ökologisch geführten Landwirtschaft Verwendung findet. Die systemisch wirkenden, wasserlöslichen Neonicotinoide werden während des Wachstums einer Pflanze aus dem Boden aufgenommen und in alle Teile geleitet bis hinein zum Guttationswasser und dem Nektar. Nektarsaugende Insekten laufen in erhöhtem Maße Gefahr, wie wissenschaftliche Untersuchungen zeigen, ihre Orientierung zu verlieren. Schon niedrige Dosen stören Gehirnprozesse wie Wahrnehmen, Lernen, Erinnern, Orientieren, Navigieren und Kommunizieren (z. B. Menzel et al. 2012, Degen et al. 2015, 2016). Man spricht daher vielfach von „Bienen-Alzheimer". Neonicotinoide sind sicherlich die Hauptagressoren für das besorgniserregende Insektensterben; es gibt aber weitere dafür verantwortliche Faktoren. Jedenfalls, wenn wir keinen Weg finden, dem Einhalt zu gebieten, wird es zu einem katastrophalen Einschnitt in die Ökosysteme kommen (siehe z. B. Sánchez-Bayo & Wyckhuys 2019). Ob diese Orientierungslosigkeit auslösende Giftstoffe, die über die Verarbeitung zu pflanzlichen Nahrungsmitteln eine entsprechende schädigende Wirkung auch auf den Menschen ausüben, ist nicht hinreichend geklärt. Da dies aber durchaus denkbar wäre, erscheint es uns sinnvoll, vorsichtshalber auf Bio-Nahrungsmittel umzustellen. Vor allem aber ist mehr Qualität, Sorgfalt, Abwechslung und Liebe bei der Zubereitung von Speisen angesagt, damit über den Genuss das tägliche Essen wieder mehr zu einem wichtigen Kulturgut wird.

Wir denken, dass eine ausschließlich vegane Ernährung, wie sie neuerdings zunehmend (auch als Lösungsweg für die Umweltprobleme) propagiert wird, zwar den Konsum billiger, mit z.T. schädlichen Zusatzstoffen, wie etwa Hormonen und Antibiotika, versehenen Tierprodukten durch einen Boykott reduzieren mag, letztendlich nicht viel bringt. Mittlerweile ist die Nahrungsmittelindustrie mit all ihren Tricks längst auf die Vegan-Marotte aufgesprungen. Es besteht keinerlei Zweifel, dass selbst zubereitete vegane Speisen nicht nur gesund, sondern auch lecker sein können; auf lange Sicht präsentiert sich vegan doch als recht einseitig. Manche Veganer scheinen sich von fleischlicher Nahrung weiterhin angelüsten zu lassen, zumindest im Unterbewussten, was daraus geschlossen werden kann, dass dieselben zum Beispiel vegane Wiener Würstchen oder Wiener Schnitzel oder Cordon bleu oder Burger oder Salami, das ursprüngliche Vorbild kopierend, formgerecht, quasi als Fetisch, zubereitet, zu sich nehmen. Wir nennen sie gerne die „eingefleischten Veganer".

Wie dem auch sei: Es liegt uns fern, „Moral zu predigen".[22] Wir wollen lediglich bewusst machen, dass jeder Eingriff in die hochkomplexen Komponenten der (klassischen) vier Elemente durch den Menschen eine Veränderung (positiver oder negativer Art für den Menschen) zur Folge hat. Am Übergang vom Mittelalter zur Neuzeit formulierte Descartes (1637) mit seiner Aussage, die Menschen hätten das Potential, die „Herren und Eigentümer der Natur" („maîtres et possesseurs de la nature") zu sein, eine Einstellung, die sich in den folgenden Jahrhunderten in Wissenschaft und Technik häufig finden wird. Im Gesamtzusammenhang wird noch deutlicher, was Descartes meinte: „Möglichkeit ... Ansichten zu gewinnen, die für das Leben sehr fruchtbringend sein würden ..., wodurch wir die Kraft und die Tätigkeiten des Feuers, des Wassers, der Luft, ... kennenlernen und also imstande sein würden, sie ebenso praktisch zu allem möglichen Gebrauch zu verwerten und uns auf diese Weise zu Herrn und Eigentümern der Natur zu machen."[23] Während der Mensch auf der einen Seite alles technisch Machbare umgesetzt hat, hat er auf der anderen Seite die Resilienz der Welt unterschätzt, denn ihre Vorräte und ihre Regenerationskraft sind begrenzt. Veränderungen, Ergänzungen und die gegenseitige Beeinflussung der vier Elemente stehen unter dem Diktat der natürlichen Evolution. Eingriffe durch den Menschen, die beispielsweise den Klimawandel beschleunigen, Insekten sterben lassen, die großartige Biodiversität insgesamt in erschreckendem Maße mindern und „versaute" Nahrungsmittel zur Folge haben, sollten genauestens analysiert und schließlich durch sinnvolle Lösungen einge-

[22] Es ist ja nicht so, dass Politik und Gesellschaft sich dieser Probleme nicht bewusst sind. Seit 2012 gibt es den Weltbiodiversitätsrat (IPBES, Intergovernmental Science-Policy Platform on Biodiversity and Ecosystem Services, mit Sitz in Bonn). Dieses zwischenstaatliche Gremium hat die Aufgabe, die Politik zum Thema biologische Vielfalt und Ökosysteme wissenschaftlich zu beraten. Der erste „Globale Bericht" (2019) bewertet auf globaler Ebene die in den vergangenen fünfzig Jahren eingetretenen Veränderungen der Biodiversität. In diesem Bericht geht es auch um die „Ökosystemleistungen" oder „Ökosystemdienstleistungen" („benefits"), die Schlüsselbegriffe an der Schnittstelle von natur- und sozialwissenschaftlicher Umweltforschung sind. Zu diesen zählen auch sogenannte Regulierungsleistungen wie Prozesse, die beispielsweise Schadstoffe aus Wasser, Luft und Boden filtern – damit sind drei der vier Elemente involviert! Eine Ökosystemdienstleistung ist auch die Bereitstellung einer ansprechenden Umwelt für Freizeit, Erholung und ästhetischen Genuss! Wir überlassen es dem Leser, darüber nachzudenken, welches Weltbild die Natur zu Dienstleistungen für uns Menschen verpflichtet, ohne dass wir entsprechend dafür „entlohnen".

[23] Deutsche Übersetzung von Kuno Fischer (1863).

dämmt werden, damit wir uns weiterhin vergnüglich auf Entdeckungsreise in die Komplexität der vier Elemente begeben können. Damit schaffen wir auch die Grundlage für eine moderne gesellschaftsrelevante Philosophie.

Literatur

Baumbach, H. & Hellwig, F.H. 2007: Genetic differentiation of metallicolous and non-metallicolous *Armeria maritima* (Mill.) Willd. taxa (Plumbaginaceae) in Central Europe. – Plant Syst. Evol. **269**: 245–258.

Benzing, D.H., Henderson, K., Kessel, B. & Sulak, J. 1976: The absorptive capacities of bromeliad trichomes. – Amer. J. Bot. **63**: 1009–1014.

Bond, W. & Slingsby, P. 1984: Collapse of an ant-plant mutualism: the argentine ant (*Iridomyrmex humilis*) and myrmecochorous Proteaceae. – Ecology **65**: 1031–1037.

Degen, J., Kirbach, A., Reiter, L., Lehmann, K., Norton, P., Storms, M., Koblofsky, M., Winter, S., Georgieva, P.B., Nguyen, H., Chamkhi, H., Meyer, H., Singh, P.K., Manz, G., Greggers, U. & Menzel, R. 2016: Honeybees learn landscape features during exploratory orientation flights. – Current Biology **26**: 2800–2804.

Degen, J., Kirbach, A., Reiter, L., Lehmann, K., Norton, P., Storms, M., Koblofsky, M., Winter, S., Georgieva, P.B., Nguyen, H., Chamkhi, H., Greggers, U. & Menzel, R. 2015: Exploratory behaviour of honeybees during orientation flights. – Animal Behaviour **102**: 45–57.

Deinlein, U., Weber, M., Schmidt, H., Rensch, S., Trampczynska, A., Hansen, T.H., Husted, S., Schjoerring, J.K., Talke, I.N., Krämer, U. & Clemens, S. 2012: Elevated nicotianamine levels in *Arabidopsis halleri* roots play a key role in Zinc hyperaccumulation. – The Plant Cell **24**: 708–723.

Denffer, D. von 1971: Morphologie. – In: Denffer, v. D., Schumacher, W. Mägdefrau, K. & Ehrendorfer, F., „Strasburger" Lehrbuch der Botanik für Hochschulen. 30. Aufl. pp. 9 – 202. – Stuttgart: G. Fischer.

Descartes, R. 1637: Discours de la méthode pour bien conduire sa raison et chercher la verité dans les sciences. – Leiden: Ian Maire. Édition électronique (ePub) v.: 1,0 : Les Échos du Maquis, 2011. – Übersetzung: Fischer, K. 1863: Abhandlung über die Methode des richtigen Vernunftgebrauchs und der wissenschaftlichen Wahrheitsforschung. https://www.textlog.de/descartes-methode.html

Ellenberg, H.1986: Vegetation Mitteleuropas mit den Alpen in ökologischer Sicht. 4. Aufl. – Stuttgart: Ulmer.

Erbar, C. & Leins, P. 2018: Wie mobil sind Pflanzen? – HDJBO **3**: 21–50. https://doi.org/10.17885/heiup.hdjbo.2018.0.23818

Erbar, C. & Leins, P. 2020: Entwicklungen in der Entwicklung – Fortwährende Veränderungen im Fluss der Organismenwelt. – HDJBO **5**: 1–45. https://doi.org/10.17885/heiup.hdjbo.2020.0.24182

Erbar, C. & Leins, P. 2021: Das intelligente Spiel mit Zufällen und Auslese. – HBJBO **6**: 67–116. https://doi.org/10.17885/heiup.hdjbo.2021.1.24381

Ernst, W. 1965: Ökologisch-soziologische Untersuchungen der Schwermetall-Pflanzengesellschaften Mitteleuropas unter Einschluß der Alpen. – Abh. Landesmus. Naturkde. Münster **27**: 1–54.

Frey, W. & Lösch, R. 2010: Lehrbuch der Geobotanik. Pflanze und Vegetation in Raum und Zeit. 3. Aufl. – Stuttgart, Jena, Lübeck, Ulm: G. Fischer.

Haydon, M.J., Kawachi, M., Wirtz, M., Hillmer, S., Hell, R., & Krämer, U. 2012: Vacuolar nicotianamine has critical and distinct roles under iron deficiency and for zinc sequestration in *Arabidopsis*. – The Plant Cell **24**: 724–737.

Hooker, J.D. 1863: On *Welwitschia*, a new genus of Gnetaceae. – Trans. Linn. Soc. Lond. **24**: 1–48.

Kidston, R. & Lang, W.H. 1917: On Old Red Sandstone plants showing structure, from the Rhynie Chert Bed, Aberdeenshire. Part I. *Rhynia Gwynne-Vaughani*. – Trans. Roy. Soc. Edinburgh **51**: 761–784.

Kidston, R. & Lang, W.H. 1920a: Part II. Additional notes on *Rhynia Gwynne-Vaughani* Kidston & Lang, with descriptions of *Rhynia maior* s.sp. and Hornea Lignieri n.g., n.sp. – Trans. Roy. Soc. Edinburgh **52**: 603–627.

Kidston, R. & Lang, W.H. 1920b: Part III. Asteroxylon Mackiei Kidston & Lang. – Trans. Roy. Soc. Edinburgh **52**: 643–680.

Kräusel, R. & Weyland, H. 1930: Die Flora des deutschen Unterdevons. – Abh. preuss. geol. Landesanst. n.F. **131**: 1–92.

Kräusel, R. & Weyland, H. 1933: Die Flora des böhmischen Mitteldevons. – Palaeontographica **78B**: 1–46.

Kräusel, R. & Weyland, H. 1935: Neue Pflanzenfunde im Rheinischen Unterdevon. Palaeontographica **80B**: 171–190.

Larcher, W. 1994: Ökophysiologie der Pflanzen. 5. Aufl. – Stuttgart: Ulmer.

Leins, P. & Erbar, C. 2008: Blüte und Frucht. Morphologie, Entwicklungsgeschichte, Phylogenie, Funktion und Ökologie. 2. Aufl. – Stuttgart: Schweizerbart'sche Verlagsbuchhandlung.

Leins, P. & Erbar, C. 2010: Flower and Fruit. Morphology, Ontogeny, Phylogeny, Function and Ecology. – Stuttgart: Schweizerbart Science Publishers.

Leins, P. & Erbar, C. 2017: Bäume und Sträucher in Herbst und Winter erkennen. Bebilderte Steckbriefe, Wissenswertes zu Namen, Mythologie und Verwendung. 2. Auflage. – Stuttgart: Schweizerbart'sche Verlagsbuchhandlung.

Linné, C. von 1753: Species Plantarum. – Stockholm: Lars Salvius.

Mägdefrau, K. 1968: Paläobiologie der Pflanzen. 4. Aufl. – Jena: G. Fischer.

Menzel, R., Lehmann, K., Manz, G., Fuchs, J., Koblofsky, M & Greggers, U. 2012: Vector integration and novel shortcutting in honeybee navigation. – Apidologie **43**: 229-243.

Mohr, H. & Schopfer, P. 1978: Lehrbuch der Pflanzenphysiologie. 3. Aufl. – Berlin, Heidelberg: Springer.

Sánchez-Bayo, F. & Wyckhuys, K.A. 2019: Worldwide decline of the entomofauna: A review of its drivers. – Biol. Conserv. **232**: 8–27.

Steinmann, G. & Elberskirch, W. 1929: Neue bemerkenswerte Funde im ältesten Unterdevon des Wahnbachtales bei Siegburg. – Sitzber. Naturhist. Verein Preußen Rheinland und Westfalen **21**: 1–74.

Walter, H. & Breckle, S.W. 1999: Vegetation und Klimazonen. 7.Aufl. – Stuttgart: Ulmer, UTB Große Reihe.

Weigel, H.J. 2011: Klimawandel - Auswirkungen und Anpassungsmöglichkeiten. – Landbauforsch. SH **354**: 9–2.

Zimmermann, W. 1930: Die Phylogenie der Pflanzen. – Jena: G. Fischer.

Zimmermann, W. 1961: Zur Phylogenie der Urlandpflanzen. – Ber. Deutsch. Geol. Ges. **6**: 348–357.

Zimmermann, W. 1965: Die Telomtheorie. – Stuttgart: G. Fischer.

Über die Autoren

Prof. Dr. **Claudia Erbar** wurde nach ihrem Biologie- und Chemiestudium, das sie mit dem 1. Staatsexamen in beiden Fächern abschloss, an der Universität Bonn zum Dr. rer.nat. promoviert. Für ihre Staatsexamensarbeit erhielt sie den Preis der Konrad-Adenauer-Stiftung für Studierende der Botanik. Seit 1983 ist sie Wissenschaftliche Mitarbeiterin an der Universität Heidelberg. Nach der Habilitation im Fach Botanik 1993 hatte sie seit 2000 eine apl. Professur und war Forschungsgruppenleiterin für das Gebiet „Blütenbiologie und Evolution" am Centre for Organismal Studies (COS) Heidelberg. Seit 2022 ist sie im forschenden und lehrenden „Ruhestand". Ihre Forschungsschwerpunkte liegen in den Bereichen der Blütenentwicklungsgeschichte vor dem Hintergrund morphologisch-funktioneller Fragestellungen, Blütenökologie (Blütenfunktionen bei Bestäubung und Befruchtung und der Interaktion mit Insekten) und Verwandtschaft und Evolution der Blütenpflanzen. In der Lehre vertritt sie auch die Pflanzengeographie.

Prof. Dr. **Peter Leins** studierte Biologie, Chemie und Philosophie an den Universitäten Tübingen, Freiburg und München. In München wurde er zum Dr. rer.nat. promoviert. Anschließend war er Assistent, später Oberassistent, am Institut für Systematische Botanik bei Prof. Dr. Hermann Merxmüller. Zwischendurch erlernte er die Methodik der Pollenkunde bei Prof. Dr. Gunnar Erdtman in Stockholm. Er habilitierte sich im Fach Botanik mit einer pollensystematischen Forschungsarbeit an einer Compositengruppe. Danach erhielt er einen Ruf auf eine Professur am Botanischen Institut der Universität Bonn. Drei weitere Rufe folgten: FU Berlin, Uni Heidelberg, Uni Kiel (FU Berlin und Uni Kiel nicht angenommen). An der Universität Heidelberg war er zunächst Direktor des Instituts für Systematische Botanik und Pflanzengeographie und des Botanischen Gartens (später Abteilung Biodiversität und Pflanzensystematik des neu gegründeten Heidelberger Instituts für Pflanzenwissenschaften). Seit 2002 ist er im forschenden und lehrenden „Ruhestand". Seine Forschungsschwerpunkte liegen in den Bereichen der Blütenmorphologie und -entwicklungsgeschichte, Blütenökologie, Blütenpflanzensystematik, Pollenkunde, Ausbreitungsbiologie, Evolutionsbiologie und Biophilosophie.

Korrespondenzadresse:
Prof. Dr. Claudia Erbar, Prof. Dr. Peter Leins
Universität Heidelberg
COS-Biodiversität und Pflanzensystematik
Im Neuenheimer Feld 345
69120 Heidelberg, Germany

E-Mail: erle@urz.uni-heidelberg.de
Homepages:
http://www.cos.uni-heidelberg.de/index.php/c.erbar?l=
http://www.cos.uni-heidelberg.de/index.php/p.leins?l=

Die vier Elemente: Eine psychologische Betrachtung

JOACHIM FUNKE

Psychologisches Institut, Universität Heidelberg

Zusammenfassung

Die vier Elemente Erde, Feuer, Wasser und Luft haben aus psychologischer Sicht nicht zufällig einen prominenten Platz in der menschlichen Ideengeschichte erhalten (nach heutigem Kenntnisstand gibt es 118 Elemente). Es werden kognitive Vereinfachungsmechanismen beschrieben, die als Komplexitätsreduktion gelten dürfen. Daneben kommen soziale Aspekte der Ausbeutung der vier Elemente zur Sprache (Allmendeklemme). Schließlich geht es auch um das Verhältnis des Menschen zur Natur, die sich in den vier Elementen widerspiegelt und die auch unter therapeutischen Aspekten betrachtet werden kann.

1 Einführung

Das Konzept der vier Elemente ist aus der Antike bekannt: Erde, Feuer, Wasser und Luft wurden als die Grundstoffe angesehen, aus denen Erscheinungen der Natur zusammengesetzt seien, ganz ähnlich wie im antiken China, wo Luft zu Metall wird und zusätzlich „Holz" den Status eines fünften Elements erhielt, so Fernberger (1935). Natürlich sind wir heute im Zeitalter der Aufklärung gelandet und halten die „Vier-Elementen-Lehre" der Alchemie (vgl. Abb. 1) für überholt.

Unabhängig von den (aus heutiger Sicht klar erkennbaren) Fehlvorstellungen hat die komplexitätsreduzierende Konzeption der vier Elemente bis heute kaum etwas von ihrem Charme einer „einfachen“ Weltsicht verloren. Einer der Gründe, sich aus einer psychologischen Perspektive mit diesem Jahrtausende alten Konzept näher zu beschäftigen. Auf der Erde stehen wir, die Luft atmen wir, das Feuer wärmt uns, das Wasser trinken wir: sehr einsichtig!

Ein zweiter Grund (zumindest für die Beschäftigung mit dem Element „Luft“) als Psychologe: In manchen Kulturen gilt der Atem als Zeichen des Lebendigen, manche sprechen gar esoterisch von einer „Atemseele“, auch „Hauchseele“ genannt. Dass diese Annahme heutzutage in der modernen Psychologie keinen Widerhall mehr findet, haben wir Psychologen u. a. dem Gründer der modernen naturwissenschaftlich orientierten Psychologie, Wilhelm Wundt (1832–1920) zu verdanken, der seine wichtige (und langjährige) Studien- und Assistentenzeit Mitte des 19. Jahrhunderts an der Universität Heidelberg verbrachte und sein „Heidelberger Programm“ (Graumann, 1980) hier entwarf, bevor er dann 1879 in Leipzig mit der Einrichtung des weltweit ersten „Psychologischen Laboratoriums“ die Institu-

Abbildung 1: Die vier Elemente (lat. aer = Luft, ignis = Feuer, terra = Erde, aqua = Wasser; Eigenschaften: calidus = warm, heiß; siccus = trocken; hūmidus = feucht, naß; frīgidus = kalt) im System der Alchemie. (Quelle: Wikipedia, https://de.wikipedia.org/wiki/Vier-Elemente-Lehre#/media/Datei:Vier_Elemente_der_Alchemie.svg).

tionalisierung (und damit Professionalisierung) des Faches vollzog (Fahrenberg, 2018).

Noch ein dritter Grund: Physikalistische Harmoniebestrebungen (Schönheit, Einfachheit, Symmetrie; Pirner, 2019) und die Suche nach möglichst „einfachen" Naturgesetzmäßigkeiten könnten, wie man heute vermutet (z. B. Hossenfelder, 2018), eine Sackgasse für die theoretische Physik darstellen. Dass die Theoriebildung der Physik hinsichtlich der Vereinigung der verschiedenen Kräfte (a: die elektromagnetische Kraft, b: die schwache Wechselwirkung, die bei Zerfalls- und Umwandlungsprozessen beteiligt ist, und c: die starke Wechselwirkung, die die Atomkerne zusammenhält) zu einer „Grand Unified Theory" (GUT) zu einer Stagnation gekommen ist, hat vielleicht mit der Suche nach „einfachen" Lösungen zu tun. Vielleicht muss die GUT doch komplexer ausfallen. Diese Einschätzung ist auch für die Psychologie interessant, die sich ja mehr am Vorbild der Physik als an dem – eigentlich näher liegenden – Vorbild der Biologie orientiert (Bischof, 2021; Wendt & Funke, 2022) und die nicht in die gleiche Falle wie die Physik tappen möchte. Natürlich verlangt „Ockhams Rasiermesser" sparsame Theoriebildung: Vier Elemente anzunehmen ist sparsamer als mehrere Dutzend davon – aber am Ende des Tages zählt die Korrektheit der Modellannahmen (also deren „Wahrheit" im Sinne einer „adequatio rei et intellectus"). Warum sich dennoch falsche Vereinfachungen so zäh halten (gerade in esoterischen Kreisen), wird zu klären sein.

2 Die kognitionspsychologische Perspektive: Komplexitätsreduktion

Dass Menschen ihre Umwelt begrifflich klassifizieren und damit eine „Ordnung der Dinge" (Foucault, 1974) erzeugen, ist nicht neu. Was am Beispiel der vier Elemente illustriert werden kann, ist der Versuch einer einfachen Beschreibung eines komplexen Sachverhalts. Bereits im 18. Jahrhundert wurde eine 30 Elemente umfassende Liste vorgelegt. Im 19. Jahrhundert wurde dann die heute noch gültige Ordnung der Elemente nach ihrer Ordnungszahl (Kernladung) vorgestellt (vgl. Abb. 2), deren Komplexität (118 sind nachgewiesen) die Einfachheit antiker Konzeptionen deutlich übersteigt.

Das Anlegen von Listen und das Bilden von Kategorien ist ein Versuch zur „Ordnung der Dinge" (Foucault, 1974), die nicht nur in den Wissenschaften gepflegt wird (selbst die Todsünden sind gezählt und benannt, siehe Ernst, 2011)

– aber solche Ordnungen enthalten natürlich viele Willkürlichkeiten. In seinem Buch „Die Ordnung der Dinge“ zitiert Foucault eine, angeblich vom argentinischen Schriftsteller Jorge Luis Borges (1899–1986) übernommene, alte chinesische Enzyklopädie, die alle bekannten Tiere der Welt in folgendes, vermeintlich allumfassendes Ordnungsschema bringt: „a) Tiere, die dem Kaiser gehören, b) einbalsamierte Tiere, c) gezähmte, d) Milchschweine, e) Sirenen, f) Fabeltiere, g) herrenlose Hunde, h) in diese Gruppierung gehörende, i) die sich wie Tolle gebärden, j) die mit einem ganz feinen Pinsel aus Kamelhaar gezeichnet sind, k) und so weiter, l) die den Wasserkrug zerbrochen haben, m) die von Weitem wie Fliegen aussehen.“ (Foucault 1974, 17). Mit dieser ironischen Darstellung soll deutlich gemacht werden, dass derartige Listen immer subjektive Entscheidungen enthalten und die Kategorisierung von Objekten dieser Welt selbst für „natürliche“ Objektmengen wie Tiere großer Willkürlichkeit unterliegt.

Die Geschichte des in Australien lebenden Platypus ist ein Beispiel für die Schwierigkeiten korrekter Klassifikation: Das zur Klasse der Kloakentiere zählende Schnabeltier legt Eier, ist aber gleichzeitig ein Säugetier. Als es im 18. Jahrhundert entdeckt wurde und ein Exemplar an die Royal Academy in London geschickt wurde, hielt man es zunächst für ein „Fake“. Als eierlegendes Säuge-

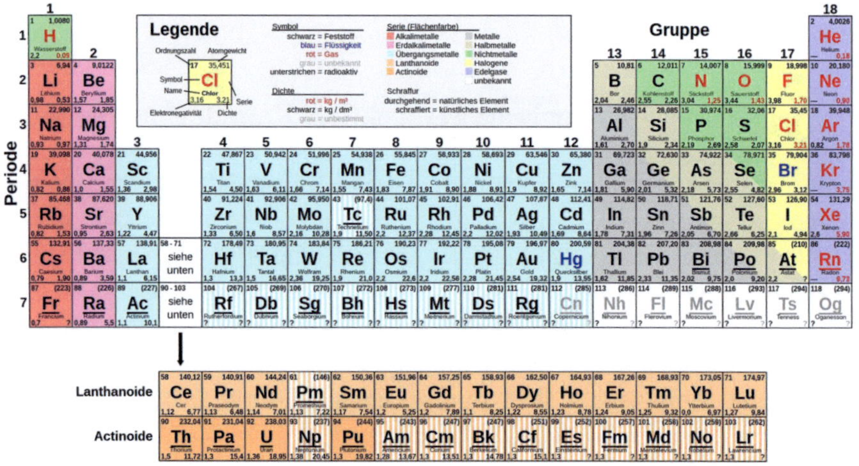

Abbildung 2: Periodensystem (Quelle: https://commons.wikimedia.org/w/index.php?curid=82871392).

tier ist die Zuordnung dieses Tieres zu einer der Kategorien („Säugetier" oder Nicht-Säugetier, also „eierlegend") eine Herausforderung für einfache Klassifikationssysteme.

3 Vom Nutzen falscher Modelle

Dass man auch mit „falschen" Modellen viel erklären kann, zeigt die Wissenschaftsgeschichte an zahlreichen Stellen. Thomas Kuhn (1967) beschreibt in seinem Buch, wie in den Naturwissenschaften Fehlvorstellungen wie z. B. die „Phlogiston"-Theorie (Phlogiston: ein hypothetischer Stoff, der allen brennbaren Körpern bei der Verbrennung entweichen sowie bei Erwärmung in sie eindringen soll) lange Zeit am Leben bleiben können, bevor sie durch die „richtigen" Erklärungen ersetzt werden (siehe Mauskopf, 2002).

Unter dem Stichwort „naive Theorien" (Laientheorien, „naive" Theorien) finden sich ebenfalls viele Beispiele dafür, dass fehlerhafte Konzeptionen im Alltag dennoch tauglich sind. Ein Beispiel aus der Psychologie: Kempton (1986) zeigt auf, dass falsche Vorstellungen über das Funktionieren von Heizungen (die „Gaspedal-Theorie" nimmt etwa an: je stärker man den Thermostat aufdrehe, umso stärker heize der Kessel auf) durchaus zum gewünschten Ergebnis führen würden. Auch naive Annahmen über physikalische Vorgänge (z. B. Wilkening & Lamsfuß, 1993) halten sich erstaunlich stabil, weil sie trotz gewisser Inkorrektheiten nützlich sind.

Die Micky-Mouse-Physik „Impetus-Theorie" (siehe Abb. 3) soll sogar unter (amerikanischen) Physik-Studierenden weit verbreitet sein (McCloskey, 1983). Mickey-Mouse-Physik: Das sind Bewegungsabläufe wie im Trickfilm; jemand läuft über die Kante eines Abgrunds, rutscht noch ein Stück waagrecht und stürzt dann senkrecht in den Abgrund. Tatsächlich wird der Endpunkt der Bewegung relativ gut geschätzt, auch wenn die Flugbahn nicht stimmt. Im Alltag ist der Aufschlagpunkt jedoch wichtiger als die Trajektorie dorthin.

4 Die sozialpsychologische Perspektive: Allmendeklemme

Die vier Elemente können als Eigentum der Menschheit angesehen werden. Erde, Wasser, Feuer und Luft gehören nicht einzelnen Personen, sondern allen Menschen gemeinsam – wir alle brauchen Wasser, um nicht zu verdursten, und Luft, um nicht zu ersticken. Das Problem mit Gütern, die uns allen gehören: Sie tendieren dazu, von einzelnen über Gebühr ausgebeutet zu werden. Diese Situation ist als „Allmendeklemme“ bekannt.

Hardin (1968) hat in seinem berühmten Artikel „The tragedy of the commons“ das Schicksal frei zugänglicher Ressourcen beschrieben, das heutzutage unter dem Blickwinkel der Nachhaltigkeit (Grober, 2010) gesehen wird. Die Allmendeklemme nimmt Bezug auf eine in früheren Zeiten gegebene Praxis, in einer Gemeinde eine Weidewiese für alle Dorfbewohner („Allmende“) bereitzustellen, damit jede Person ihre Tiere dort weiden lassen kann. Als Ergebnis kommt es zu einer Überweidung. Den problematischen Umgang mit Gemein-Eigentum sieht man am Beispiel von Luft („Luftverschmutzung“) und Wasser („Überfischung“) deutlich – ohne externe Regulative kommt es hier zu ökologischen Störungen und man stellt sich die Frage: Wie schaffen wir es, die für uns alle wichtigen Lebensgrundlagen auch für zukünftige Generationen zu erhalten (Ibisch & Sömmer, 2022)?

5 Die umweltpsychologische Perspektive: Naturerfahrung

Das legendäre Bild der Erde vom Weltraum aus, das erstmals an Weihnachten 1968 durch die Apollo-8-Mission gemacht wurde und die Größe des Planeten „Erde“ relativiert, gemessen am Universum, erlaubte der Menschheit eine neue Form der Erd-Erfahrung. Der damalige Astronaut Bill Anders soll gesagt haben: „Wir

Abbildung 3: Flugbahn einer Kanonenkugel gemäß der Impetus-Theorie (Quelle: Wikipedia; aus Walther Hermann Ryff: *Bawkunst Oder Architectur aller fürnemsten/ Nothwendigsten/ angehœrigen Mathematischen vnd Mechanischen Kuensten.* Basel 1582).

flogen hin, um den Mond zu entdecken. Aber was wir wirklich entdeckt haben, ist die Erde." Das von ihm gemachte Foto „Earthrise" (Abb. 4) vom 24.12.1958 hat viele Menschen tief berührt.

Das Bild vom blauen Planeten: Es erlaubt einen neuen Blick auf die uns umgebende Umwelt (Kruse & Funke, in Druck). Die vier Elemente erscheinen hier relativiert und werden summarisch betrachtet – das ermöglicht den Blick auf Natur allgemein zur Selbstfindung und Erdung. „Earthrise" hat bei vielen Betrachtern auch Gefühle von Ehrfurcht gegenüber der Natur ausgelöst (Keltner & Haidt, 2003).

Abbildung 4: „Earthrise": Das legendäre Foto der Erdkugel vom Weltall aus gesehen (Quelle: https://commons.wikimedia.org/w/index.php?curid=306267).

6 Naturerfahrung durch Katastrophen

Menschen haben die Gefahren der vier Elemente immer wieder zu spüren bekommen. Zzahlreiche Katastrophen haben nicht nur in früheren Jahrhunderten die Menschen demütig vor den Natur-Ereignissen werden lassen. Dies soll anhand von vier historischen Beispielen aus dem westeuropäischen Raum illustriert werden.

Feuer. Die norwegische Stadt Ålesund wurde im Jahr 1904 durch ein Feuer fast vollständig zerstört.[1] 850 Häuser brannten ab, ca. 10.000 Menschen wurden obdachlos, nur 1 Person starb bei diesem Ereignis. Das Feuer zerstörte fast das gesamte Stadtzentrum, das wie die meisten norwegischen Städte zu dieser Zeit hauptsächlich aus Holz gebaut war. Die Stadt ist seitdem wieder aufgebaut worden und zählt heute zu einer der schönsten Städte Norwegens.

Wasser. Die ungarische Stadt Szeged wurde durch ein Hochwasser der Theiß (ungar.: Tisza) im Jahr 1879 getroffen.[2] Die Schäden waren unvorstellbar: Abgesehen von wenigen Straßen im Stadtzentrum wurde die gesamte Stadt überflutet und stand drei Monate lang unter Wasser. 140 Menschen starben, mindestens 5.400 Häuser stürzten ein und von den 75.000 Einwohnern der Stadt wurden 60.000 obdachlos. Die Überlebenden sammelten sich auf der mittelalterlichen Burgmauer und waren in den ersten Tagen hoffnungslos. Was dann folgte, war jedoch ein Wunder: dank internationaler Hilfe konnte die Stadt wieder neu aufgebaut werden.[3] Die Geschichte des Wiederaufbaus von Szeged nach der Sintflut ist eine Geschichte der Wiedergeburt und des Beginns eines neuen Lebens für viele.

Erde. Die Stadt Lissabon wurde durch ein Erdbeben im Jahr 1755 zerstört, das 30.000–50.000 Tote unter den damals rund 200.000 Einwohnern der Stadt forderte.[4] Fünfundachtzig Prozent der Gebäude in Lissabon wurden zerstört, darunter berühmte Paläste und Bibliotheken sowie die meisten Beispiele der für Portugal charakteristischen manuelinischen Architektur aus dem 16. Jahrhundert. Mehrere Gebäude, die durch das Erdbeben nur wenig beschädigt worden waren, wurden durch das anschließende Feuer zerstört. Das neue Opernhaus von Lissabon,

---

[1] https://de.wikipedia.org/wiki/Stadtbrand_von_%C3%85lesund

[2] https://de.wikipedia.org/wiki/Szeged#Geschichte

[3] Die Ringstraßen von Szeged tragen seither die Namen der Hauptstädte derjenigen Länder, die beim Wiederaufbau geholfen haben: London, Paris, Brüssel, Moskau und Rom.

[4] https://de.wikipedia.org/wiki/Erdbeben_von_Lissabon_1755

das nur sechs Monate zuvor eröffnet worden war, brannte bis auf die Grundmauern nieder.

Luft. Die Stadt Mannheim erlebte im Jahr 1921 im Stadtteil Oppau den bislang größten Unfall der chemischen Industrie in Deutschland.[5] Fast 600 Menschen wurden getötet, mehr als 2.000 verletzt. Der Sachschaden wurde 1922 auf 321 Millionen Mark geschätzt. Etwa 80 Prozent aller Gebäude in Oppau wurden zerstört, so dass 6.500 Menschen obdachlos wurden. Die Druckwelle verursachte große Schäden in Mannheim auf der anderen Rheinseite, riss Dächer in einer Entfernung von bis zu 25 km ab und zerstörte weiter entfernte Fenster, darunter alle mittelalterlichen Glasfenster des 15 km nördlich gelegenen Wormser Doms. In Heidelberg (30 km von Oppau entfernt) wurde der Verkehr durch die Glasscherben auf den Straßen zum Erliegen gebracht, eine Straßenbahn entgleiste, und einige Dächer wurden zerstört.

Die vier Beispiele zeigen: Die vier Elemente Feuer, Wasser, Erde und Luft zeigen sich den Menschen bis heute auch und massgeblich von ihrer lebensbedrohlichen Seite. Sie geniessen damit mehr Aufmerksamkeit als irgendeines der anderen Elemente, obwohl tödliche Gefahren auch dort zahlreich schlummern.

7 Die Perspektive mentaler Gesundheit

Aus Sicht der Gesundheitspsychologie verkörpern die vier Elemente Ansatzpunkte für spezifische Interventionen. Sarris, de Manincor, Hargraves und Tsonis (2019) geben einen Überblick über die Interventionsansätze in den Bereichen Erde (z. B. Gartenarbeit, Naturerlebnisse), Feuer (z. B. Lichttherapien, Sauna), Luft (z. B. Atemübungen, Frischluft-Behandlungen) und Wasser (z. B. Badekuren, Balneotherapien). Abb. 5 illustriert dieses Vorgehen.

Zu all diesen Ansätzen führen Sarris et al. Studien an, die eine heilsame Wirkung auf die mentale Gesundheit belegen sollen. Die Autoren sehen in ihrer Bezugnahme auf die „vier Elemente" einen Zugang zur „lifestyle medicine", mit der Lebensstile als flankierende Ergänzungen zu Pharmakotherapien und Psychotherapien bei der Behandlung von psychischen Störungen eingesetzt werden könnten.

---

[5] https://de.wikipedia.org/wiki/Explosion_des_Oppauer_Stickstoffwerkes

8 Kritische Aspekte

Natürlich sind die „Vier Elemente" ein Beispiel falscher (weil unzulässig vereinfachender) Information. Aber wo liegt die Grenze zwischen zulässiger und unzulässiger Reduktion?

Die Hartnäckigkeit falscher Informationen in Bezug auf Erziehungsfragen (Menz et al., 2020) ist von gesellschaftlicher Tragweite. Wenn Lehrer beispielsweise bezweifeln, dass die Klassengröße an sich einen positiven Einfluss auf die Lernergebnisse der Schüler hat, könnten sie die möglichen Chancen, die eine kleinere Klasse bietet, nicht wahrnehmen. In Bezug auf technische Systeme wie z. B. die schon oben beschriebene „Gaspedal-Theorie" zur Heizung (Kempton, 1986) hat die Fehlvorstellung zwar keine großen gesellschaftlichen Auswirkun-

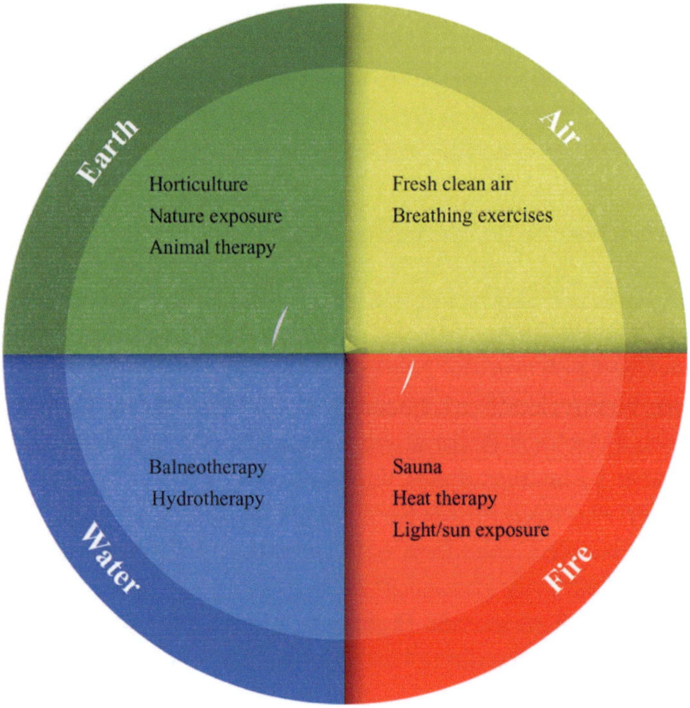

Abbildung 5: Die vier Elemente mit Blick auf Anwendungen im Bereich mentaler Gesundheit; nach Sarris et al. (2019).

gen, dennoch könnte ein unvorteilhaftes Heizen die Folge sein (und damit ein Mosaikstein in der Behinderung von Klimaeffizienz-Zielen).

Fehlerhafte Vorstellungen in den Naturwissenschaften (das Beispiel „Phlogiston", siehe Mauskopf, 2002) konnten durch prüfende Forschung beseitigt und durch bessere Konzepte ersetzt werden. Der Übergang vom geozentrischen zum heliozentrischen System (Kuhn, 1967) ist längst vollzogen (obwohl die Rehabilitation von Galileo Galilei, 1564–1642, durch die Römische Kirche erst 1992 erfolgte). Unser Verständnis der Welt ist vermutlich noch immer voller „misconceptions" und trotzdem kommen wir ganz gut damit zurecht.

Schwieriger stellt sich der Fall bei Verschwörungsideologien dar, die in bestimmter (ideologischer) Absicht konstruiert sind und die Augen vor den Fakten schließen (Nocun & Lamberty, 2020). Hier ist kein Wille zur Aufgabe von Fehlinformation zu erkennen; der Umgang mit Personen, die an derartige Falschkonzeptionen glauben, ist schwierig (Hilfe ist z. B. hier zu finden: Lewandowsky & Cook, 2020). Dagegen ist die Konzeption der „Vier Elemente" geradezu harmlos.

In der Psychologie gab es im ausgehenden 19. Jahrhundert eine Strömung namens „Elementenpsychologie", die nach dem Vorbild der Physik auf der Suche nach den kleinsten Bausteinen des Seelenlebens war. Wie oft in der Wissenschaftsgeschichte, formierte sich bald eine Gegenbewegung („Ganzheits- und Gestaltpsychologie"), die mit dem Schlagwort der „Übersummativität" auf Emergenzphänomene hinwies („das Ganze ist mehr als die Summe seiner Teile"). Daraus ist am Ende eine systemtheoretische Orientierung geworden, die dem Fach angemessen erscheint (z. B. Bischof, 1995). So kann aus einer komplexitätsreduzierenden Vereinfachung der Anstoss zu einer verbesserten Weltsicht resultieren.

Es bleibt dann nur übrig, selbst zu denken (Welzer, 2013) – die Kantische Aufforderung also, sich seines eigenen Verstandes zu bedienen. Die „Vier Elemente" sind nur ein Beispiel von vielen für Komplexitätsreduktion und Bewältigung von Ungewissheiten, die dem Menschen zugemutet werden.

9 Abschluss

Ein auf den ersten Blick kurioses Thema – die „Vier Elemente" – erweist sich bei genauerer Betrachtung mit der Brille eines aufgeklärten Psychologen als durchaus ergiebig: Neben dem Aspekt der Komplexitätsreduktion (der auch fanatischen Bewegungen zugrundeliegt, siehe Lantermann, 2016) gibt es auch Interessantes über Fehlkonzeptionen zu berichten. Der Umgang mit unserer Natur (und die Haltung zu derselben) stellen ebenfalls lohnenswerte Themen einer psychologischen Betrachtung dar.

Danksagung. Für Kommentare und Anmerkungen zu einer Vorfassung danke ich Dr. Marlene Endepohls (Heidelberg) herzlich.

Referenzen

Bischof, N. (1995). *Struktur und Bedeutung. Eine Einführung in die Systemtheorie für Psychologen*. Hans Huber.

Bischof, N. (2021). *Theoretische Psychologie. Worauf es ankommt, und wie es zusammenhängt* [Unveröffentlichtes Manuskript].

Ernst, H. (2011). *Wie uns der Teufel reitet. Von der Aktualität der 7 Todsünden*. Herder.

Fahrenberg, J. (2018). *Wilhelm Wundt (1832–1920): Gesamtwerk: Einführung, Zitate, Kommentare, Rezeption, Rekonstruktionsversuche*. Pabst Science Publishers. http://psydok.psycharchives.de/jspui/handle/20.500.11780/3782

Fernberger, S. W. (1935). Fundamental categories as determiners of psychological systems: An excursion into ancient Chinese psychologies. *Psychological Review, 42(6)*, 544–554. https://doi.org/10.1037/h0060118

Foucault, M. (1974). *Die Ordnung der Dinge. Eine Archäologie der Humanwissenschaften*. Suhrkamp.

Graumann, C. F. (1980). Experiment, Statistik, Geschichte. Wundts erstes Heidelberger Programm einer Psychologie. *Psychologische Rundschau, 31*, 73–83.

Grober, U. (2010). *Die Entdeckung der Nachhaltigkeit. Kulturgeschichte eines Begriffs*. Kunstmann.

Hardin, G. (1968). The tragedy of the commons. *Science, 162*, 1243–1248.

Hossenfelder, S. (2018). *Lost in math: How beauty leads physics astray*. Basic Books.

Ibisch, P. L., & Sömmer, J. (2022). *Das ökohumanistische Manifest: Unsere Zukunft in der Natur*. Hirzel.

Keltner, D., & Haidt, J. (2003). Approaching awe, a moral, spiritual, and aesthetic emotion. *Cognition and Emotion, 17(2)*, 297–314. https://doi.org/10.1080/02699930302297

Kempton, W. (1986). Two theories of home heat control. *Cognitive Science, 10*, 75–90.

Kruse, L., & Funke, J. (in Druck). Umweltpsychologie. In F. Keppler, U. Mager, T. Meier, U. Platt, & F. Reents (Hrsg.), *Umwelt interdisziplinär. Grundlagen – Konzepte –*

Handlungsfelder. Heidelberg University Publishing. https://archiv.ub.uni-heidelberg.de/volltextserver/31082/

Kuhn, T. S. (1967). *Die Struktur wissenschaftlicher Revolutionen*. Suhrkamp.

Lantermann, E.-D. (2016). *Die radikalisierte Gesellschaft. Von der Logik des Fanatismus*. Blessing.

Lewandowsky, S., & Cook, J. (2020). *Das Handbuch über Verschwörungsmythen*. http://sks.to/conspiracy

Mauskopf, S. (2002). Richard Kirwan's phlogiston theory: Its success and fate. *Ambix, 49(3)*, 185–203.

McCloskey, M. (1983). Intuitive Physics. *Scientific American, 248(4)*, 122–130.

Menz, C., Spinath, B., & Seifried, E. (2020). Misconceptions die hard: Prevalence and reduction of wrong beliefs in topics from educational psychology among preservice teachers. *European Journal of Psychology of Education*. https://doi.org/10.1007/s10212-020-00474-5

Nocun, K., & Lamberty, P. (2020). *Fake facts: Wie Verschwörungstheorien unser Denken bestimmen*. Quadriga.

Pirner, H. J. (2019). Die verborgene Schönheit der Natur: Die Sicht des Physikers. *Heidelberger Jahrbücher Online*, *4*, 189–212. https://doi.org/10.17885/heiup.hdjbo.2019.0.24015

Sarris, J., de Manincor, M., Hargraves, F., & Tsonis, J. (2019). Harnessing the four elements for mental health. *Frontiers in Psychiatry*, *10*, 256. https://doi.org/10.3389/fpsyt.2019.00256

Welzer, H. (2013). *Selbst denken. Eine Anleitung zum Widerstand*. Fischer.

Wendt, A. N., & Funke, J. (2022). *Wohin steuert die Psychologie? Ein Ausrichtungsversuch*. Vandenhoeck & Ruprecht.

Wilkening, F., & Lamsfuß, S. (1993). (Miß-)Konzepte der naiven Physik im Entwicklungsverlauf. In W. Hell, K. Fiedler, & G. Gigerenzer (Eds.), *Kognitive Täuschungen. Fehl-Leistungen und Mechanismen des Urteilens, Denkens und Erinnerns* (pp. 271–290). Spektrum Akademischer Verlag.

Über den Autor

Joachim Funke (geb. 1953 in Düsseldorf) ist seit 1997 Professor für Allgemeine und Theoretische Psychologie am Psychologischen Institut der Universität Heidelberg. Promoviert wurde er 1984 an der Universität Trier. Im Jahr 1990 habilitierte er sich an der Universität Bonn. Funke war Gastprofessor an verschiedenen Universitäten, darunter Fribourg (Schweiz), Melbourne (Australien), Nanjing (China) und Szeged (Ungarn). Seine primären Forschungsinteressen liegen im Bereich von Denken, Kreativität und Problemlösen. Seine Forschungsideen wurden unter anderem von der Deutschen Forschungsgemeinschaft, von verschiedenen Bundesministerien und von der Europäischen Union finanziell unterstützt. Funke hat zahlreiche Artikel in internationalen Fachzeitschriften veröffentlicht, Kapitel zu Fachbüchern beigetragen und eigene Bücher herausgegeben und veröffentlicht.

Von 2010 bis 2014 war er Vorsitzender der Internationalen Expertenkommission für Problemlösen im Rahmen der weltweiten PISA-Studien der OECD. Auf ihn geht ein Wechsel im Verständnis von Problemlösen zurück, der die Perspektive von statischem zu dynamischen Problemlöseaktivitäten verschiebt. Von der ungarischen Universität Szeged wurde ihm 2015 für seine Verdienste um die computerbasierte Erfassung von Problemlöseprozessen der Titel eines Ehrendoktors verliehen. Von Oktober 2011 bis März 2019 war Funke Sprecher des Akademischen Senats der Universität. Im April 2019 hat sein aktiver Ruhestand begonnen.

Korrespondenzadresse:
Prof. Dr. Dr. h.c. Joachim Funke (https://orcid.org/0000-0001-9129-2659)
Universität Heidelberg
Psychologisches Institut
Hauptstr. 47-51
69117 Heidelberg, Germany
E-Mail: Joachim.funke@psychologie.uni-heidelberg.de
Homepage: https://funke.uni-hd.de

Wasserbilanz im menschlichen Organismus: Balance und Dysbalance mit Focus auf renales Wasser- und Elektrolyt-Handling

BERNHARD K. KRÄMER, NORBERT GRETZ, BENITO A. YARD, BERTHOLD HOCHER & ANNA-ISABELLE KÄLSCH

V. Medizinische Klinik (Nephrologie, Hypertensiologie, Endokrinologie, Diabetologie, Rheumatologie und Pneumologie) & Zentrum für Medizinische Forschung ZMF, Universitätsklinikum Mannheim

Zusammenfassung

Der menschliche Körper besteht zu circa 70% aus Wasser, wobei die Niere in der Regulation des Salz- und Wasserhaushalts eine zentrale Rolle spielt. Jeden Tag wird die Niere von über 1500 Liter Blut durchflossen, aus denen sie 180 Liter Primärharn bildet, der verändert und konzentriert wird und schließlich in Form von 1–1,5 Liter Urin ausgeschieden wird. Die folgende Übersicht erklärt einige zugrundliegenden Prozesse der Urinentstehung angefangen von der Filtration im Nierenkörperchen bis hin zur Urinkonzentration im Nierenkanälchen. Zudem werden die Folgen erläutert, falls entweder die Filtration bei fehlerhafter Filtermembran oder die Urinkonzentration aufgrund von Veränderungen in den Wasserkanälen fehlerhaft ist. Abschließend werden auch die Wirkungen und Einsatzbereiche von einzelnen Medikamenten besprochen, die in die Urinproduktion quantitativ oder qualitativ eingreifen. Dies sind zum einen Diuretika („Wassertabletten“) und zum anderen Medikamente, welche die Ausscheidung von Glucose in der Niere verändern wie SGLT-2-Hemmer.

1 Einleitung

Zur Thematik „Die vier Elemente“: Erde, Feuer, Wasser und Luft ergibt sich für den Nierenspezialisten und Nierenforscher ein natürlicher Bezug zum Wasser- bzw. Flüssigkeitshaushalt und der Bedeutung der Niere für diese Prozesse. Umgangssprachlich lässt sich mit dem Begriff „Wasser abschlagen“ ebenfalls eine Verbindung zwischen Niere und deren Ausscheidungsprodukt, dem sogenannten Endharn herstellen.

Die Nieren werden mit etwa einem Fünftel des Herzzeitvolumens von 6 Liter Blut pro Minute, das heißt etwa 1,1-1,2 Liter Blut pro Minute durchblutet und erhalten somit auf das Gesamt-Gewicht beider Nieren von etwa 300g bezogen eine weit überdurchschnittlich hohe Blutmenge, sogar höher als bei Gehirn, Herz oder Leber. Die Durchblutung der Nieren beträgt an einem Tag somit zirka 1600 bis 1700 Liter! Dabei erfolgt die Durchblutung der Niere ebenfalls disproportional in der Weise, dass die Nierenrinde 90% der Durchblutung erhält, Nierenmark und Nierenpapille nur noch jeweils 9% bzw. 1%. Bei einem renalen Blutfluss von 1,1 Liter pro Minute besteht ein renaler Plasmafluss (Blutplasma ohne zelluläre Bestandteile wie Erythrozyten) von etwa 600 mL pro Minute.

In den Nierenkörperchen (Glomeruli; ca. 1 Million pro Niere) erfolgt die Filtration von etwa 20% des Plasmavolumens, welches dann auch als glomeruläre Filtrationsrate = Maß der Nierenfunktion bezeichnet wird und bei etwa 120 mL pro Minute normalisiert auf 1,73 m2 Körperoberfläche angegeben wird. Die Menge an Primärfiltrat wird auch als Primärurin bezeichnet. Die Niere wird also pro Tag von 1600-1700 Liter Blut durchblutet, bildet 170 bis 180 Liter Primärharn und resorbiert diesen dann zu etwa 99% in den Harnkanälchen (Tubuli) zurück, damit etwa 1,5 bis 2 Liter Endharn ausgeschieden werden können (Abbildung 1). Wenn man sich das vor Augen führt, kann man sich vorstellen, welch gewaltige Leistungen in der Filtration in den Glomeruli und in der Rückresorption in den Tubuli erfolgen muss, wobei hier je nach Situation der Urin stark konzentriert oder gar verdünnt werden kann. Welche Mechanismen haben sich in der Evolution entwickelt, um dies zu gewährleisten?

2 Glomeruläre Filtration

Wie oben genannt filtriert die menschliche Niere durch etwa 1 Million Nierenkörperchen (Glomeruli) pro Niere täglich etwa 170–180 Liter „Primärurin", der auf Grund der Charakteristika der glomerulären Filtrationsbarriere nahezu frei von Albumin und anderen Plasmaeiweißen ist. Wenn es diese Filtrationsbarriere nicht gäbe, könnten pro Tag theoretisch 4–7 kg Albumin filtriert werden und gingen damit verloren. Die genauen Mechanismen, wie diese Abtrennung von Makromolekülen von Plasmawasser und kleinen Molekülen erfolgt, ist seit Jahrzehnten Gegenstand der Forschung und hat zuletzt wichtige Fortschritte gemacht.

Der glomeruläre Filter besteht aus drei Schichten und zwar luminal einem fenestrierten Endothel (Zellen, die die Gefäßinnenwand auskleiden mit 60–80 nm großen Poren, die etwa 30% der Endotheloberfläche ausmachen und somit eine relativ ungehinderte Filtration von Wasser und kleinen Molekülen erlauben), der glomerulären Basalmembran (GBM), und abluminal den Epithelzellen, Podocyten genannt, die von außen die Kapillarschlingen, bzw. die Basalmembran vollständig umfassen. Für die endotheliale Barrierefunktion gegenüber Eiweißen sind die endotheliale Glycocalix (aus u. a. Glycosaminoglykanen, Proteoglykanen, Glycolipiden, Sialomucinen) und die aufgelagerte endotheliale Oberflächenschicht aus

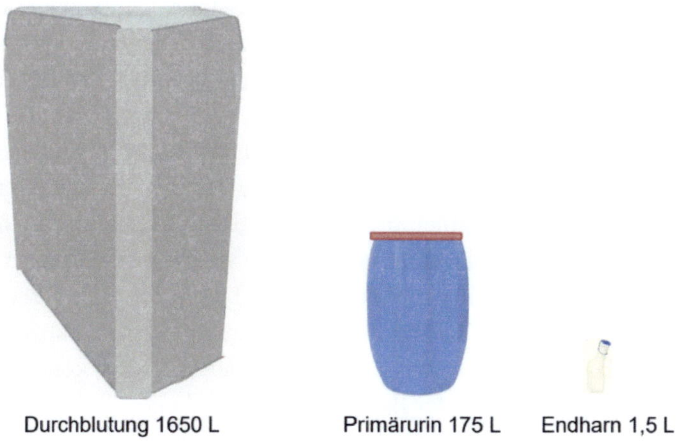

Abbildung 1: Veranschaulichung der Mengenverhältnisse der täglichen Durchblutung der Nieren, der Menge an gebildetem Primärurins (glomeruläres Filtrat) und der Menge an Endharn nach Rückresorption von Wasser und Urinkonzentrierung.

Plasmaproteinen wie Albumin und Orosomucoid von zentraler Bedeutung. Sie bedecken nicht nur die Endothelzellen, sondern füllen auch die Poren aus. Die negativ geladene Glycocalix spielt eine wichtige Rolle für die Ladungsselektivität des Endothels gegenüber negativ geladenen Proteinen wie Albumin.

Die sich anschließende GBM besteht aus einer hochorganisierten Überstruktur aus zwei definierten Laminin-521 und zwei definierten Kollagen-IV Netzwerken, die jeweils von Podozyten bzw. Endothelzellen ausgehen. Obwohl die Laminin und Kollagen Netzwerke nicht direkt miteinander interagieren, sind sie durch vielfache, stabilisierende Brückenmoleküle verbunden und bilden in Summe eine dichte gelartige Struktur, die die Passage von Makromolekülen durch die Basalmembran stark behindert.

An die Basalmembran schließen sich die Podozyten an. Die Fortsätze zweier Podozyten sind so miteinander verzahnt, dass sie ca. 40-nm breite sogenannte Schlitzmembranen bilden. Mutationen in Eiweißen, die die glomeruläre Schlitzmembran bilden wie Nephrin und Podocin, führen zu einem massiven Eiweißverlust im Sinne eines nephrotischen Syndroms (Flüssigkeitseinlagerung beim Patienten mit Ödembildung, hohem Eiweißverlust über den Urin, Eiweißmangel im Blut und kompensatorisch massiv erhöhten Blutfettwerte). Mutationen im Nephrin-Gen führen zu einem angeborenen nephrotischen Syndrom vom „Finnischen Typ" (NPHS1) und Mutationen im Podocin-Gen (NPHS2) zu einem kortisonresistenten, nephrotischen Syndrom beziehungsweise zu einer fokal segmentalen Glomerulosklerose. Eine intakte Struktur der Podozyten und der die Podozytenfußfortsätze verbindenden Schlitzmembran ist offensichtlich notwendig, um die glomeruläre Filtrationsbarriere aufrechtzuerhalten.

Nach aktuellen Überlegungen geht man davon aus, dass die glomeruläre Basalmenbran gegen die den Widerstand aufrechterhaltenden, miteinander interagierenden und durch die Schlitzmembran verbundenen Podozytenfortsätze (durch den Filtrationsfluß/-druck) gepresst wird und es zu einer „Gelkompression" der Basalmembran und somit einer hohen Undurchlässigkeit gegenüber Makromolekülen kommt (Abbildung 2). Wenn dieser Gegendruck nicht aufrechterhalten werden kann z. B. bei Mutation in Schlitzmembranproteinen, kommt es zu einer zirkumferentiellen Extension der Basalmembran und einer Störung der Struktur der Laminin und Kollagen-Netzwerke in der Basalmembran (und gesteigerter Durchlässigkeit für Makromoleküle). Ähnlich Wirkungen haben direkte Mutationen beispielsweise im Laminin 521.

3 Urinkonzentrierung

Die menschliche Niere ist in der Lage, die Plasmaosmolalität weitgehend konstant zu halten durch Mechanismen, die die Natrium- und Wasserausscheidung unabhängig voneinander regulieren können. Dies ist offensichtlich notwendig, da die Natriumkonzentration die wesentliche Determinante der Plasmaosmolalität ist. Die Möglichkeit der Urinkonzentrierung ist entscheidend, um die Wasserausscheidung unabhängig von der Natriumausscheidung zu regulieren. Wenn die Wasseraufnahme so niedrig ist, dass die Blutplasmakonzentration ansteigt, wird ein Urin produziert der konzentrierter als das Blutplasma ist. Umgekehrt wird bei hoher Wasserzufuhr die Blutplasmakonzentration vermindert und ein Urin ausgeschieden, der unkonzentrierter als das Blutplasma ist. In Summe ist in beiden Fällen die Natriumausscheidung pro Tag über die Niere quantitativ sehr ähnlich. Die Urinosmolalität variiert beim Menschen je nach Flüssigkeitszufuhr zwischen 50 und 1200 mosm/kg H_2O bei einer Plasmaosmolalität, die bei ca. 290 mosm/kg

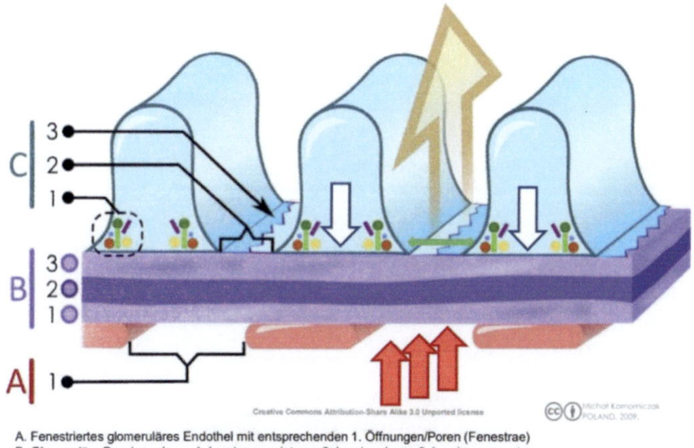

Abbildung 2: Darstellung der glomerulären Filtration an der glomerulären Filtrationsbarriere. Die glomeruläre Basalmembran wird durch den Blutdruck in den Kapillaren (rote Pfeile) und die Wasserfiltration auf luminaler Seite und durch Podozyten-Podozyten-Verbindungen und Kontraktionskräfte (weiße Pfeile) auf der anderen (abluminalen) Seite komprimiert und somit weitgehend undurchlässig für Eiweiße wie Albumin. Abbildung modifiziert nach einer Abbildung aus Wikipedia/Wikimedia wie angegeben.

H_2O liegt. Andere Spezies können noch höhere Urinkonzentrationen erreichen wie etwa 3000 mosm/kg H_2O bei Ratten, 4000 mosm/kg H_2O bei Mäusen und 7600 mosm/kg H_2O bei Chinchillas. In der Säugetierniere gibt es einen kortikomedullären osmotischen Gradienten (aufrechterhalten durch Natrium und Harnstoff), der von der Rindenmarkgrenze über das Nierenmark bis zu den Nierenpapillen progredient von ca. 300 mosm/kg H_2O auf 1200 mosm/kg H_2O ansteigt und der für die Konzentrationsfähigkeit der Niere von außerordentlicher Bedeutung ist (Abbildung 3).

Ermöglicht wird dieser kortikomedulläre Gradient durch die Anordnung der Nephronsegmente Henlesche Schleife und Sammelrohr und der begleitenden Blutgefäße (Vasa recta) im Gegenstromprinzip. Eine Vielzahl von aktiven und passiven Transportmechanismen sind hieran beteiligt u. a. der Natrium/Kalium/

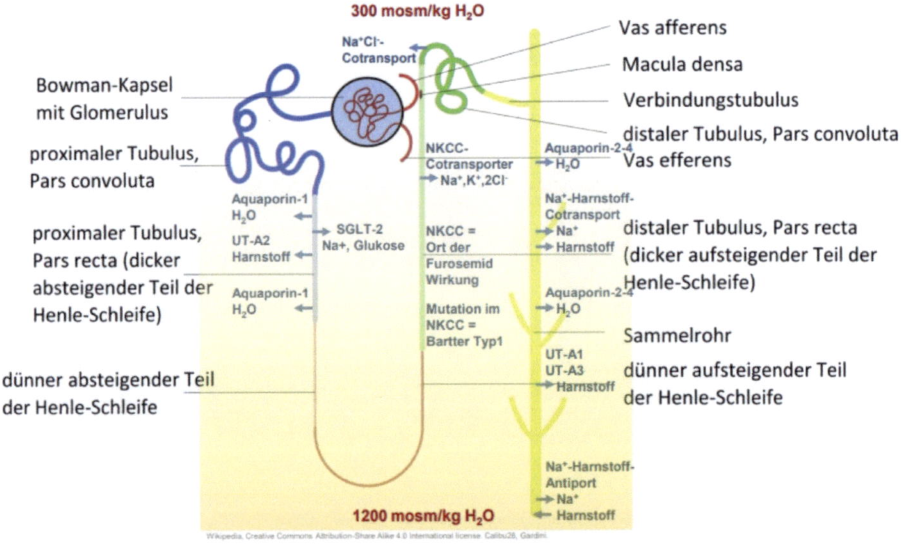

Abbildung 3: Darstellung einiger (weniger) ausgewählter Transportprozesse in der Niere, die wesentlich für die Urinkonzentrierung sind. Die Aquaporine 1–4 verantworten als „Wasserkanäle" die Rückresorption von Wasser aus den Harnkanälchen (Tubuli). Wichtige Transporter für die Rückresorption von Natrium, Chlorid, Kalium und Harnstoff (UT-A2, UT-A1, UT-A3, Na/Harnstoff-Kotransporter) sind dargestellt. Der SGLT-2 ist ein Natrium-Glukose-Kotransporter, der einen wichtigen Angriffspunkt für eine neue Medikamentengruppe, die Gliflozine, darstellt. Abbildung modifiziert nach einer Abbildung aus Wikipedia/Wikimedia wie angegeben.

2Chlorid-Kotransporter (NKCC; im aufsteigenden dicken Teil der Henle'schen Schleife; gleichzeitig Angriffspunkt für eine wichtige Medikamentengruppe die sogenannten Schleifendiuretika wie Furosemid), weiterhin mehrere Harnstofftransporter, Harnstoff/Natrium Ko- und Antitransporter, der Chloridkanal CLC-K1 und vier verschiedene Aquaporine (Wasserkanäle) (Abbildung 3). Im äußeren Nierenmark scheint Natriumchlorid der wichtigste osmotisch wirksame Faktor im Interstitium zu sein vermittelt über den NKCC, während im inneren Nierenmark und der Papille zusätzlich Harnstoff von zunehmender und letztlich entscheidender Bedeutung ist.

Die Urinkonzentrierung wird hormonell wesentlich durch Vasopressin (auch Antidiuretisches Hormon) aus dem Hypophysenvorderlappen beeinflusst. Das Sammelrohr wird unter Einfluss von Vasopressin für Wasser sehr durchlässig, d. h. Wasser wird reabsorbiert (und über die Vasa recta in den systemischen Blutkreislauf abtransportiert) und der Urin wird konzentriert entsprechend dem hyperosmotischen Interstitium des Nierenmarkes. Vasopressin reguliert den Aquaporin-2-Wasserkanal und die Harnstofftransporter UT-A1 und UT-A2 hoch (Abbildung 3). Bei einem Mangel an Vasopressin auf Grund verschiedener Ursachen kommt es beim Menschen klinisch zu einem sogenannten zentralen Diabetes insipidus (ein Verlust von „freiem" Wasser) mit täglichen Urinmengen von bis zu 25–30 L und einem Anstieg des Serumnatriums (wenn nicht ausreichend Wasser nachgetrunken wird).

Die Entdeckung der Aquaporine als Wasserkanäle im Jahr 1993 hat die lange bestehende Frage beantwortet, wie die hohe Wasserpermeabilität von bestimmten Zell-Membranen erklärt werden kann. Für Aquaporin-1, welches die zentrale Rolle für die Rückresorption von Wasser im proximalen Tubulus innehat, wurde beispielsweise gezeigt, dass etwa 3x109 H_2O-Moleküle pro Sekunde durch den Aquaporin-1-Wasserkanal transportiert werden können. Interessanterweise können Ausfälle/Mutationen von Transportproteinen wie Aquaporin-1 und NHE3 (Natrium/Protonen Austauscher) im proximalen Tubulus durch einen sogenannten tubuloglomerulären Feedbackmechanismus mit deutlicher Reduktion der glomerulären Filtration und Anpassung der Transportprozesse in distalen Tubulusanteilen weitgehend kompensiert werden, wohingegen Ausfälle/Mutationen in distaleren Tubulusanteilen (beispielsweise NKCC) nicht mehr vollständig kompensiert werden können. Das Blutgruppenantigen Colton ist ein Bestandteil von Aquaporin-1 und Menschen mit dem sehr seltenen Blutgruppengenotyp Colton -/- (wenige

Familien weltweit) besitzen keinen Aquaporin-1 Wasserkanal. Sie weisen aber keine offensichtlichen Störungen der Nierenfunktion oder der Kochsalzbilanz auf, jedoch gewisse, klinisch nicht apparente, Störungen in der Urinkonzentrierung.

Im Gegensatz dazu führt eine Mutation im NKCC zu einem massiven Salzverlustsyndrom und Flüssigkeitsdefizit dem sogenannten Bartter-Syndrom Typ1. Beim Neugeborenen mit Bartter-Syndrom Typ-1 besteht u. a. eine massiv erhöhte Urinausscheidung (oft über 10 mL/kg/Stunde) mit raschem Gewichtsverlust und Zeichen des Volumenmangels. Während der Schwangerschaft fällt in der Regel zur hohen Urinausscheidung passend eine deutlich erhöhte Fruchtwassermenge auf. Ähnliche Effekte lassen sich durch die Gabe eines Schleifendiuretikums wie Furosemid erzielen mit einer etwa 20fach höheren Kochsalz- und Flüssigkeitsausscheidung als normal. Theoretisch können unter Behandlung mit einem maximal dosiertem Schleifendiuretikum 20 bis 25% des filtrierten Natriums ausgeschieden werden, allerdings setzen rasch gegenregulatorische Prozesse lokal im distalen Tubulus und Sammelrohr ein, durch neurohumorale/hormonelle Mechanismen (u. a. Hochregulation des Renin-Angiotensin-Aldosteronsystems, Katecholaminfreisetzung, Stimulation der renalen sympathischen Nerven), aber auch strukturelle Veränderungen im Sinne einer Zellhypertrophie ein und begrenzen den Verlust an Kochsalz und Wasser.

Diese Erkenntnisse hat man sich auch in der Patientenversorgung zu Nutzen gemacht: Bei Patienten mit sogenannter Diuretikaresistenz, d. h. eingeschränkte oder gar weitgehend fehlende Wirkung eines Diuretikums (=Medikament welches die Ausscheidung von Kochsalz und Wasser steigert) auf die Urinausscheidung (beispielsweise bei Patienten mit eingeschränkter Nierenleistung bei chronischer Nierenkrankheit, schwerer Herzschwäche und Patienten mit nephrotischem Syndrom (starker Eiweißverlust über die Niere)), kombiniert man ein Schleifendiuretikum wie Furosemid mit einem Thiaziddiuretikum, welches den Na/Cl-Kotransporter im distalen Tubulus blockiert. Diese sequentielle Nephronblockade, das heißt gleichzeitige Blockade der Natriumrückresorption durch den Natrium/Kalium/2Chlorid-Kotransporter (NKCC) im Bereich des dicken Teils der Henleschen Schleife mit z. B. Furosemid und die Blockade des Na/Cl-Kotransporters im distalen Tubulus mit einem Thiaziddiuretikum (Abbildung 3), verdoppelt in etwa die Urinmenge im Vergleich zu einer alleinigen Gabe eines Schleifendiuretikums. Darüber hinaus gehören Thiaziddiuretika wie Hydrochlorothiazid, Indapamid und Chlorthalidon zu den ältesten und nach wie vor wichtigsten blutdrucksenkend wirkenden Medikamenten in der Patientenversorgung bei Bluthochdruckpatienten.

Während die im proximalen Tubulus wirkenden Hemmer des SGLT2 (Natrium-Glukose-Kotransporter), die sogenannten Gliflozine, die Rückresorption von Glukose deutlich vermindern (Ausscheidung von bis zu etwa 100 g Glukose über den Urin pro Tag), gehen sie mit keiner nennenswerten diuretischen Wirkung einher mutmaßlich auf Grund von kompensatorischen Mechanismen in distaleren Tubulusabschnitten. Nichtsdestotrotz haben sich diese Medikamente mit vielen, verschiedenen Wirkungen (leichte Gewichtsabnahme, leichte Blutdrucksenkung, Blutzuckersenkung, diskrete diuretische Wirkung, Normalisierung des tubuloglomerulären Feedbackmechanismus) als äußerst erfolgreich erwiesen und gehen bei Risikopatienten mit einem verbesserten Überleben, einem langsameren Verlust an Nierenfunktion bzw. weniger Nierenschäden, Abnahme der Häufigkeit von schwerer Herzschwäche und auch weniger Herz-Kreislauf bedingten Todesfällen einher.

4 Abschluss

Unsere kurze Übersicht sollte deutlich machen, dass die Nieren ein Wunderwerk der Natur darstellen und im Kontext mit dem Schwerpunktthema „Die vier Elemente“ eine sehr bedeutsame Rolle für den Wasser- bzw. Flüssigkeitshaushalt des Menschen spielen.

Referenzen

Ballermann BJ, Nyström J, Haraldsson B. The glomerular endothelium restricts albumin filtration. *Front Med 8*, 766689, 2021

Brater DC, Day B, Burdette A, Anderson S. Bumetanide and furosemide in heart failure. *Kidney Int 26*, 183–189, 1984.

Butt L, Unnersjö-Jess D, Höhne M, Edwards A, Binz-Lotter J, Reilly D, Hahnfeldt R, Ziegler V, Fremter K, Rinschen MM, Helmstädter M, Ebert LK, Castrop H, Hackl MJ, Walz G, Brinkkoetter PT, Liebau MC, Tory K, Hoyer PF, Beck BB, Brismar H, Blom H, Schermer B, Benzing T. A molecular mechanism explaining albuminuria in kidney disease. *Nat Metab 2*, 461–474, 2020.

Fissell WH, Miner JH. What Is the Glomerular Ultrafiltration Barrier? *J Am Soc Nephrol 29*, 2262–2264, 2018.

Fliser D, Schröter M, Neubeck M, Ritz E. Coadministration of thiazides increases the efficacy of loop diuretics even in patients with advanced renal failure. *Kidney Int 46*, 482–488, 1994.

Heerspink HJL, Stefánsson BV, Correa-Rotter R, Chertow GM, Greene T, Hou FF, Mann JFE, McMurray JJV, Lindberg M, Rossing P, Sjöström CD, Toto RD, Langkilde AM, Wheeler DC; DAPA-CKD Trial Committees and Investigators. Dapagliflozin in Patients with Chronic Kidney Disease. *N Engl J Med 383*, 1436–1446, 2020.

Kammerl MC, Nüsing RM, Schweda F, Endemann D, Stubanus M, Kees F, Lackner KJ, Fischereder M, Krämer BK. Low sodium and furosemide-induced stimulation of the renin system in man is mediated by cyclooxygenase 2. *Clin Pharmacol Ther 70*, 468-474, 2001.

Kaissling B, Stanton BA. Adaptation of distal tubule and collecting duct to increased sodium delivery. I. Ultrastructure. *Am J Physiol 255*, F1256–F1268, 1988.

King LS, Agre P. Pathophysiology oft he aquaporin water channels. *Annu Rev Physiol 58*, 619–648, 1996.

Krämer BK, Schweda F, Riegger GA. Diuretic treatment and diuretic resistance in heart failure. *Am J Med 106*, 90–96, 1999.

Krämer BK, Bergler T, Stoelcker B, Waldegger S. Mechanisms of Disease: the kidney-specific chloride channels ClCKA and ClCKB, the Barttin subunit, and their clinical relevance. *Nat Clin Pract Nephrol 4*, 38–46, 2008.

Kurtz A. Renin release: sites, mechanisms, and control. *Annu Rev Physiol 73*, 377–399, 2011.

Patrakka J, Kestilä M, Wartiovaara J, Ruotsalainen V, Tissari P, Lenkkeri U, Männikkö M, Visapää I, Holmberg C, Rapola J, Tryggvason K, Jalanko H. Congenital nephrotic syndrome (NPHS1): features resulting from different mutations in Finnish patients. *Kidney Int 58*, 972–980, 2000.

Preston GM, Smith BL, Zeidel ML, Moulds JJ, Agre P. Mutations in aquaporin-1 in phenotypically normal humans without functional CHIP water channels. *Science 265*, 1585–1587, 1994.

Rose BD. Diuretics. *Kidney Int 39*, 336-352, 1991.

Sadowski CE, Lovric S, Ashraf S, Pabst WL, Gee HY, Kohl S, Engelmann S, Vega-Warner V, Fang H, Halbritter J, Somers MJ, Tan W, Shril S, Fessi I, Lifton RP, Bockenhauer D, El-Desoky S, Kari JA, Zenker M, Kemper MJ, Mueller D, Fathy HM, Soliman NA; SRNS Study Group, Hildebrandt F. A single-gene cause in 29.5% of cases of steroid-resistant nephrotic syndrome. *J Am Soc Nephrol 26*, 1279–89, 2015.

Sands JF, Layton HE. Advances in understanding the urine-concentrating mechanism. *Annu Rev Physiol 76*, 387–409, 2014.

Schnermann J. Juxtaglomerular cell complex in the regulation of renal salt excretion. *Am J Physiol 274*, R263–R279, 1998.

Schnermann J. NaCl transport deficiencies – hemodynamics to the rescue. *Pflügers Arch – Eur J Physiol 439*, 682–690, 2000.

Schweda F. Salt feedback on the renin-angiotensin-aldosterone system. *Pflügers Arch – Eur J Physiol 467*, 565–76, 2015.

Simon DB, Karet FE, Hamdan JM, DiPietro A, Sanjad SA, Lifton RP. Bartter's syndrome, hypokalaemic alkalosis with hypercalciuria, is caused by mutations in the Na-K-2Cl cotransporter NKCC2. *Nat Genet 13*, 183–188,1996.

Stanton BA, Kaissling B. Adaptation of distal tubule and collecting duct to increased Na delivery. II. Na+ and K+ transport. *Am J Physiol 255*, F1269–F1275, 1988.

Wanner C, Inzucchi SE, Lachin JM, Fitchett D, von Eynatten M, Mattheus M, Johansen OE, Woerle HJ, Broedl UC, Zinman B; EMPA-REG OUTCOME Investigators. Empagliflozin and Progression of Kidney Disease in Type 2 Diabetes. *N Engl J Med. 375*, 323-334, 2016.

Zeidel ML, Ambudkar SV, Smith BL, Agre P. Reconstitution of functional water channels in liposomes containing purified red cell CHIP28 protein. *Biochemistry 31*, 7436–7440, 1992.

Zeng S, Delic D, Chu C, Xiong Y, Luo T, Chen X, Gaballa MMS, Xue Y, Chen X, Cao Y, Hasan AA, Stadermann K, Frankenreiter S, Yin L, Krämer BK, Klein T, Hocher B. Antifibrotic effects of low dose SGLT2 Inhibition with empagliflozin in comparison to Ang II receptor blockade with telmisartan in 5/6 nephrectomised rats on high salt diet. *Biomed Pharmacother 146*:112606, 2022. doi: https://doi.org/10.1016/j.biopha.2021.112606. Epub 2021 Dec 28.

Zinman B, Wanner C, Lachin JM, Fitchett D, Bluhmki E, Hantel S, Mattheus M, Devins T, Johansen OE, Woerle HJ, Broedl UC, Inzucchi SE; EMPA-REG OUTCOME Investigators. Empagliflozin, Cardiovascular Outcomes, and Mortality in Type 2 Diabetes. *N Engl J Med 373*, 2117-28, 2015.

Über die Autor:innen

Prof. Dr. med. **Bernhard Krämer** studierte Humanmedizin an der Universität Würzburg und wurde dort zum Dr. med. promoviert. Anschließend war er wissenschaftlicher Assistent am Lehrstuhl für Innere Medizin III, Universitätsklinikum Tübingen, unterbrochen durch einen einjährigen Forschungsaufenthalt an der Cardiovascular Division, Harvard Medical School. Er habilitierte sich 1992 im Fach Innere Medizin/Nephrologie und übernahm den Aufbau und die Leitung der Nephrologie, einschließlich des Nierentransplantationszentrums am neugegründeten Universitätsklinikum Regensburg und erhielt dort 1998 einen Ruf auf eine C3-Professur. Er nahm in der Folge einen Ruf auf einen Lehrstuhl für Innere Medizin/Nephrologie an der Ruhr-Universität Bochum an und folgte 2010 einem weiteren Ruf auf den Lehrstuhl für Innere Medizin/Nephrologie an der Medizinischen Fakultät Mannheim der Universität Heidelberg verbunden mit der Leitung der V. Medizinischen Klinik (Nephrologie, Endokrinologie, Rheumatologie, Pneumologie) der Universitätsmedizin Mannheim. Seine Forschungsschwerpunkte liegen in den Bereichen Transplantationsmedizin, Hypertonie, diabetische Nephropathie und genetische Epidemiologie.

Prof. Dr. med. **Norbert Gretz** studierte Medizin an der Universität Heidelberg, wo er auch promovierte und habilitierte. Es folgten verschiedene Auslandsaufenthalte, z. B. in London und Pisa. 2000 erhielt er eine Professur für experimentelle Medizin an der Medizinischen Fakultät Mannheim der Universität Heidelberg und wurde Leiter des Zentrums für Medizinische Forschung eben da. Seit 2020 ist er im forschenden und lehrenden „Ruhestand". Seine Forschungsschwerpunkte liegen in den Bereichen der systematischen Analyse der Genexpression verschiedener Zellsysteme und deren Regulation durch miRNAs, des Aufbaus und der Pflege der Datenbank miRWalk, der Entwicklung von Mess-Systemen und Markern zur transkutanen Erfassung der Funktion von Organsystemen (hier insbesondere der glomerulären Filtrationsrate und Sekretion und Reabsorption der Tubuli), der Stammzelltherapie und der Phototherapie.

Prof. Dr. rer. nat. **Benito Yard** hat nach seinem Biologiestudium an der Freien Universität Amsterdam (Niederlande), 1988 ein PhD-Projekt in der Nephologischen Abteilung des „Leiden University Medical Centre (LUMC)" angenommen und hat dort 1992 promoviert. Im Jahr 1996 ist er mit seinem ehemaligen Doktorvater, Prof. Dr. med. van der Woude nach Mannheim umgezogen, hat das nephrologische Forschungslabor aufgebaut, und ist seit 1996 als Wissenschaftlicher Mitarbeiter an medizinischen Fakultät Mannheim der Universität Heidelberg tätig. Nach der Habilitation im Fach Experimentelle Nephrologie im Jahr 2002 hat er seit 2006 eine apl. Professur inne und leitet das nephrologisch-immunologische Forschungslabor. Seine Forschungsschwerpunkte liegen in den Bereichen Immunologie, Diabetische Nephropathie und chronisch entzündliche Nierenerkrankungen.

Prof. Dr. med. **Berthold Hocher** studierte Medizin an FU Berlin und Ruprecht-Karls-Universität Heidelberg und wurde am Institut für Molekularbiologie & Biochemie der FU Berlin promoviert. Danach war er Asssistenzarzt, später Oberarzt in der Inneren Medizin am Universitätsklinikum Benjamin Franklin und der Charité, anschließend leitender Oberarzt/apl. Professor für Innere Medizin am Universitätsspital Bern. Nach Jahren in der pharmazeutischen Industrie in präklin. & klin. Arzneimittelentwicklung (Solvay, Hannover; Roche, Basel) ist Prof. Hocher derzeit Direktor für experimentelle und translationale Nephrologie an der V. Medizinischen Klinik Mannheim, Universität Heidelberg, und Gastprofessor an der Universität Changsha, China, mit dem in China renommierten Titel „Foreign Experts Hundred Talents Program". Daneben leitet er Forschung und Entwicklung als Laborarzt am Institut für Med. Diagnostik in Berlin. Forschungsschwerpunkte sind fetale Programmierung kardiovaskulärer/renaler Erkrankungen, pharmakologische Ansätze zur Behandlung diabetischer Komplikationen an der Niere sowie Biomarker.

Prof. Dr. med. **Anna-Isabelle Kälsch** promovierte 2002 nach Ihrem Medizinstudium an der Fakultät Mannheim der Universität Heidelberg in der Nephrologie. Seit 2003 ist sie als Ärztin in der V. Medizinischen Klinik tätig und absolvierte dort ihre Facharztweiterbildung zur Internistin und Nephrologin. Wissenschaftlich beschäftigt sie sich mit den ANCA-assoziierten Vaskulitiden, einer Autoimmunerkrankung, die viele Organe und unter anderem die Nieren befällt. Nach der Habilitation 2012 hat sie seit 2020 eine apl. Professur inne. Klinisch blieb sie der V. Medizinischen Klinik treu, in der sie seit 2020 als Oberärztin und seit 2021 als leitende Oberärztin und stellvertretende Klinikdirektorin arbeitet.

Korrespondenzadresse:
Prof. Dr. Bernhard Krämer
V. Medizinische Klinik, Universitätsmedizin Mannheim
Medizinische Fakultät Mannheim der Universität Heidelberg
Theodor-Kutzer-Ufer 1-3, 68167 Mannheim

E-Mail: Bernhard.Kraemer@umm.de
Homepage: https://https://www.umm.de/v-medizinische-klinik/

Auf den Spuren des Empedokles

JONAS KUHN, NICOLE BOBROWSKI & ULRICH PLATT

Institut für Umweltphysik der Universität Heidelberg

Zusammenfassung

Nirgendwo sonst auf der Erde sind sich die vier Elemente so nahe wie bei Vulkanen. Wenn heiße Magma aus der Tiefe der Erde aufsteigt gibt sie große Mengen von Gas, hauptsächlich Wasserdampf, ab. Sobald diese Gase an der Erdoberfläche mit Luft in Berührung kommen laufen komplexe chemische Reaktionen ab. So bildet etwa die Reaktion von magmatischem Wasserdampf mit Sauerstoff aus der Luft reaktive Molekülbruchstücke (Radikale), die im Bruchteil einer Sekunde reduzierte Bestandteile der Gasemission verbrennen. Empedokles, der Begründer der Lehre der vier Elemente, starb der Legende nach am Vulkan Ätna, als er in den Krater stieg, um das Vulkaninnere zu verstehen. Nach wie vor ist die Forschung an Vulkanen mit großen Herausforderungen verbunden: giftige Gase, hohe Vulkangipfel, sprudelnde Lava. Moderne Fernerkundungsverfahren erlauben mittlerweile die Beobachtung von chemischen Abläufen in Vulkangasen aus (halbwegs) sicherer Entfernung. Erkenntnisse daraus helfen Vulkane und unseren Planeten im Allgemeinen besser zu verstehen und bilden damit auch die Grundlage neuer Möglichkeiten Ausbrüche vorherzusagen.

1 Einleitung

Die vier Elemente – Feuer, Wasser, Luft und Erde – aus denen nach Empedokles alles Irdische besteht, stehen nirgendwo so eng miteinander in Wechselwirkung wie bei Vulkanen. Wenn 1000 Grad heiße Magma aus der Tiefe der Erde aufsteigt gibt sie große Mengen von Gas an die umgebende Luft ab. Dieses Gas besteht zu etwa vier Fünfteln aus Wasserdampf, welcher dann durch Kondensation Tröpfchen

https://doi.org/10.17885/heiup.hdjbo.2022.1.24625

bildet und zu den mit bloßem Auge sichtbaren Vulkanfahnen in der Atmosphäre führt. Das Feuer der Vulkane entsteht allerdings nur zu einem geringen (aber manchmal nicht zu vernachlässigendem) Teil durch chemische Verbrennung, sondern ist ein Ausbruch der Hitze im Inneren unserer Erde. Diese Hitze ist einerseits ein Überbleibsel der Erdentstehung vor etwa 4.5 Milliarden Jahren, andererseits und wie man vermutet zum größeren Teil, wird sie durch den Zerfall radioaktiver Spurenelemente (vor allem Uran und Thorium) im Erdinneren erzeugt.

Neben dem Wasserdampf sind andere Gase wie Kohlendioxid (CO_2), Schwefeldioxid (SO_2) und Halogenverbindungen meist wichtiger für die Auswirkungen vulkanischer Aktivität (siehe z. B. Schmincke, 2014). Der CO_2-Ausstoß aller Vulkane zusammen entspricht heutzutage zwar nur 1–2% des anthropogenen CO_2-Ausstoßes, aber auf lange Sicht (hunderttausende von Jahren) verhindert diese Emission, dass der gesamte verfügbare Kohlenstoff und damit die Basis des Lebens auf der Erde im Sediment verschwindet. Seit der Zeit des Homo Heidelbergensis (vor ca. 600.000 Jahren) ist z. B. die weltweit an der Oberfläche und im Ozean verfügbare Kohlenstoffmenge schon etwa drei Mal im Sediment verschwunden und durch Vulkane wieder freigesetzt worden.

Auf noch längeren Zeitskalen verlief die Entstehung der Erdatmosphäre – also unserer Luft – vor Milliarden von Jahren, an der Vulkane ebenfalls beteiligt waren. Die Wasserstoffatome der von Vulkanen emittierten Wasserstoffmoleküle verlassen nach und nach die Erdatmosphäre in Richtung Weltraum. So gibt es Theorien die besagen, dass dieser Vorgang noch vor der Bildung von Sauerstoff durch Photosynthese zu einer (sehr langsamen) Oxidation der gesamten Erde, hauptsächlich aber der Atmosphäre, führte (siehe z. B. Holland, 2002). Durch den so erlangten (zunächst geringen) Sauerstoffgehalt könnte das Leben in seiner heutigen Form ermöglicht worden sein.

2 Der Eintrag heißer Vulkangase in die Atmosphäre

Am anderen Ende der Zeitskala liegen sehr dynamische Prozesse, die direkt mit der Emission von Vulkangasen in die Atmosphäre zusammenhängen. Die Schnittstellen zwischen Magma und Atmosphäre, die die Gase passieren müssen (also die Gasemissionswege) sind vielfältig und hängen in erster Linie von der Struktur und der Art des vulkanischen Systems ab (siehe Abbildung 1).

Diese Emissionspfade können die Gaszusammensetzung bedeutend verändern und ‚verschlüsseln' dadurch die Information, die diese Gase über Prozesse im Erdinnern tragen. Zum Beispiel gibt es Gasemissionen vom Meeresboden oder in Kraterseen, bei denen die Signatur der aus der Magma stammenden Gase durch die Wechselwirkung im Wasser abgewandelt wird. In anderen Fällen wandern magmatische Gase oft über beträchtliche Entfernungen im Untergrund, z. B. in Schlotsystemen, Klüften oder porösem Boden. Dort verändern Wechselwirkungen

Abbildung 1: Die Photos zeigen eine Reihe von Beispielen für die vielgestaltigen vulkanischen Gasemissionstypen. Bild (a): Explosive Entgasung, Bilder (b)-(f): „stille" Entgasung aus Vulkanschlot (b), Lavasee (c), Spalte mit Flammen (d), Fumarole (e) und aus einem Kratersee (f).

mit dem Wirtsgestein oder hydrothermalen Systemen (also der Kontakt mit erhitztem Grundwasser) die Gaszusammensetzung, bevor sie z. B. über Schlote, so genannte Fumarole oder diffusive Ausgasung durch den Boden in die Atmosphäre gelangen. Die Untersuchung von Gas-Gestein- und Gas-Fluid-Wechselwirkungen ermöglicht die kombinierte Untersuchung von Entgasungswegen und Tiefenprozessen anhand von Messungen der Gaszusammensetzung an Fumarolen (siehe z. B. Giggenbach, 1996).

Vulkane mit offenen Schloten sind für einen großen Teil der globalen vulkanischen Gasemissionen verantwortlich. Dort, zum Beispiel an Lavaseen, werden magmatische Gase direkt in die Atmosphäre emittiert. Der Einfluss von solchen Emissionspfaden auf die Gaszusammensetzung ist weit weniger offensichtlich und – aufgrund der extremen Bedingungen – gleichzeitig bedeutend schwerer zu untersuchen. Daher wird ihre Diskussion in der Vulkangasforschung oft vermieden.

Wenn die heißen magmatischen Gase mit der Atmosphäre in Berührung kommen, spielt sich ein hochdynamischer Prozess ab: Der Sauerstoffgehalt im emittierten Vulkangas steigt und initiiert schnell ablaufende Kettenreaktionen, wobei reduzierte Gasbestandteile (wie etwa Kohlenmonoxid oder Schwefelwasserstoff) schnell umgewandelt (verbrannt) werden. Gleichzeitig sinkt – durch Einmischung der vergleichsweise kalten Luft – die Temperatur dramatisch, was zur Verlangsamung der ausschlaggebenden chemischen Reaktionen führt und die Gaszusammensetzung in ihrem momentanen Zustand ‚einfriert'. Diese Prozesse laufen innerhalb von Bruchteilen einer Sekunde ab und können die ursprüngliche magmatische Gaszusammensetzung ganz erheblich verändern. Weiterhin wird angenommen, dass diese Veränderungen und dabei entstehende reaktive Molekülbruchstücke (Radikale) für die spätere (etwas langsamere) chemische Entwicklung von Vulkanfahnen ausschlaggebend sind und somit den weitläufigeren Einfluss von Vulkangasen auf die Atmosphäre prägen.

Der antike griechische Philosoph und Naturforscher Empedokles, welcher als der Begründer der Vier-Elemente-Lehre gilt, starb der Legende nach am Vulkan Ätna auf Sizilien. Einige Quellen behaupten er sei in den Vulkan gestiegen um sein Inneres zu erforschen. Empedokles liefert somit ein tragisches Beispiel für das Risiko das mit der Erforschung von Vulkanen aus nächster Nähe einhergeht. Noch heute sind Feldstudien zu vielen vulkanischen Prozessen mit erheblichen Schwierigkeiten verbunden: giftige Gase, raue Wetterverhältnisse auf den hohen

Vulkangipfeln, sowie sprudelnde Lava. Unsere technischen Möglichkeiten sind nach wie vor recht begrenzt, so ist zum Beispiel kaum ein Material widerstandsfähig genug der korrosiven Umgebung vulkanischer Gasemissionen längere Zeit zu trotzen.

3 Licht als Werkzeug für Vulkangasuntersuchungen

Hier kommen die Erfahrungen unserer Arbeitsgruppe ins Spiel. Optische Fernerkundungsmethoden erlauben die Untersuchung eines Teils der chemischen Abläufe in Vulkangasen aus (halbwegs) sicherer Entfernung. Seit rund zwanzig Jahren ist die Gasemission von Vulkanen ein Forschungsschwerpunkt des Instituts für Umweltphysik der Universität Heidelberg. Wir wollen einerseits verstehen, wie Vulkangase die Atmosphäre beeinflussen. Andererseits wollen wir durch die Analyse der Gase an Informationen über Vorgänge kommen, die sich im Innern der Erde – und damit für die direkte Beobachtung weitgehend unzugänglich – abspielen. Dazu nutzen wir eigens geschaffene Werkzeuge die auf den Prinzipien der Spektralanalyse beruhen.

Dieses um die Mitte des Neunzehnten Jahrhunderts von Kirchhoff und Bunsen zum Teil in Heidelberg entwickelte Verfahren nutzt die charakteristische Emission oder (in unserem Falle) Absorption von Licht durch die Grundbestandteile (also Atome oder Moleküle) aus denen die Gase bestehen. Bunsen war bereits damals schon fasziniert von vulkanischen Phänomenen und unternahm selbst Untersuchungen unter anderem in Island (siehe z. B. Bunsen 1851, Wentrup 2020). Damit gehört er zu den Pionieren der Vulkangasmessungen und kam zu bereits wichtigen Erkenntnissen. Beispielsweise vermaß er die Gaszusammensetzung und deren Abhängigkeit von der Aktivität des Vulkans sowie der zeitlichen Nähe zum letzten Ausbruch. Allerdings beruhten Bunsens Vulkangas-Untersuchungen noch auf rein chemischen Methoden und er näherte sich dem Schauplatz erst nach dem Ende von Vulkanausbrüchen.

Heutzutage nutzen wir nun die Abschwächung des Lichts des Himmels, direkten Sonnenlichts oder das künstlicher Lichtquellen durch die Absorption der Moleküle der oben genannten Vulkangase. Für die unterschiedlichen Moleküle – bestimmt durch ihren Aufbau – ist die Stärke der Absorption charakteristisch über verschiedene Farbtöne (Lichtwellenlängen) verteilt. Dadurch können wir diese identifizieren und deren Menge in der Vulkanfahne – auch bei erhöhter Aktivität mit sicherem Abstand – bestimmen. Bunsen selbst hätte diese Verbindung von Spektralanalyse mit der Erforschung vulkanologischer Prozesse wohl sehr gefallen.

Mittlerweile werden im Vergleich zu den Zeiten von Bunsen und Kirchhoff wesentlich verfeinerte Verfahren der Spektralanalyse verwendet. Wir stützen uns auf das an unserem Institut maßgeblich entwickelte Verfahren der Differentiellen Optischen Absorptions-Spektroskopie (kurz DOAS, siehe z. B. Platt und Stutz, 2008). Dieses Verfahren wird am Vulkan mit Miniaturspektrographen und speziellen Messgeometrien umgesetzt. Es werden mit Hilfe eines motorisierten schwenkbaren Teleskops verschiedene Punkte im Himmel abgetastet (siehe auch Abbildung 2b), was den Abgleich der Absorption der Vulkanfahne mit der des freien Himmels ermöglicht. Ähnliche Verfahren werden auch von Satelliten aus angewandt, was globale Beobachtungen von Vulkanemissionen erlaubt.

Allerdings lassen sich die Hauptbestandteile der Vulkangase, also Wasserdampf und CO_2 mit diesen Methoden der Absorptionsspektroskopie nur schlecht messen. Dies liegt daran, dass diese beiden Gase in der Atmosphäre schon in vergleichsweise hoher Konzentration vorkommen. Zwar enthält eine Vulkanfahne in der Regel eine – im Vergleich zur restlichen Atmosphäre – um ein vielfaches erhöhte Konzentration an Wasserdampf und CO_2, aber sie macht am gesamten vom Boden oder vom Weltraum betrachteten Lichtweg durch die Atmosphäre nur einen kleinen Teil aus. Daher ist ihr Kontrast zur Umgebung sehr gering und mit heutigen Fernerkundungsmethoden nur sehr aufwändig zu bestimmen.

Ganz anders sieht es bei einer Reihe von Spurengasen aus, z. B. bei SO_2. Hier liegt die Konzentration in der Vulkanfahne typischerweise 10,000 bis Millionen Mal höher als in der umgebenden Luft, so dass der Kontrast zur Umgebung sehr hoch wird und die Absorption eindeutig dem Vulkangas zuzuordnen ist.

Ein anderer Aspekt der Messungen ist die räumliche und zeitliche Auflösung. Zwar kann das DOAS Verfahren mit hoher Empfindlichkeit die Gasmenge an einem Punkt der Fahne bestimmen, es dauert allerdings oft zu lange einen bedeutenden Teil der Fahne damit abzutasten (etwa für die Bestimmung der Gesamtemissionsrate der Gase). Für SO_2 wurde hier eine Lösung gefunden die auf der (häufig zutreffenden) Annahme beruht, dass SO_2im ultravioletten (UV-B) Spektralbereich mit Abstand der stärkste Absorber ist. Es genügt also eine UV-empfindliche Kamera, bei der ein passendes Filter, welches Strahlung nur im entsprechenden Spektralbereich durchlässt, vor dem Objektiv angebracht wird. Im aufgenommenen Bild kann nun die gemessene Lichtintensität in der Vulkanfahne mit der des freien Himmels verglichen und daraus die SO_2-Menge an jedem Punkt in der Fahne errechnet werden (Abbildung 2b). Mit derartigen ‚SO_2-Kameras' können nun sogar Filme der SO_2-Emission von Vulkanen aufgenommen werden.

Nachteile des an sich sehr eleganten Verfahrens sind die vergleichsweise geringe Genauigkeit und die mögliche Störung durch Wassertröpfchen und ‚Vulkanasche' (bei der Emission zerstäubte Lava) in der Fahne, welche auch Strahlung absorbieren und somit SO_2 vortäuschen können. Diese Einflüsse lassen sich bei solchen

Abbildung 2: Beispiele für die Messung von Vulkangasen mit verschiedenen Methoden. Verwendet werden einerseits so genannte in-situ Verfahren (a) oder Fernerkundungsverfahren (b).

SO_2-Kameras kaum korrigieren, was letztendlich dazu führt, dass diese nur an starken SO_2-Emittern (also nur an wenigen Vulkanen) eingesetzt werden können.

4 ‚Farbkämme' können Vulkangasmessungen erheblich verbessern

Um diesen Problemen abzuhelfen haben wir in Heidelberg ein neues Verfahren entwickelt das auf Interferometrie beruht. Dabei nutzen wir ähnlich wie beim DOAS Verfahren Details des Absorptionsspektrums, also die charakteristische Verteilung der Molekülabsorption auf die unterschiedlichen Farbtöne (Wellenlängen) aus. Für viele Gase ändert sich die Absorption mit der Wellenlänge periodisch: Bei einer bestimmten Wellenlänge ist die Absorption stark, geht man einen Schritt weiter zu nächst längeren Wellenlänge, so wird sie wieder schwächer, beim nächsten Schritt wieder stärker, usw. (siehe Abbildung 3). Dies ist eine wohlbekannte Folge quantenmechanischer Effekte im Molekül.

Nun verwenden wir anstelle des Filters in der SO_2-Kamera ein so genanntes „Fabry-Pérot Interferometer" (benannt nach den französischen Physikern Charles Fabry und Alfred Pérot, die die Vorrichtung 1897 erstmals umgesetzt haben). Das Instrument ist denkbar einfach aufgebaut, es besteht lediglich aus zwei parallelen Glasplatten. Das Geheimnis ist, dass diese Platten außerordentlich genau

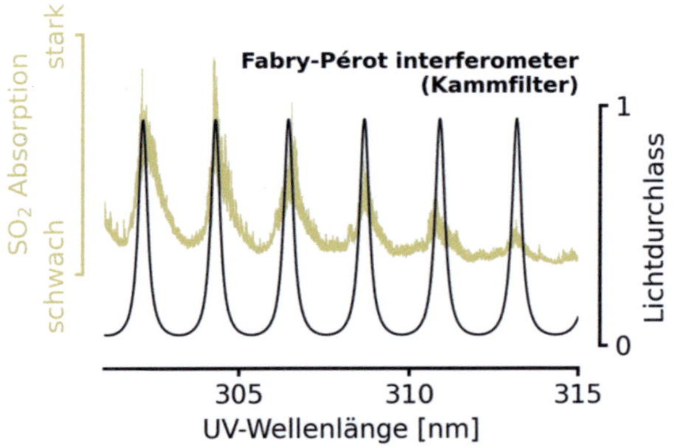

Abbildung 3: Die Durchlasskurve des Fabry-Pérot Interferometers stellt einen Kammfilter dar dessen Periode (Abstand zwischen den Durchlassmaxima) genau auf die Absorptionsmaxima des zu messenden Moleküls (in diesem Beispiel SO_2) eingestellt wird.

plan geschliffen sind, etwa auf einen hunderttausendstel Millimeter, und ebenso genau parallel ausgerichtet. Dann hat das Instrument einen periodischen Durchlass welcher in seiner Verteilung über die Farbtöne einem Kamm gleicht. Das heißt, bei einer bestimmten Wellenlänge lässt es viel Licht durch, geht man einen Schritt weiter zu längerer Wellenlänge, lässt es kaum noch Licht durch, dann wird es wieder durchlässig, usw. Das Instrument wird nun so eingestellt, dass seine Durchlassperiode genau auf die des zu messenden Gases abgestimmt ist (siehe Abbildung 3). Damit lassen sich Gasverteilungen viel empfindlicher messen als mit der SO_2-Kamera und die Beeinflussung durch Vulkanasche wird weitgehend eliminiert. Außerdem funktioniert diese Methode nicht nur für SO_2, sondern im Prinzip für alle Gase mit periodischer Absorption (siehe z. B. Kuhn et al. 2019).

Erste Prototypen solcher Instrumente wurden von uns am Institut für Umweltphysik entwickelt und gebaut. In den letzten Jahren konnten wir sie am Ätna ausgiebig testen, weiterentwickeln und erste SO_2-Emissions Filme sowie Bilder von Brommonoxid (BrO, einem reaktiveren Molekül) in der Vulkanfahne aufnehmen (Fuchs et al., 2021).

Neben der Gasmenge in Vulkanfahnen ist nämlich besonders deren chemische Zusammensetzung sehr aufschlussreich. Dazu stelle man sich das Innere eines Vulkans vor (etwa wie in Abbildung 4). Nicht alle Gase treten unter den gleichen Bedingungen aus dem Magma aus: Etwa sind Halogene (etwa Fluor, Chlor und Brom) in Magma deutlich löslicher als Schwefeldioxid; Schwefeldioxid wiederum ist deutlich besser löslich als Kohlendioxid. Das hat zur Folge, dass in großer Tiefe und somit bei hohem Druck als erstes Gas Kohlendioxid die Magma als Gas verlassen kann. Wenn Magma weiter in Richtung Erdoberfläche aufsteigt und der äußere Druck dadurch abnimmt, wird als nächstes Schwefeldioxid und dann – bei noch niedrigerem äußeren Druck – die Halogene in größerer Menge freigesetzt. Der resultierende Zusammenhang von Entgasungstiefe und der Gaszusammensetzung (siehe Abbildung 4) erlaubt letztendlich den Rückschluss von Gasmessungen in der Vulkanfahne auf dynamische magmatische Prozesse. Solche Entgasungsmodelle sind oft sehr vulkanspezifisch und sollten unter Einbeziehung möglichst vieler anderer Beobachtungsparameter (etwa seismischen Messungen) angewandt werden. BrO und SO_2 können mittlerweile mit Hilfe automatisierter Messstationen an vielen Vulkanen gleichzeitig und kontinuierlich gemessen werden. Unsere neuen Kamerasysteme helfen dabei das chemische Verhalten des reaktiveren BrO Moleküls in der Vulkanfahne besser zu untersuchen. Damit versuchen wir die Interpretierbarkeit von BrO Messungen im vulkanologischen Zusammenhang zu verbessern und auch den Einfluss von Bromchemie auf die Atmosphäre besser zu verstehen.

5 Das gut bewachte Geheimnis heißer Vulkangase

Ein wichtiges Forschungsgebiet unserer Arbeitsgruppe ist auch die Untersuchung der oben beschriebenen chemischen Reaktionen, welche während der ersten Sekunden nach der heißen Gasemission in die Atmosphäre stattfinden. Was da geschieht wurde von Friedrich Schiller schon in der Ballade „der Taucher“ anschaulich beschrieben: “… Und es wallet und siedet und brauset und zischt, Wie wenn Wasser mit Feuer sich mengt, Bis zum Himmel sprützet der dampfende Gischt, …“.

Diese Vorgänge versuchen wir quantitativ zu beschreiben und verwenden dazu Erkenntnisse aus der Chemie der Verbrennung. Dort sind schon viele Reaktio-

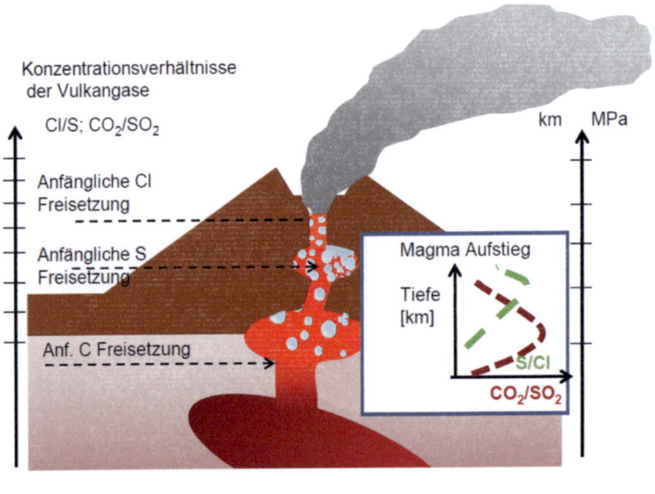

Abbildung 4: In großer Tiefe und somit bei hohem Druck wird daher als erstes Gas Kohlendioxid freigesetzt. Wenn Magma weiter in Richtung Erdoberfläche aufsteigt und der äußere Druck dadurch abnimmt, wird Schwefeldioxid und dann – bei niedrigem äußeren Druck – Chlor (und Fluor) in größerer Menge frei.

nen die Wasser, kohlenstoff- und schwefelhaltige Gase einschließen bekannt. Allerdings unterscheiden sich diese Verbrennungsvorgänge, bei denen meist Kohlenwasserstoffe (z. B. Erdgas) verbrannt werden, noch erheblich von den Prozessen an Vulkanen, wo kaum Kohlenwasserstoffe vorliegen. Um die einzigartige Chemie heißer Vulkangase besser zu untersuchen bedarf es Messungen am Vulkan, um damit die bisherigen Rechnungen und vorherrschenden Theorien zu bestätigen.

Heiße Vulkangase sind nur an sehr wenigen Stellen auf der Erde beobachtbar. An Lavaseen oder Lavaflüssen treten diese direkt aus dem flüssigen Gestein (Abbildung 1c). Vulkane mit derartiger Aktivität verändern allerdings ständig ihr äußeres Erscheinungsbild, sodass es für Messungen nur bestimmte, unvorhersehbare Zeitfenster (etwa von Jahren bis wenigen Tagen) gibt. Dies erfordert ein hohes Maß an Flexibilität und Improvisationsfähigkeit. Zugleich drängt sich aber auch das Bild von Empedokles‘ Schicksal in den Vordergrund.

Im Februar 2020 konnten wir ein solches Zeitfenster am Nyiragongo in der Demokratischen Republik Kongo nutzen (Abbildung 5 zeigt einige Impressio-

Abbildung 5: Eindrücke zur Messkampagne am Nyiragongo im Februar 2020.

nen dieser Expedition). Unser Ziel war zu bewerten ob die Quantifizierung von Hydroxyl-Radikalen (OH) in heißen vulkanischen Emissionen prinzipiell umsetzbar ist. Viele Chemiemodelle erwarten darin außergewöhnlich große Mengen an OH, welche durch ihre hohe Reaktivität maßgebliche Auswirkungen auf die Gaszusammensetzung hätten. Zu dieser Zeit beherbergte der Nyiragongo den größten von etwa fünf aktiven Lavaseen auf der Erde. Der Kraterboden, also die Ebene auf der sich der Lavasee und einige Lavaflüsse befinden, lag zu dieser Zeit etwa 300 m unter der Höhe des Kraterrandes, der sich auf etwa 3470 m ü. M. befindet.

Am Institut für Umweltphysik entwickelten wir eigens für diese Messung ein mobiles DOAS Messsystem für OH-Radikale. Der gesamte Messaufbau wiegt etwa 20 kg und passt gerade noch in einen Rucksack. Damit kletterten wir die Kraterwände hinunter bis zum Kraterboden. Das Licht einer LED wurde dort mit einem kompakten Teleskop gebündelt, durch die heißen Entgasungen eines Lavaflusses geschickt und daraufhin mit einem neuartigen hochauflösenden Spektrographen (Kuhn et al., 2021) vermessen. Mit dieser bisher beispiellosen Messung konnten erste Nachweisgrenzen bestimmt werden und wichtige Erfahrungen für die Durchführung zukünftiger Messungen gesammelt werden.

Im Mai 2021 schloss sich dann tatsächlich das besagte Zeitfenster durch den Ausbruch des Nyiragongo, welcher bedrohlich über der Millionenstadt Goma liegt. Im Gegensatz zur tragischen Eruption im Jahre 2002 bei der die Lava durch die Stadt Goma in den Kivu-See floss, kam man diesmal größtenteils mit dem Schrecken davon. Die Lava stoppte kurz vor der Stadt. Allerdings veränderte sich die Kraterregion allumfassend und der Lavasee verschwand, fürs erste.

Man sieht an diesem Beispiel, dass auch nach über 150 Jahren der Forschung, grundlegendes Wissen über unseren Planeten, sozusagen gut gehütet, im Verborgenen bleibt. Für Menschen die in der direkten Umgebung von Vulkanen leben kann dieses Wissen von großer Bedeutung sein. Darüber hinaus ist es auch entscheidend für das Verständnis unseres Planeten, welches, mit zunehmender anthropogener Einflussnahme, immer wichtiger wird.

Referenzen

Bunsen, Robert (1851), Über die Processe der vulkanischen Gesteinsbildung Islands, *Poggendorff's Annalen der Physik und Chemie, Band 83, No. 6*, 197–272.

Fuchs, C., Kuhn, J., Bobrowski, N., and Platt, U.(2021), Quantitative imaging of volcanic SO2 plumes using FabryPerot interferometer correlation spectroscopy, Atmospheric Measurement Techniques,14, 295307, https://doi.org/10.5194/amt-14-295-2021.

Giggenbach, Werner F. (1996), Chemical Composition of Volcanic Gases, in: *Monitoring and Mitigation of Volcano Hazards*, pp. 221–256, Springer Berlin Heidelberg, https://doi.org/10.1007/978-3-642-80087-0.

Holland, Heinrich D. (2002), Volcanic gases, black smokers, and the great oxidation event, *Geochimica et Cosmochimica Acta,* 66, 3811–3826, https://doi.org/10.1016/s0016-7037(02)00950-x.

Kuhn, Jonas; Platt, Ulrich; Bobrowski, Nicole; Wagner, Thomas (2019), Towards imaging of atmospheric trace gases using Fabry Perot Interferometer Correlation Spectroscopy in the UV/Vis spectral range, *Atmos. Meas. Tech.,* 12, 735–747, https://doi.org/10.5194/amt-12-735-2019.

Kuhn, Jonas; Bobrowski, Nicole; Wagner, Thomas; and Platt, Ulrich (2021), Mobile and high spectral resolution Fabry-Perot interferometer spectrograph for atmospheric remote sensing, *Atmos. Meas. Tech.,* 14, 7873–7892, doi: https://doi.org/10.5194/amt-14-7873-2021.

Platt, Ulrich and Stutz, Jochen (2008), *Differential Optical Absorption spectroscopy, Principles and Applications*, XV, Springer, Heidelberg, 597 pp, ISBN 978-3-540-21193-8.

Schmincke, Hans-Ulrich (2014), *Vulkanismus*, Primus Verlag, 4. Aufl., 264 pp, ISBN 978-3-86312-944-6.

Wentrup, Curt (2020), Bunsen, der Geochemiker: Isländische Vulkane, Geysirtheorie sowie Gas-, Gesteins- und Mineralienanalysen, *Angew. Chem.,* 132, https://doi.org/10.1002/ange.202008727.

Über die Autor:innen

Dr. **Jonas Kuhn** konzipiert und entwickelt seit 2012 am Institut für Umweltphysik in Heidelberg, sowie am Max-Planck-Institut für Chemie in Mainz neue Fernerkundungsmethoden für vulkanische (und andere) Spurengase in der Erdatmosphäre. Weiterhin arbeitet er an der Modellierung chemischer Prozesse, die bei der Mischung heißer magmatischer Gase mit atmosphärischer Luft stattfinden. Er wurde im Mai 2022 an der Universität Heidelberg promoviert. – Kontakt: Jonas.Kuhn@iup.uni-heidelberg.de

Dr. **Nicole Bobrowski** wurde im Jahr 2005 an der Universität Heidelberg promoviert. Danach arbeitete sie drei Jahre lang im Nationalen Institut für Geophysik und Vulkanologie (INGV) in Palermo, Italien. 2009 kehrte sie zunächst nach Heidelberg als wissenschaftliche Mitarbeiterin ans Institut für Umweltphysik der Universität Heidelberg zurück, 2016 ging sie an die Universität in Mainz und 2017 ans MPI-C in Mainz. Sie habilitierte dann 2017 in Vulkanologie in Italien. Kurze Gastprofessur-Aufenthalte führten sie nach Lateinamerika, Uruguay (2012) und El Salvador (2015 und 2017). Seit letztem Jahr arbeitet sie als Wissenschaftlerin am INGV-Observatorium in Catania, Italien, ist aber weiterhin als Gastwissenschaftlerin mit der Universität Heidelberg verbunden. Ihr Forschungsschwerpunkt ist die Halogenchemie in Vulkangasen. – Kontakt: Nicole.Bobrowski@ingv.it

Prof. Dr. **Ulrich Platt** wurde im Jahr 1989 als Professor für Experimentalphysik an die Universität Heidelberg berufen. Zuvor forschte er mehrere Jahre am Institut für Atmosphärische Chemie der Kernforschungsanlage Jülich sowie am Statewide Air Pollution Research Center der University of Riverside in Kalifornien, USA. 1984 folgte die Habilitation im Bereich Geophysik an der Universität Köln. Von 1990 bis zu seiner Pensionierung 2015 war Ulrich Platt, Direktor am Heidelberger Institut für Umweltphysik. Er leitete zahlreiche Forschungsprojekte, die sich mit dem Verständnis von Physik und Chemie unserer Atmosphäre befassen. Er entwickelte maßgeblich die Methode der Differentiellen Optischen Absorptions-Spektroskopie (DOAS). – Kontakt: Ulrich.Platt@iup.uni-heidelberg.de

Korrespondenzadresse:
Dr. Jonas Kuhn
Institut für Umweltphysik
INF 229
69120 Heidelberg

E-Mail: Jonas.Kuhn@iup.uni-heidelberg.de
Homepage: https://www.iup.uni-heidelberg.de/

Mehr Sonne, mehr Hitze, mehr Regen, mehr Blitze – wie sehr der Klimawandel den Sport verändern wird und wie wir darauf reagieren können

SVEN SCHNEIDER[1] & MICHAEL EICHINGER[1,2]

[1]Zentrum für Präventivmedizin und Digitale Gesundheit (CPD), Medizinische Fakultät Mannheim der Universität Heidelberg &
[2]Abteilung für Pädiatrische Epidemiologie, Institut für Medizinische Biometrie, Epidemiologie und Informatik, Universitätsmedizin der Johannes Gutenberg-Universität Mainz

Zusammenfassung

Der Klimawandel verändert unsere Umwelt. Er hat deutliche Auswirkungen auf die Klimaelemente wie beispielsweise Sonnenschein, Lufttemperatur, Niederschlag, und Windgeschwindigkeit. Als interdisziplinär ausgebildete Mitglieder unserer Universität nutzen wir das Potenzial einer Volluniversität und betrachten am Beispiel Sport, welche mannigfaltigen gesundheitlichen Risiken mit dem Klimawandel verbunden sind. Dabei tragen wir aktuelle Befunde und Erkenntnisse aus Biologie, Medizin, Geowissenschaften, Physik, Psychologie, Soziologie und Sportwissenschaft zusammen. Da gerade der Standort der Universität Heidelberg, die Rhein-Neckar-Region, besonders von den prognostizierten Klimaveränderungen betroffen sein wird, gehen wir im Folgenden auch immer wieder explizit auf die regionale Risikolage ein. Gemäß dem Leitbild unserer Universität verfolgen wir das Ziel, den zahlreichen Sportlerinnen und Sportlern in unserer Gesellschaft praktische Hinweise und Empfehlungen zum Umgang mit diesen klimabedingten Gesundheitsrisiken zu geben.

1 Einleitung

Erde, Feuer, Wasser und Luft – diese vier „Elemente" sind für jeden von uns jeden Tag ganz unmittelbar erfahrbar. Beim morgendlichen Spaziergang gehen wir durch den feuchten Frühnebel, nach der Gartenarbeit freuen wir uns über einen kurzen Sommerregen, der unsere Pflanzungen wässert, im Frühsommer genießen wir bei einer Radtour die wärmenden Sonnenstrahlen und beim Joggen im Wald lassen wir uns den kühlen Wind um die Nase wehen.

Die Meteorologie bezeichnet die hier beschriebenen Umweltfaktoren als Klimaelemente. Sie unterscheidet Sonnenscheindauer, Globalstrahlung, Lufttemperatur, Luftfeuchtigkeit, Niederschlag, Bewölkung, Luftdruck und Windgeschwindigkeit (Eis et al., 2010). Ob auch die kommende Generation die Natur noch so unbeschwert genießen können wird, ist höchst fraglich. Denn der Klimawandel hat deutliche Auswirkungen auf all diese Klimaelemente. Und diese Veränderungen wiederum wirken sich auf den Menschen in Form spezifischer Gesundheitsrisiken aus.

Als besonders gefährdet gegenüber den gesundheitlichen Folgen des Klimawandels gelten Pflegebedürftige, Kleinkinder, Seniorinnen und Senioren, Außenbeschäftigte sowie Sportlerinnen und Sportler (Hanna et al., 2011; Mücke & Matzarakis, 2019; Weltgesundheitsorganisation, 2019). Unter diesen Risikogruppen stellen Sportlerinnen und Sportler mit Abstand die größte Bevölkerungsgruppe dar. Nach aktuellen Erhebungen treibt hierzulande jede und jeder Zweite regelmäßig Freizeitsport (Statista, 2022). Hinzu kommen zum einen zahlreiche Leistungssportlerinnen und -sportler und zum anderen noch viel mehr Zuschauerinnen und Zuschauer bei Sportereignissen, die in Stadien und an den Wettkampfstätten das Geschehen oft stundenlang verfolgen. Deswegen stellen wir in diesem Buchbeitrag exemplarisch für den Sport die mannigfaltigen Gesundheitsrisiken dar, die der Klimawandel mit sich bringt.

Als interdisziplinär ausgebildete Mitglieder der Universität Heidelberg nutzen wir das Potenzial einer Volluniversität und betrachten unseren Gegenstand aus den Perspektiven der Biologie, der Medizin, der Geowissenschaften, der Physik, der Psychologie, der Soziologie und der Sportwissenschaft. Da gerade die Rhein-

Neckar-Region besonders von den prognostizierten Klimaveränderungen betroffen ist (Eis et al., 2010), gehen wir im Folgenden auch immer wieder explizit auf die regionale Risikolage ein. Gemäß dem Leitbild unserer Universität, „Forschungsergebnisse in die Gesellschaft zu tragen“ (Universität Heidelberg, 2011), nutzen wir diese interdisziplinäre Herangehensweise, um den zahlreichen Sportlerinnen und Sportlern in unserer Gesellschaft praktische Hinweise und Empfehlungen zum Umgang mit diesen klimabedingten Gesundheitsrisiken zu geben.

2 Klimabedingte Gesundheitsrisiken und sportspezifische Präventionsmöglichkeiten

2.1 Hitzewellen

Am häufigsten wird der Klimawandel als Anstieg der globalen Jahresmitteltemperatur beschrieben. In Deutschland ist die Jahresmitteltemperatur in den letzten 100 Jahren um etwa ein Grad Celsius gestiegen. Hierzulande wird bis Mitte des Jahrhunderts ein weiterer Anstieg um +1 bis +3 Grad Celsius und bis Ende des Jahrhunderts um +2 bis +4 Grad prognostiziert (Eis et al., 2010; Stamatakis et al., 2013). Diese mittlere Klimaerwärmung stellt aber nur einen Aspekt thermischer Veränderungen dar. Für den Sport wesentlich bedeutsamer ist in diesem Zusammenhang die Zunahme von kurz- bis mittelfristigen Lufttemperaturextremen im Sommer (z. B. sog. Hitzewellen), die bereits für die letzten beiden Dekaden nachgewiesen werden konnte (Schneider & Mücke, 2021). Es ist absehbar, dass sich in Deutschland die Zahl sog. „heißer Tage“ mit Temperaturen von über 30 Grad Celsius bis zum Ende dieses Jahrhunderts verdreifachen wird (Algesheimer, 2019; Eis et al., 2010). Besonders gefährdet sind in diesem Zusammenhang Tal- und Kessellagen, wofür insbesondere Heidelberg ein anschauliches Beispiel ist: Das Klima am Standort unserer Universität wird durch sehr warme Sommer, milde Winter und häufige Inversionswetterlagen bestimmt. Für Sportlerinnen und Sportler bedeutet dies eine belastende Schwüle im Sommer, längere Hitzewellen und erhöhte Luftverschmutzung bei bioklimatisch belastenden Inversionen in den Übergangszeiten und im Winter (Deutscher Rat für Landespflege, 1981).

Gesundheitsrelevante Folgen: Höhere Außentemperaturen belasten grundsätzlich das Herz-Kreislauf-, das Atmungssystem und den Stoffwechsel (Mücke & Matzarakis, 2017). Athletinnen und Athleten, die unter Hitze Sport treiben, setzen sich gesundheitsgefährdendem Hitzestress aus (Brotherhood, 2008; Kappas, 2009;

Townsend et al., 2003; Abbildung 1). Neben dem Outdoorsport (Fußball, Rugby, Leichtathletik, Tennis usw.) trifft dies auch den Indoorsport, etwa bei Training in unzureichend klimatisierten, überhitzten Sporthallen. Der menschliche Körper reagiert auf derartige thermophysiologische Belastungen mit einer Akklimatisation, indem das Plasmavolumen zunimmt, die Schweißrate ansteigt und die Schweißproduktion eher einsetzt (Maloney & Forbes, 2011). Zur Akklimatisation wäre ein Zeitraum erforderlich, der die – bisher typische – Dauer der meisten hiesigen Hitzewellen übertrifft. So wird eine schonende Gewöhnung durch regelmäßige Belastung über mindestens zwei Wochen empfohlen (Eis et al., 2010; Wonisch et al., 2017).

Wenngleich die Körperkerntemperatur nicht direkt von der Außentemperatur abhängt, ist die Thermoregulation bei großer körperlicher Belastung, gleichzeitig hoher Außentemperatur und hoher Luftfeuchtigkeit gefährdet (Brotherhood, 2008; Hanna et al., 2011). Da eine hohe Luftfeuchtigkeit die Schweißabgabe behindert, verbleibt die Hitze im Körper und erhöht die Körperkerntemperatur (Maloney & Forbes, 2011). Ohne intakte Hitzebalance kann die Thermoregulation des Körpers entgleisen und zu einer akuten Notfallsituation führen (Eis et al., 2010; Wonisch et al., 2017). Typische gesundheitliche Folgen einer Hyperthermie sind Hitzschlag, Sonnenstich, Hitzekollaps, Hitzeerschöpfung und Hitzekrämpfe (Brotherhood, 2008; Mücke & Matzarakis, 2019). Im Vergleich etwa zum Hitzschlag, welcher ein lebensbedrohliches Ereignis darstellt, und den übrigen oben genannten Risiken erscheinen weitere in der Literatur besprochene Hitzefolgen eher marginal: Als dermatologische Folgen sind Hitzeausschläge (Miliaria) und Hefepilzinfektionen (v.a. Pityriasis versicolor) bei übermäßigem Schwitzen und dem Tragen synthetischer Kleidung relevant (Karamfilov & Elsner, 2002).

Prävention: Präventiv werden bei anhaltenden thermischen Belastungen Verlagerung der Sportaktivität auf die Morgen- und Abendstunden, Anpassung der Trainingsumfänge, regelmäßiges Trinken vor, während und nach der Aktivität, wettergerechte und atmungsaktive Kleidung, strikte Sportkarenz bei gastrointestinalen oder fieberhaften Erkrankungen sowie die Vermeidung von Alkohol und von Medikamenten, die den Elektrolythaushalt beeinflussen (u. a. Diuretika, Anticholinergika, Neuroleptika), empfohlen (Weltgesundheitsorganisation, 2019; Wonisch et al., 2017).

2.2 Unwetter und weitere Extremwetterereignisse

Neben Hitzewellen ist eine Beschleunigung des Wasserkreislaufes mitsamt einer Erhöhung der Jahresniederschläge eine weitere Folge des Klimawandels. Die Zunahme der Niederschlagsmenge verteilte sich in der Rückschau allerdings nicht gleichmäßig über das Jahr. Vielmehr erhöhte sich in der Vergangenheit die Niederschlagsmenge in den Winterhalbjahren, in denen außerdem eine Entwicklung hin zu mehr Regen und weniger Schnee auffiel. Im Sommer waren dagegen häufiger Dürreperioden und Starkregenereignisse zu verzeichnen. Diese Entwicklung wird sich mit Fortschreiten der globalen Erwärmung fortsetzen (Algesheimer, 2019; Eis et al., 2010). Konkret werden künftig im Sommer einerseits mehr sommerliche Dürren und Niedrigwasser und andererseits mehr Unwetter mit Blitzschlag und Hochwasser erwartet (Schneider & Mücke, 2021). Gerade in Heidelberg wird der Neckar noch häufiger über die Ufer treten (Eis et al., 2010). Weitere Folgen der globalen Erwärmung sind abtauende Gletscher- und Permafrostgebiete, Bergstürze, Steinschläge, Gletscherspalten und Großlawinenlagen.

Gesundheitsrelevante Folgen: Extremwetterereignisse bergen unter anderem Risiken für den Berg- und Wassersport durch kurzfristige Starkregen, Hochwasser und gefährlich veränderte Pegel und Fließgeschwindigkeiten in Gewässern (Al-

Abbildung 1: Hitze und UV-Belastung werden durch den Klimawandel zunehmen (hier „Trail Marathon" in Heidelberg, Copyright © PIX-Sportfotos/Michael Ruffler).

gesheimer, 2019). So stellt nicht nur Hochwasser, sondern auch Niedrigwasser durch kurzfristig veränderte Fließgeschwindigkeiten und gefährliche Begegnungen zwischen Kanus, Booten und anderen Wasserfahrzeugen auf der kleineren Wasserfläche ein Problem dar. Gesundheitsgefahren im Outdoorsport ergeben sich auch durch Blitzschlag, Sturm und Astbruch. Im Berg- und Skisport kommen häufigere Murenabgänge, Felsstürze, Steinschläge, Gletscherspalten und Lawinen hinzu (Algesheimer, 2019; Neuerburg & Quardokus, 2019).

Prävention: Vor gefährlichen Wetterlagen warnt in Deutschland das Bundesamt für Bevölkerungsschutz und Katastrophenhilfe, beispielsweise über die NINA-Warn-App. Erste Sportverbände reagieren auf diese Entwicklungen mit Regeländerungen und anderen strukturellen Maßnahmen. So warnt der Deutsche Golf Verband seine Mitglieder vor Blitzen und gibt Verhaltens- und Sicherheitshinweise, etwa zur Regelung von Spielunterbrechungen und zur Bereitstellung von Blitzschutzhütten. Ein Bündnis mehrerer Sportverbände, darunter die Deutsche Reiterliche Vereinigung (FN), der Deutsche Alpenverein (DAV) und der Deutsche Kanu-Verband (DKV), haben speziell für Kinder und Jugendliche eine App und einen Comic mit dem Titel „Gemeinsam geht's“ herausgegeben, die über klimabedingte Risiken wie Starkregen, Überflutungen und Sturm aufklären (Deutscher Naturschutzring, 2019).

2.3 UV-Strahlung

Sportlerinnen und Sportler, die sich im Freien bewegen, setzen sich Strahlung vor allem in Form von UV-A- und UV-B-Strahlung aus. Der Klimawandel dürfte die Menge an aufgenommener Strahlung (die sog. UV-Exposition) für Sportlerinnen und Sportler mindestens aus drei Gründen erhöhen: Erstens führte die jahrzehntelange Emission von Treibhausgasen – wie Methan und Kohlendioxid – zum Abbau der Ozonschicht (sog. Ozonlöcher) in der Stratosphäre und damit zu einer Zunahme der bodennahen UV-B-Strahlung (Townsend et al., 2003). In der Folge hat die UV-Strahlung in höheren Lagen über die letzten 30 Jahre im Frühjahr um bis zu 25% und im Sommer immerhin um etwa 10% zugenommen. In Niederungen scheint die Zunahme aufgrund von Bewölkung und Luftschadstoffen etwas geringer ausgefallen zu sein (Jendritzky, 2007). Besonders gefährlich sind stratosphärische Niedrig-Ozonereignisse (sog. „Miniozonlöcher“), die in den gemäßigten Breiten der nördlichen Hemisphäre vor allem im Frühjahr auftreten. Diese kurzfristigen Phänomene werden auch in Deutschland verzeichnet und belasten die insbesondere zu dieser Jahreszeit noch nicht an derart hohe UV-Bestrahlungsstärken adaptierte Haut – etwa beim Wintersport – besonders (Baldermann & Lorenz, 2019). Zweitens erhöht sich im Zuge des Klimawandels die Zahl sonniger Tage. So hat sich die mittlere Sonnenscheindauer in Deutschland in den letzten 50 Jahren um etwa 100 Stunden pro Jahr erhöht (Baldermann & Lorenz, 2019). Und drittens dürfte aufgrund milderer Winter und einer längeren Outdoorsaison die Aufenthaltsdauer im Freien und damit die UV-Jahresdosis von Sportlerinnen und Sportlern insgesamt zunehmen (Schneider & Mücke, 2021).

Gesundheitsrelevante Folgen: Akute Folge einer übermäßigen, ungeschützten UV-Exposition ist das UV-Erythem (Sonnenbrand, Dermatitis solaris) (Mücke & Matzarakis, 2019).

Da bei vielen Outdoorsportarten (wie Triathlon, Rudern, Golf, Leichtathletik, Fußball, Segeln, Langlauf) eine langjährige UV-Exposition üblich ist, können als chronische Folgen aktinische Keratosen, maligne Melanome und nicht-melanozytärer Hautkrebs (Basalzellkarzinome, Plattenepithelkarzinome, sog. „weißer Hautkrebs") entstehen (Algesheimer, 2019; Diehl et al., 2020). Insbesondere die Entstehung des sog. weißen Hautkrebses wird durch eine langfristige Einwirkung der UV-Strahlung begünstigt. Langfristig kumulierte UV-Strahlung steht mit einem höheren Risiko für die Entstehung von Plattenepithelkarzinomen in Verbindung, während die Hauptrisikofaktoren für die Entstehung von Basalzellkarzinomen häufige Sonnenbrände sowie hohe intermittierende UV-Exposition sind. Letzteres gilt auch für die Entstehung von malignen Melanomen (Diehl et al., 2020). Darüber hinaus forciert eine verstärkte bzw. häufigere Exposition gegenüber UV-Strahlung die Lichtalterung der Haut (Photoaging). Neben dem Ausmaß der Sonnenexposition spielt hierbei die Hautpigmentierung eine Rolle, sodass Sportlerinnen und Sportler mit einer hellen Haut einem besonders hohen Risiko ausgesetzt sind (Diehl et al., 2020).

Vor allem im Wintersport (z. B. Ski alpin, Biathlon) kann die typische UV-Exposition unter hoher Schneereflexion zu rezidivierendem Herpes labialis führen. Die UV-Strahlung ist ein potenter Stimulus und führt regelmäßig zu einer Reaktivierung der latenten Herpes simplex-Infektion (Karamfilov & Elsner, 2002). Nicht nur die dermatologischen, sondern auch die ophthalmologischen Folgen übermäßiger Sonnenlicht-Exposition sind vielfältig. Sportlerinnen und Sportler, wie etwa Ruderinnen und Ruderer und Wintersportlerinnen und -sportler, die sich ungeschützt hoher UV-Strahlung exponieren, riskieren Erkrankungen der periorbitalen Region, der Bindehaut (Pterygium), der Kornea (Keratoconjunktivitis), der Linse (Katarakt) und der Retina (solare Retinopathie) (Eis et al., 2010; Schneider et al., 2019).

Prävention: Präventiv unterscheidet man verhaltenspräventive Maßnahmen (wie die Nutzung von Sonnenbrille, Sonnenschutzmittel, Lippencreme mit UV-Schutz, möglichst langärmliger Kleidung samt Kopfbedeckung sowie – wo immer möglich – das Training außerhalb der Mittagszeit und das Aufsuchen von Schatten) von verhältnispräventiven Maßnahmen (wie Verfügbarmachen von Schattenplätzen, natürliche und künstliche Beschattung, Einsatz von Oberflächen mit geringer Albedo) (Schneider et al., 2019).

2.4 Luftschadstoffe

In den letzten Jahrzehnten sind deutschlandweit und auch in Heidelberg die Konzentrationen vieler Luftschadstoffe aufgrund technischer Entwicklungen flankiert von umweltpolitischen Maßnahmen deutlich zurückgegangen. Dies gilt allerdings nur eingeschränkt für das bodennahe – troposphärische – Ozon. Bodennahes Ozon ist ein Indikator für photochemische Sekundär-Luftschadstoffe, die aus den Vorläufersubstanzen Stickoxiden und Kohlenwasserstoffen, die weit überwiegend vom Kraftfahrzeugverkehr emittiert werden, und unter Einwirkung der UV-Strahlung gebildet werden (Schweisfurth, 1994; Umweltbundesamt, 2016). Adverse bodennahe Ozoneffekte treten vor allem im Sommerhalbjahr auf (Eis et al., 2010; Mücke & Matzarakis, 2019). Weil bedingt durch die Klimaerwärmung eine Zunahme von stabilen Hochdruckwetterlagen und damit verbundenen Durchschnittstemperaturen sowie Perioden extremer Hitze erwartet werden, prognostizieren Klimamodelle auch eine Zunahme der Ozonbelastung in Deutschland (Brasseur et al., 2017).

Die Luftbelastung durch anthropogen erzeugten Feinstaub konnte in Deutschland über die letzten Dekaden deutlich reduziert werden. Technische Entwicklungen dürften einerseits die Gesamtemission auch in der Zukunft weiter verringern. Andererseits begünstigt der Klimawandel spezifische Wetterlagen (Hitzewellen und Dürren im Sommer, Inversionwetterlagen im Winter), die dann temporär zu einer signifikanten Zunahme der Feinstaubbelastung führen können (Brasseur et al., 2017; Eis et al., 2010). Zwischen Hitze, Ozon und Feinstaub bestehen im Übrigen starke synergistisch-additive Wechselwirkungen. Weitere Folgen des Klimawandels sind anhaltende Trockenphasen und Vegetationsbrände, die zum

Anstieg des natürlichen Feinstaubanteils beitragen (Eis et al., 2010; Hanna et al., 2011; Mathias, 2018).

Gesundheitsrelevante Folgen: Die Empfindlichkeit des Menschen gegenüber Ozon unterliegt starken individuellen Schwankungen. Gesundheitsrelevant ist Ozon deswegen, weil es in den Alveolen zu einem Entzündungsprozess führt und den Körper z. B. gegenüber Infektionen anfälliger macht und insbesondere bei körperlicher Belastung zu einer Verschlechterung der Lungenfunktion, Schleimhautreizungen, Husten, Müdigkeit und reduzierter Leistungsfähigkeit führen kann (Mathias, 2018; Mücke & Matzarakis, 2019). Eine Adaptation an höhere Ozonwerte ist möglich und tritt meist innerhalb von vier Tagen ein, um nach etwa einer Woche Expositionspause wieder auf das Ausgangsniveau zu sinken. Es dürfte sich bei dieser Gewöhnung aber eher um einen Verlust von Abwehrmechanismen handeln als um eine echte Adaptation. Sportlerinnen und Sportler gelten als Risikogruppe, da ihre Gesamtozonaufnahme bei erhöhtem Atemminutenvolumen steigt (Schweisfurth, 1994; Wonisch et al., 2017). Dies gilt auch für die Feinstaubbelastung (Eis et al., 2010). Besonders tückisch sind Feinstäube mit einer Partikelgröße unter 2,5 Mikrometer, da diese bis in die Alveolen vordringen können, wo sie zu einer Ausschüttung von entzündungsfördernden Botenstoffen, arteriosklerotischen Prozessen sowie chronischen Veränderungen der Atemwege führen können (Mathias, 2018). Feinstäube aus großflächigen Vegetationsbränden können ebenfalls gesundheitsrelevante Auswirkungen u. a. durch sich weit ausbreitende Verbrennungsprodukte haben (Brasseur et al., 2017).

Prävention: Ab einem Einstunden-Ozonwert von 180 Mikrogramm pro Kubikmeter muss hierzulande über die Gefährdung informiert werden. Das Umweltbundesamt empfiehlt, schon ab einem Einstunden-Ozonwert von 120 Mikrogramm pro Kubikmeter eine Teilnahme an Open-Air-Sportveranstaltungen zu überdenken. Die Richtlinien der einzelnen Bundesländer unterscheiden sich hinsichtlich der Art der Veranstaltung und der empfohlenen Maßnahmen (Umweltbundesamt, 2016). Generell sollten Sportaktivitäten an Sommertagen nicht in die besonders heißen und ozonhaltigen Stunden von 11 bis 18 Uhr gelegt werden (Mathias, 2018).

2.5 Allergene

Im Zuge des Klimawandels und der sich dabei einstellenden milderen Witterung kommt es zu einem früheren Beginn und zu einem späteren Ende des Pollenflugs (Abbildung 2). Je nach Pflanzenart bewirkte dies in den letzten 20 Jahren bereits eine Verlängerung der Pollensaison um 6 bis 19 Tage. Modellrechnungen für Deutschland zufolge ist bis zum Ende des Jahrhunderts eine Vorverlagerung des Pollenflugs um weitere 20 Tage zu erwarten (Eis et al., 2010). Neben der Länge der Pollensaison hat der Klimawandel auch Auswirkungen auf Pollenkonzentration und -allergenität (Beggs & Bambrick, 2005; Höflich, 2018; Katelaris & Beggs, 2018). So besteht unter anderem eine Korrelation zwischen Jahres- und Monatstemperatur und der Birkenpollen- sowie der Olivenpollenkonzentration (Höflich, 2018). Die Zunahme der Allergenität von Pollen ergibt sich durch eine veränderte Proteinzusammensetzung der Pflanzenpollen infolge von Luftschadstoffen wie Feinstaub oder Ozon (Stöver, 2015).

Die klimatischen Veränderungen der letzten Jahrzehnte begünstigen außerdem die Einbürgerung und Ausbreitung von Neophyten mit allergenem Potenzial. Neben dem Riesenbärenklau und der Goldrute ist in diesem Zusammenhang vor allem die beifußblättrige Ambrosia zu nennen (botanisch: Ambrosia artemisiifolia). Hierzulande sind bereits etwa 8% aller Erwachsenen gegen Ambrosia sensibilisiert (Eis et al., 2010).

Auch die Wespe ist eine wärmeliebende Art. Unklar ist noch, wie sich für sie Nahrungsspektrum, Fressfeinde und Parasiten im Zuge des Klimawandels verändern werden. Aufgrund milderer Winter könnten künftig statt lediglich der Königinnen auch ganze Völker überwintern und im Frühjahr sehr große Nester bilden (Eis et al., 2010).

Gesundheitsrelevante Folgen: Klimabedingte Veränderungen in Quantität und Qualität der Belastung durch allergene Pollen dürften künftig zu häufigeren und stärkeren Sensibilisierungen führen (Eis et al., 2010). Da die Exposition nicht auf den Zeitraum der Sportaktivität begrenzt ist, trifft diese Klimafolge in individuell unterschiedlichem Ausmaß Outdoor- ebenso wie Indoorsportlerinnen und -sportler. Die beschriebenen allergologisch relevanten Klimaeffekte werden für die in Industrienationen seit Jahrzehnten rasant zunehmenden Asthmaprävalenzen mitverantwortlich gemacht (Beggs & Bambrick, 2005). Hinsichtlich Neophyten wird innerhalb Europas insbesondere für Deutschland ein deutlicher Anstieg der Sensibilisierungen gegenüber Ambrosia erwartet (Lake et al., 2017). Bei einem Viertel aller betroffenen Pollenallergiker umfassen die allergischen Folgen neben Pollinosis auch Asthma bronchiale. Auch tierische Allergenproduzenten wie der Eichenprozessionsspinner können in Einzelfällen Asthma auslösen. Abgebrochene Spiegelhaare werden bei günstiger Witterung durch Luftströmungen verschleppt und stellen deswegen u. a. in Ausdauer- und anderem Outdoorsport ein weiteres Risiko dar (Eis et al., 2010). Insbesondere der an Heidelberg angrenzende Oberrheingraben gilt bezüglich des Eichenprozessionsspinners als Problemgebiet (Eis et al., 2010).

Nicht zuletzt kann eine klimabedingte Zunahme von Outdooraktivitäten häufigere Begegnungen zwischen Betroffenen mit Insektengiftallergie und Wespen nach sich ziehen (Eis et al., 2010). Anekdotisch kann der Erstautor von einem als Trainer geleiteten Leichtathletiktraining in Nachbarschaft zum Gelände des Instituts für Sport und Sportwissenschaft der Universität Heidelberg berichten, bei dem ein Wespenschwarm ein Nest bis dahin unbemerkt in der dortigen Sprunganlage gebaut hatte und die jungen Sportlerinnen und Sportler während eines Hochsprungtrainings attackierte.

Prävention: Die Deutsche Gesellschaft für Sportmedizin und Prävention empfiehlt Pollenallergikern neben der etablierten medikamentösen Therapie (Antihistaminika, spezifische Immuntherapie) klassische Ausdauersportarten wie Laufen, Schwimmen, Radfahren oder Wandern, sofern es der individuelle Gesundheitszustand zulässt. Bei Sport im Freien sollte der Athlet sich moderat auf- und abwärmen, Spitzenbelastungen ebenso wie abrupte Wechsel zwischen Ruhe und Belastung vermeiden sowie das Training bei allergischen Reaktionen oder Asthma mit Atemnot abbrechen. Die medikamentöse Therapie sollte unter ärztlichem Rat unter Berücksichtigung der aktuellen Dopingregularien abgestimmt werden. Grundsätzlich stehen nämlich $\beta 2$-Agonisten, die normalerweise bei Asthma zum Einsatz kommen, auf der Liste verbotener Substanzen der Welt-Doping-Agentur WADA (Deutsche Gesellschaft für Sportmedizin und Prävention e.V., 2017). Vor Wespen schützen zum einen das Fernbleiben von Nestern und zum anderen Repellentien mit dem Wirkstoff Ethyl-Butylacetylaminopropionat.

2.6 Viren, Bakterien und Parasiten

Ein Vektor ist ein lebender Organismus, der Krankheitserreger von einem infizierten Tier auf einen Menschen oder ein anderes Tier überträgt. Die meisten Vektoren sind ektotherme Tiere, für die eine Klimaerwärmung grundsätzlich verbesserte Lebensbedingungen bedeutet (Eis et al., 2010). Reservoirorganismen sind Wirtstiere, in denen sich Krankheitserreger sammeln und vermehren und von denen eine erneute Infektion ausgehen kann. Im Zuge des Klimawandels wird eine stärkere Vermehrung und Ausbreitung von einigen Vektoren und Reservoirorganismen diskutiert (Eis et al., 2010; Mücke & Matzarakis, 2017; Ogden & Lindsay, 2016; Townsend et al., 2003).

Besonders bedeutsam ist in diesem Zusammenhang die Zecke (Jendritzky, 2007). Milde Winter begünstigen bereits im Frühjahr eine hohe Dichte und Aktivität heimischer Zeckenarten (Schildzecken - Ixodes ricinus und Auwaldzecken - Dermacetor reticulatus). Sehr trockenheiße Sommer führen hingegen zu einer Reduktion der Population, sodass noch nicht abschließend geklärt ist, wie sich klimatische Veränderungen regional auswirken werden (Hemmer et al., 2018; Jendritzky, 2007; Mücke & Matzarakis, 2017). In den letzten Jahren wurden erste Funde einer neuen tropischen Zeckenart, der Hyalomma marginatum, berichtet, für die ein trockenheißes Klima kein Problem darstellt (Hemmer et al., 2018). Modellrechnungen zufolge ist der entscheidende Parameter für die Ausbreitung von Zecken die Zahl frostfreier Tage (Eis et al., 2010).

Prinzipiell bedeutet der Klimawandel auch günstigere Ausbreitungs- und Überlebensbedingungen für zahlreiche weitere Vektoren wie die Anopheles-Mücke, die Sandmücke und die Asiatische Tigermücke. Außerdem gehen mildere Winter und reichhaltigere Nahrungsangebote (u. a. Bucheckern) mit einer höheren Überlebenschance von Reservoirorganismen wie Brand-, Spitz-, Feld- und Rötelmäusen einher (Eis et al., 2010; Faulde et al., 2002; Reil et al., 2018; Stark et al., 2009).

Abbildung 2: Durch den Klimawandel verändern sich Quantität und Qualität der Pollenbelastung (Copyright © Alex Jones / Unsplash).

Der Klimawandel beeinträchtigt darüber hinaus die Wasserqualität von Bade- und Sportgewässern und begünstigt wasserbürtige Infektionen. Für den Kanu-, Ruder-, Surf- und sonstigen Wassersport sind hier zuvorderst Cyanobakterien zu nennen, die landläufig oft als Blaualgen bezeichnet werden. Eine starke Nährstoffbelastung der Gewässer kann zu einer Massenvermehrung von Cyanobakterien, sogenannten „Wasserblüten“, führen. Begünstigt werden diese Phänomene durch eine stabile thermische Schichtung des Gewässers, die vor allem bei hohen Temperaturen und stabilen Wetterlagen entsteht. Im Zuge des Klimawandels ist mit einer Zunahme derartiger Blaualgen-Blüten in den oberen Wasserschichten zu rechnen (Eis et al., 2010; Mücke & Matzarakis, 2017; Umweltbundesamt, 2019).

Deutlich gefährlicher sind Vibrionen, die natürlicherweise in Brack- und Meerwasser vorkommen. Als besonders gefährdet gelten salzarme Uferbereiche der Meere, die unter Süßwassereinfluss stehen, also etwa Flussmündungen (Baker-Austin et al., 2013). Bei hohen Wassertemperaturen (> 20°C), die im Zuge des Klimawandels insbesondere an Ost- und Nordsee über längere Zeiträume erreicht werden, kann sich die Konzentration von Vibrionen deutlich erhöhen (Eis et al., 2010; Mücke & Matzarakis, 2017). Abschließend sollen die insbesondere in warmen Sommern grundsätzlich zunehmenden Risiken durch Lebensmittelinfektionen nicht unerwähnt bleiben.

Gesundheitsrelevante Folgen: In Deutschland wurde in Zecken eine zweistellige Anzahl an Erregern nachgewiesen, die für den Menschen gefährlich sind. Darunter befinden sich die Erreger des Q-Fiebers, der Rickettsiosen und der Ehrlichiosen (Jendritzky, 2007; Kappas, 2009). Darüber hinaus gilt Deutschland insbesondere als Hochendemie-Gebiet für die Lyme-Borreliose, die häufigste durch Zecken übertragene Infektionskrankheit (Mücke & Matzarakis, 2017). Anders als für die Lyme-Borreliose existiert für die ebenfalls von Zecken übertragene Frühsommer-Meningoenzephalitis (FSME) eine Impfung (Eis et al., 2010). Eine besondere Risikogruppe für zeckenassoziierte Infektionen stellen Sportlerinnen und Sportler mit Aktivitäten im Freien (Mannschaftssport, Leichtathletik), ganz besonders in Wiesen und Wäldern (Jogging, Nordic Walking, Reiten, Wandern) dar (Karamfilov & Elsner, 2002). Baden-Württemberg gilt diesbezüglich als Endemiegebiet. Hier sind je nach Region bis zu 5% aller Tiere mit dem FSME-Virus infiziert (Eis et al., 2010).

Nicht zuletzt bedeuten mildere Winter, dass einheimische Mückenarten ebenso wie aus dem Mittelmeerraum vordringende Arten Vektorkompetenz für Erkrankungen erlangen können, die in Deutschland bisher keine Rolle gespielt haben. Parallel verändert der Klimawandel die Flugrouten von Zugvögeln, die als Reservoirorganismen dienen. Neben Aedes albopictus (Asiatische Tigermücken) sind zuletzt auch Phlebotomen (Sandmücken), die die Leishmaniose-Parasiten übertragen, auch in der an Heidelberg angrenzenden Region des Oberrheingraben nachgewiesen worden (Jendritzky, 2007). Die Tropenmedizin erwartet auch für Deutschland – zunächst überschaubare – Ausbrüche von Dengue-, Zika-, West-Nil-Fieber und Malaria. Am ehesten dürfte sich das Chikungunya-Fieber in Deutschland etablieren (Hemmer et al., 2018).

Grundsätzlich schwanken die Inzidenzen für Infektionen durch Hantaviren, die durch Reservoirtiere wie Brand- und Rötelmäuse übertragen werden, von Jahr zu Jahr stark. Gemäß serologogischer Untersuchungen weisen etwa in unserem Bundesland Baden-Württemberg bis zu 30% aller Nager Hantavirus-Antikörper auf (Jendritzky, 2007). Da die Übertragung aber vor allem respiratorisch, seltener dagegen durch Bisse oder anderen Kontakt erfolgt, dürfte das Risiko im Outdoor-Sport eher begrenzt sein. Eine Ausnahme stellen Wanderer in Endemiegebieten dar, die dort durch Mäuse besiedelte Waldhütten nutzen (Eis et al., 2010).

Auch im Wassersport sind die Folgen des Klimawandels zunehmend zu spüren: Wegen ihrer Fähigkeit, verschiedenartige Toxine zu bilden, stellen Cyanobakterien einen Risikofaktor für den Wassersport (u. a. beim Kanufahren, Rudern, Windsurfen, Wasserskifahren) dar. Verschlucken von mit Cyanotoxinen belastetem Wasser äußert sich akut durch gastrointestinale Beschwerden, Hautkontakt mit dem Bakterienfilm durch allergische Reaktionen und Hautreizungen. Vibrionen können Durchfallerkrankungen, Wundinfektionen und Septikämien verursachen. Für Deutschland liegen vereinzelte Fallberichte über sehr schwere Verläufe bei vorerkrankten und älteren Badegäste an der Ostsee vor (Eis et al., 2010).

Auch lebensmittelassoziierte Infektionen durch Salmonellen und Campylobacter jejuni oder coli nehmen mit steigenden Außentemperaturen zu. Studien und Modellrechnungen prognostizieren, dass bei einem durchschnittlichen Anstieg der Jahresmitteltemperatur um 1 Grad die Inzidenzen bakterieller Gastroenteritiden um 5–15% zunehmen dürften (Eis et al., 2010).

Prävention: Sportlerinnen und Sportler können sich zur Prävention von Zeckenstichen an den aktuellen medizinischen Leitlinien orientieren, die das Tragen gut abschließender Kleidung, das Meiden von Unterholz, das Absuchen des Körpers nach Zecken sowie deren rasches Entfernen umfassen (Deutsche

Gesellschaft für Dermatologie, 2016; Kaiser et al., 2017). Darüber hinaus sind Repellentien erhältlich, die sowohl gegen Zecken als auch gegen Stechmücken wirken. Aus den Empfehlungen des Robert Koch-Instituts zur Prävention von Hantavirus-Infektionen erscheinen für Wanderer und andere Outdoorsportlerinnen und
-sportler vor allem die Vorschläge, Wasser, Lebensmittel und Abfälle luftdicht zu verschließen und für Nager unzugänglich zu machen, relevant (Robert Koch-Institut, 2019). Der Deutsche Kanu-Verband empfiehlt bei einer bekannten Gewässerbelastung durch Blaualgen auf das Rollentraining zu verzichten. Außerdem sollte bei Pausen und nach dem Paddeln auf eine ausreichende Händehygiene geachtet werden, insbesondere vor dem Kontakt mit Lebensmitteln. Zur Prävention wasserbürtiger Infektionen sollte ein Kontakt mit Wasser ganz vermieden oder offene Wunden gut abgeklebt werden (Deutscher Kanu-Verband e.V., 2018; Robert Koch-Institut, 2006). Lebensmittelassoziierte Infektionen lassen sich bspw. bei Sportveranstaltungen mit Bewirtung durch eine lückenlose Kühlkette und individuell durch risikoarmen Proviant vermeiden (Jendritzky, 2007; Stöver, 2015).

3 Klimabedingte Gesundheitsbenefits

In einem Überblick zur Thematik dürfen auch die positiven Wirkungen des Klimawandels nicht fehlen. Grundsätzlich dürfte die Klimaerwärmung im Jahresdurchschnitt zu einer „Behaglichkeitszunahme“ führen (Stamatakis et al., 2013). Wenngleich eine abnehmende Schneesicherheit dem Wintersport zusetzt, so profitieren viele andere Outdoorsportarten von einem früheren Beginn und einem späteren Ende der Freiluftsaison (Eis et al., 2010; Kappas, 2009). Derzeit ist es Gegenstand erster Studien, ob der Klimawandel im Saldo eher zu einer Zunahme oder zu einer Abnahme sportlicher Aktivität führen wird (Heaney et al., 2019; Stamatakis et al., 2013). Neben den weiter oben beschriebenen gesundheitlichen Gefahren der UV-Strahlung wirkt eine höhere kumulative UV-Exposition präventiv gegen depressive Symptome („Winterdepression“), Vitamin-D-Mangelerscheinungen und Osteoporose (Algesheimer, 2019; Eis et al., 2010; Stöver, 2015).

4 Weitere Klimafolgen und Handlungsansätze

Dieser Überblicksbeitrag behandelt lediglich die für individuelle sportspezifischen Folgen – und damit nur einen kleinen Teilaspekt – des globalen Klimawandels. Für die Zukunft der Menschheit noch viel bedeutsamer dürften beispielsweise die zunehmende Versauerung der Ozeane, das Abschmelzen der Landeismassen und der arktischen Meereisbedeckung, der Rückgang der Biodiversität, zunehmender Wasser- und Nahrungsmangel und klimabedingter Migrationsdruck sein (Eis et al., 2010; Neuerburg & Quardokus, 2019; Watts et al., 2019).

Die Fokussierung auf die individuelle Perspektive klammert ebenfalls sämtliche Folgen für die Sportorganisationen aus. Internationale und nationale Sportorganisationen (IOC, FIFA, DOSB) werden ebenso wie lokale Vereine auf Veränderungen des Klimas reagieren müssen, um Athleten ebenso wie Publikum, Offizielle, Trainerstab und Servicepersonal entsprechend zu schützen und mittel- und langfristig eine planbare Fortsetzung des Sportbetriebs zu gewährleisten (Abbildung 3). In einer weiterführenden Veröffentlichung haben wir an anderer Stelle die beiden in diesem Bereich zentralen Handlungsfelder beschrieben (Schneider et al., 2022): Erstens die Vermeidung klimaassoziierter Gesundheitsrisiken durch verhaltens- und verhältnispräventive Maßnahmen (z. B. Implementierung von Hitzewarnsystemen und Hitzeorientierungsplänen, temperaturabhängige Termin- und Zeitplanung, baulicher Sonnenschutz, albedogerechte Fassaden- und Flächengestaltung, natürliche Beschattung, energetische Sanierung von Sportstätten, Auswahl von Pflanzen mit geringem allergischen Potenzial, hygienegerechte Bewirtung bei Veranstaltungen). Und zweitens die Verringerung klimaassoziierter ökonomischer Risiken (z. B. klimasichere Planung und Durchführung von Großveranstaltungen, kompensatorische Wintersportangebote bei abnehmender Schneesicherheit, Schutz von Sportanlagen vor Dürre, Überschwemmung, Hagel und Sturm, Reaktion auf hitzebedingten Besucherrückgang im Sommer). Je nach Kontext stehen Sportorganisationen dabei vor der besonderen Herausforderung, dass bei vielen Sportveranstaltungen deutlich mehr Zuschauerinnen und Zuschauer als Aktive präsent und somit in der Obhut des Vereines sind (z. B. Olympische Spiele, Meisterschaften, Bundesligaspiele, Marathon- und Volksläufe).

5 Keine Klimaanpassung ohne Klimaschutz

Klimaschutz (Mitigation) beinhaltet alle Maßnahmen, die dazu geeignet sind, die Veränderungen des Klimas aufzuhalten, zu verlangsamen oder zu mindern. Zentral ist bei Klimaschutzmaßnahmen die Reduktion von Treibhausgasemissionen

Abbildung 3: Neben den Sportlerinnen und Sportlern sind auch Zuschauerinnen und Zuschauer, Offizielle, Trainerinnen und Trainer ebenso wie Servicepersonal vor klimabedingt zunehmenden Gesundheitsrisiken wie u. a. Hitze, UV-Strahlung, Extremwetter und Blitzschlag zu schützen (Copyright © Filip Mroz / Unsplash).

(Watts et al., 2019). Mitigation ist also ein Up-Stream-Ansatz (Eichinger, 2019). Demgegenüber handelt es sich bei der Adaptation um die Anpassung an die mannigfaltigen Folgen des Klimawandels (Jendritzky, 2007). Adaptation stellt also einen Down-Stream-Ansatz dar („End-of-Pipe-Technik“) (Algesheimer, 2019).

Dass sich der vorliegende Überblicksartikel ausschließlich um Maßnahmen zur Klimaanpassung dreht, bedeutet nicht, dass der Sport als Organisation sich neben Adaptation nicht auch der Mitigation widmen sollte. Im Gegenteil: Die Beziehung zwischen Klimawandel und Sport ist bidirektional (Orr & Inoue, 2019). Der Sport ist nicht nur Leidtragender, sondern auch Verursacher von Treibhausgasen. Großereignisse wie internationale und nationale Turniere, Meisterschaften und Ligen verursachen eine erhebliche, sportbezogene, CO_2-relevante Mobilität (Neuerburg & Quardokus, 2019; Orr & Inoue, 2019). Sport greift in attraktive Naturräume wie Küsten, Wälder und Gebirge ein (Neuerburg & Quardokus, 2019). Sportstätten benötigen Energie für Klimatisierung und Unterhalt. Vereine kaufen Güter und produzieren Müll (u. a. Sportgeräte, Einrichtung, Technik, Papier, Catering). Der tagtägliche Sportbetrieb birgt also ein erhebliches Einsparungspotenzial für Rohstoffe und Energie.

6 Zusammenfassung und Fazit

Der Klimawandel geht vor allem mit folgenden gesundheitsrelevanten Risiken für Sportlerinnen und Sportler einher: Zunahme thermischer Belastungen, Zunahme von Unwettern und anderen Extremwetterereignissen, Zunahme der UV-Exposition, Zunahme an Luftbelastungen, Zunahme der Allergenbelastung sowie Ausbreitung von Vektoren und Reservoirorganismen. Abbildung 4 fasst die in der bisherigen Literatur diskutierten Herausforderungen synoptisch zusammen. Die Grafik unterscheidet direkte und indirekte gesundheitliche Folgen des Klimawandels (Eis et al., 2010; Mücke & Matzarakis, 2017). Direkte Folgen werden primär durch Temperatur- und andere Wetterextreme verursacht, während indirekte Folgen aus dem klimabedingt veränderten Ökosystem resultieren (Mücke & Matzarakis, 2017).

Aus erdgeschichtlicher Perspektive schreitet der globale Klimawandel rasend schnell voran. Aus individueller Perspektive zeigen sich nach und nach erste konkrete Auswirkungen auf den Sport. Diese mögliche Wahrnehmung als „Katastrophe in Zeitlupe“ mag erklären, warum bis dato noch wenig sportspezifische

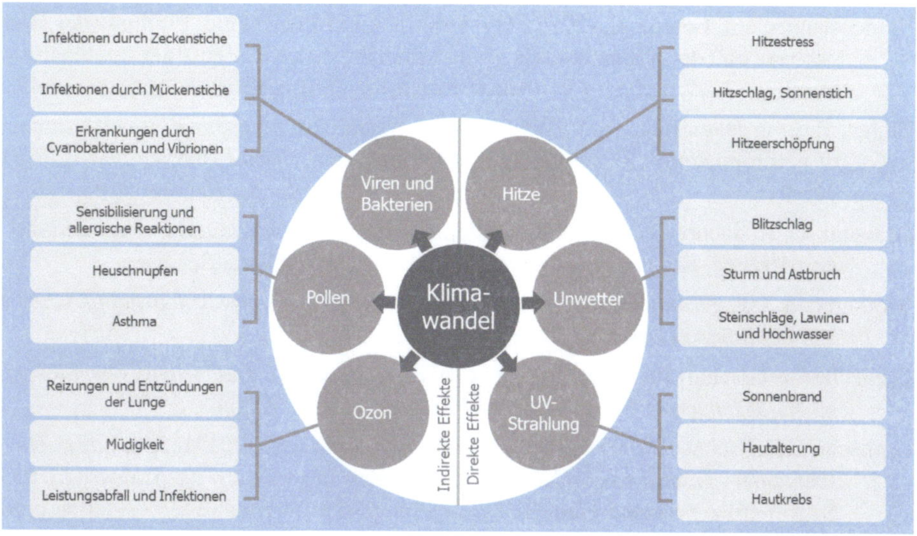

Abbildung 4: Klimabedingte Gesundheitsrisiken im Sport (Grafik: © Sven Schneider).

Forschung zu dieser Herausforderung existiert. Der vorliegende Beitrag möchte die unterschiedlichen Disziplinen (u. a. Biologie, Medizin, Geowissenschaften, Physik, Psychologie, Soziologie, Sportwissenschaft) - auch unserer Universität - ermutigen, sich diesem aufkommenden Forschungs-, Interventions- und Präventionsfeld im Rahmen interdisziplinärer Zusammenarbeit zu widmen.

Danksagung. Für die Unterstützung bei der Recherche danken wir Bärbel Holzwarth und für die Hilfe bei der formalen Aufbereitung des Manuskriptes Nadine Wolber (Medizinische Fakultät Mannheim der Universität Heidelberg, Zentrum für Präventivmedizin und Digitale Gesundheit – CPD).

Referenzen

Algesheimer, G. (2019). *Anpassung an die Folgen des Klimawandels bei Sportvereinen: Herausforderungen, Hemmnisse und Potentiale*. Universität Kassel.

Baker-Austin, C., Trinanes, J. A., Taylor, N. G. H., Hartnell, R., Siitonen, A., & Martinez-Urtaza, J. (2013). Emerging Vibrio risk at high latitudes in response to ocean warming. *Nature Climate Change*, *3*, 73-77.

Baldermann, C., & Lorenz, S. (2019). UV-Strahlung in Deutschland: Einflüsse des Ozonabbaus und des Klimawandels sowie Maßnahmen zum Schutz der Bevölkerung. *Bundesgesundheitsblatt-Gesundheitsforschung-Gesundheitsschutz, 62*, 639-645.

Beggs, P. J., & Bambrick, H. J. (2005). Is the global rise of asthma an early impact of anthropogenic climate change? *Environmental Health Perspectives, 113(8)*, 915-919.

Brasseur, G. P., Jacob, D., & Schuck-Zöller, S. (2017). *Klimawandel in Deutschland - Entwicklung, Folgen, Risiken und Perspektiven.* Heidelberg: Springer.

Brotherhood, J. R. (2008). Heat stress and strain in exercise and sport. *Journal of Science and Medicine in Sport, 11(1)*, 6-19.

Deutsche Gesellschaft für Dermatologie. (2016). *Leitlinie der Deutschen Dermatologischen Gesellschaft - Kutane Lyme Borreliose.* AWMF online.

Deutsche Gesellschaft für Sportmedizin und Prävention e.V. (2017). *Sport trotz Heuschnupfen - gesund oder schädlich?* online unter https://www.dgsp.de/seite/376555/sport-trotz-heuschnupfen-%E2%80%94-gesund-oder-sch%C3%A4dlich.html (Stand: 25.03.2022).

Deutscher Kanu-Verband e.V. (2018). *Achtung: Hitze - Teil 5.* online unter https://www.kanu.de/Achtung-Hitze-Teil-5-52258.html:(Stand: 25.03.2022).

Deutscher Naturschutzring. (2019). *Gemeinsam geht´s.* Deutscher Naturschutzring.

Deutscher Rat für Landespflege. (1981). Umweltprobleme im Rhein-Necker-Raum. *Schriftenreihe des deutschen Rates für Landespflege, 37*, 576-668.

Diehl, K., Schneider, S., & Görig, T. (2020). UV-Exposition – Prävalenz, Bedeutung und Implikationen für die Prävention und Gesundheitsförderung. In M. Tiemann & M. Mohokum (Eds.), *Prävention und Gesundheitsförderung* (Vol. 1, pp. 511-519). Heidelberg: Springer.

Eichinger, M. (2019). Transformational change in the Anthropocene epoch. *Lancet Planetary Health, 3*, e116-e117.

Eis, D., Helm, D., Laußmann, D., & Stark, K. (2010). *Klimawandel und Gesundheit - Ein Sachstandsbericht.* Robert Koch-Institut.

Faulde, M., Fock, R., Hoffmann, G., & Pietsch, M. (2002). Tiere als Vektoren und Reservoire von Erregern importierter lebensbedrohender Infektionskrankheiten. *Bundesgesundheitsblatt - Gesundheitsforschung - Gesundheitsschutz, 45(2)*, 139-150.

Hanna, E. G., Kjellstrom, T., Bennett, C., & Dear, K. (2011). Climate change and rising heat: population health implications for working people in Australia. *Asia-Pacific Journal of Public Health, 23(2)*, 14S-26S.

Heaney, A. K., Carrión, D., Burkart, K., Lesk, C., & Jack, D. (2019). Climate change and physical activity: Estimated Impacts of ambient temperatures on bikeshare usage in New York City. *Environmental Health Perspectives, 127(3)*, 37002.

Hemmer, C. J., Emmerich, P., Loebermann, M., Frimmel, S., & Reisinger, E. C. (2018). Mücken und Zecken als Krankheitsvektoren: der Einfluss der Klimaerwärmung. *Deutsche Medizinische Wochenschrift, 143(23)*, 1714-1722.

Höflich, C. (2018). Klimawandel und Pollen-assoziierte Allergien der Atemwege. *Umwelt und Mensch - Informationsdienst, 1*, 5-10.

Jendritzky, G. (2007). Folgen des Klimawandels für die Gesundheit. In W. Endlicher & F. Gerstengarbe´ (Éds.), *Der Klimawandel* (pp. 108–118). Berlin: Humboldt-Universität. http://dx.doi.org/10.18452/1981

Kaiser, R., Archelos-Garcia, J.-J., Jilg, W., Rauer, S., & Sturzenegger, M. (2017). Frühsommer-Meningoenzephalitis (FSME). *Aktuelle Neurologie, 44(3)*, 161-169.

Kappas, M. (2009). *Klimatologie: Klimaforschung im 21. Jahrhundert — Herausforderung für Natur- und Sozialwissenschaften*. Heidelberg: Spektrum Akademischer Verlag.

Karamfilov, T., & Elsner, P. (2002). Sport als Risikofaktor und therapeutisches Prinzip in der Dermatologie. *Der Hautarzt, 53(2)*, 98-103.

Katelaris, C. H., & Beggs, P. J. (2018). Climate change: allergens and allergic diseases. *Internal Medicine Journal, 48(2)*, 129-134.

Lake, I. R., Jones, N. R., Agnew, M., Goodess, C. M., Giorgi, F., Hamaoui-Laguel, L., Semenov, M. A., Solmon, F., et al. (2017). Climate change and future pollen allergy in Europe. *Environmental Health Perspectives, 125(3)*, 385-391.

Maloney, S. K., & Forbes, C. F. (2011). What effect will a few degrees of climate change have on human heat balance? Implications for human activity. *International Journal of Biometeorology, 55(2)*, 147-160.

Mathias, D. (2018). Fit und gesund von 1 bis Hundert - Ernährung und Bewegung - Aktuelles medizinisches Wissen zur Gesundheit (4th ed.). Heidelberg: Springer.

Mücke, H.-G., & Matzarakis, A. (2017). Klimawandel und Gesundheit. In H. E. Wichmann & H. Fromme (Eds.), *Handbuch Umweltmedizin* (58 ed., pp. 1-38). ecomed

Mücke, H.-G., & Matzarakis, A. (2019). *Klimawandel und Gesundheit - Tipps für sommerliche Hitze und Hitzewellen*. Umweltbundesamt, Deutscher Wetterdienst.

Neuerburg, H.-J., & Quardokus, B. (2019). Sport in Zeiten der Energiewende – Herausforderungen, Chancen und Perspektiven. In A. Hildebrandt & W. Landhäußer (Eds.), *CSR und Energiewirtschaft* (pp. 329-343). Springer Gabler

Ogden, N. H., & Lindsay, L. R. (2016). Effects of climate and climate change on vectors and vector-borne diseases: Ticks are different. *Trends in Parasitology, 32(8)*, 646-656.

Orr, M., & Inoue, Y. (2019). Sport versus climate: Introducing the climate vulnerability of sport organizations framework. *Sport Management Review, 22(4)*, 452-463.

Reil, D., Binder, F., Freise, J., Imholt, C., Beyrer, K., Jacob, J., Krüger, D. H., Hofmann, J., et al. (2018). Hantaviren in Deutschland: Aktuelle Erkenntnisse zu Erreger, Reservoir, Verbreitung und Prognosemodellen. *Berliner und Münchner Tierärztliche Wochenschrift, 131(11/12)*, 453-464.

Robert Koch-Institut. (2006). Neuerungen in den aktuellen Empfehlungen der Ständigen Impfkommission (STIKO) am RKI vom Juli 2006. *Epidemiologisches Bulletin, 32*, 271-280.

Robert Koch-Institut. (2019). *Informationen zur Vermeidung von Hantavirus-Infektionen*. Berlin: Robert Koch-Institut.

Schneider, S., Görig, T., Schilling, L., Schuster, A., & Diehl, K. (2019). Die Nutzung von Sonnenbrillen in Freizeit und Beruf : Defizite in der Prävention sonnenbedingter Augenschäden. *Der Ophthalmologe, 116(9)*, 865-871.

Schneider, S., & Mücke, H.-G. (2021). Sport and climate change—how will climate change affect sport? *German Journal of Exercise and Sport Research*. https://doi.org/10.1007/s12662-021-00786-8

Schneider, S., Winning, A., Grüger, F., Anderer, S., Hoffner, R., & Anderson, L. (2022). Physical activity, climate change and health - A conceptual model for planning public health action at the organizational level. *International Journal of Environmental Research and Public Health*, 19(8), 4664.

Schweisfurth, H. (1994). Umweltschadstoff Ozon. *Deutsche Medizinische Wochenschrift, 119(10)*, 351-355.

Stamatakis, E., Nnoaham, K., Foster, C., & Scarborough, P. (2013). The influence of global heating on discretionary physical activity: an important and overlooked consequence of climate change. *Journal of Physical Activity & Health, 10(6)*, 765-768.

Stark, K., Niedrig, M., Biederbick, W., Merkert, H., & Hacker, J. (2009). Die Auswirkungen des Klimawandels. Bundesgesundheitsblatt - Gesundheitsforschung - *Gesundheitsschutz, 52(7)*, 699-714.

Statista. (2022). *Bevölkerung in Deutschland nach Häufigkeit des Sporttreibens in der Freizeit von 2017 bis 2021*. online unter https://de.statista.com/statistik/daten/studie/171911/umfrage/haeufigkeit-sport-treiben-in-der-freizeit/ (Stand: 16.03.2022).

Stöver, B. (2015). *Gesundheit: Effekte des Klimawandels*. Osnabrück: Gesellschaft für Wirtschaftliche Strukturforschung mbH.

Townsend, M., Mahoney, M., Jones, J. A., Ball, K., Salmon, J., & Finch, C. F. (2003). Too hot to trot? Exploring potential links between climate change, physical activity and health. *Journal of Science and Medicine in Sport, 6(3)*, 260-265.

Umweltbundesamt. (2016). *Ozon bei Sportveranstaltungen*. online unter https://www.umweltbundesamt.de/themen/gesundheit/umwelteinfluesse-auf-den-menschen/ozon-bei-sportveranstaltungen#ozon-bei-sportveranstaltungen (Stand: 25.03.2022).

Umweltbundesamt. (2019). *GE-I-5: Cyanobakterienbelastung von Badegewässern – Fallstudie - Monitoringbericht 2019 zur Deutschen Anpassungsstrategie an den Klimawandel*. online unter https://www.umweltbundesamt.de/themen/klima-energie/klimafolgen-anpassung/folgen-des-klimawandels/monitoring-zur-das/das-handlungsfelder-indikatoren/menschliche-gesundheit/ge-i-5-cyanobakterienbelastung-von-badegewaessern#ge-i-5-cyanobakterienbelastung-von-badegewassern-fallstudie (Stand: 25.03.2022).

Universität Heidelberg (2011). *Leitbild und Grundsätze*..Heidelberg: Universität.

Watts, N., Amann, M., Arnell, N., Ayeb-Karlsson, S., Belesova, K., Boykoff, M., Byass, P., Cai, W., et al. (2019). The 2019 report of The Lancet Countdown on health and climate change: ensuring that the health of a child born today is not defined by a changing climate. *The Lancet, 394(10211)*, 1836-1878.

Weltgesundheitsorganisation (2019). *Gesundheitshinweise zur Prävention hitzebedingter Gesundheitsschäden*. Kopenhagen: WHO-Regionalbüro für Europa. https://apps.who.int/iris/bitstream/handle/10665/341625/WHO-EURO-2021-2510-42266-58732-ger.pdf

Wonisch, M., Hofmann, P., Förster, H., Hörtnagl, H., Ledl-Kurkowski, E., & Pokan, R. (2017). *Kompendium der Sportmedizin - Physiologie, Innere Medizin und Pädiatrie*. Heidelberg: Springer.

Über die Autoren

Prof. Dr. phil. Sven Schneider studierte Soziologie, Psychologie und Erziehungswissenschaften an der Universität Heidelberg, wo er im Jahr 2001 auch promoviert wurde. Seine interdisziplinäre Herangehensweise an Themen im Spannungsfeld zwischen Sozial- und Verhaltenswissenschaften und Gesundheit spiegelt sich auch in seiner anschließenden Habilitation an der Medizinischen Fakultät Heidelberg im Fach „Sozialmedizinische Epidemiologie" im Jahr 2007 wider. Nach Führungspositionen in der Forschung an der Universitätsklinik Heidelberg und dem Deutschen Krebsforschungszentrum arbeitet er seitdem an der Medizinischen Fakultät Mannheim der Universität Heidelberg. Sein Interesse gilt neben dem Klimawandel den sozialen und psychischen Bedingungen gesundheitsrelevanten Verhaltens. Zudem ist er Trainerausbilder für zahlreiche Sportverbände des Deutschen Olympischen Sportbundes und seit 1994 als Trainer für den DLV, den DTB und den DHB tätig.

Dr. med. univ. Michael Eichinger studierte Humanmedizin an der Medizinischen Universität Graz (Österreich) und Biostatistik an der London School of Hygiene and Tropical Medicine. Neben seiner Facharztweiterbildung für Kinder- und Jugendmedizin und seiner Tätigkeit als Leiter der Arbeitsgruppe für Pädiatrische Versorgungsforschung an der Universitätsmedizin Mainz initiierte er im Jahr 2020 das Forschungsprogramm Planetare Gesundheit am Zentrum für Präventivmedizin und Digitale Gesundheit Baden-Württemberg an der Universität Heidelberg, das er seither leitet. Sein wissenschaftliches Interesse gilt insbesondere der Entwicklung, Implementierung und Evaluation von Interventionen zu Klimaschutz und Klimafolgenanpassung, die mit positiven Effekten für die Gesundheit einhergehen, sowie der Nutzung von innovativen Governance-Elementen (z. B. deliberative Verfahren) und Forschungszugängen (z. B. Bürgerwissenschaften) für kommunale Nachhaltigkeitstransformationen.

Korrespondenzadresse:
Medizinische Fakultät Mannheim der Universität Heidelberg
Zentrum für Präventivmedizin und Digitale Gesundheit (CPD)
Ludolf-Krehl-Straße 7–11
D-68167 Mannheim

E-Mail: sven.schneider@medma.uni-heidelberg.de
Homepage: https://www.umm.uni-heidelberg.de/cpd

Statistik im Kontext der vier Elemente: Eine Betrachtung aus konzeptioneller und personeller Sicht

CHRISTEL WEISS

Medizinische Fakultät Mannheim der Universität Heidelberg

Zusammenfassung

Dieser Beitrag beleuchtet die Arbeitsweise in der Statistik aus einer ungewöhnlichen Sicht: Wie lassen sich Datenanalysen mit den vier Elementen Feuer, Wasser, Erde und Luft in Einklang bringen? Die Vier-Elemente-Lehre ist ein in der griechischen Antike verwurzeltes Modell, mit dem die Beschaffenheit alles materiellen und immateriellen Seins erklärt werden soll. Dagegen ist die Statistik eine moderne, interdisziplinäre Wissenschaft, die versucht mittels der Analyse von aussagekräftigen Daten zu neuen Erkenntnissen zu gelangen. Welche Verbindungen lassen sich zwischen diesen so grundsätzlich verschiedenen Systemen knüpfen? Grundlegend für eine statistische Analyse sind die Daten; sie repräsentieren die Erde. Die Analysemethoden, die alles durchdringen, säubern und klären, sind mit dem Wasser vergleichbar. Die Fragestellung und das Brennen, zu neuen Erkenntnissen zu gelangen, stehen für das Feuer. Die Ergebnisse der Datenanalyse verkörpern die Luft: notwendig zum Leben und für den Fortschritt der Menschheit, manchmal jedoch als heiße Luft oder laues Lüftchen kaum wahrnehmbar. Auch die Personenkreise, die zu einer statistischen Analyse beitragen, lassen sich einem der vier Elemente zuordnen: sie werden repräsentiert durch Datenlieferanten (Erde), Statistiker (Wasser), Vertreter einer angewandten Wissenschaft (Feuer) und Profiteure (Luft). Diese Darstellungen eignen sich, positive und negative Auswirkungen der einzelnen Elemente und auch deren Wechselwirkungen aus der Sicht eines Statistikers zu beleuchten.

https://doi.org/10.17885/heiup.hdjbo.2022.1.24627

1 Einleitung

Feuer, Wasser, Erde, Luft: Nach der klassischen griechischen Lehre setzt sich alles Sein aus diesen vier Elementen zusammen. Diese Lehre besagt, dass alle sichtbaren Gegenstände ebenso wie immaterielle Gedanken und geistige Ideen daraus hervorgegangen sind.

Die vier Elemente sind für das Entstehen und die Erhaltung des Lebens unabdingbar. Feuer erzeugt Wärme, Wasser gilt als das Grundelixier des Lebens, die Erde lässt Nahrung gedeihen, die Luft brauchen Menschen, Tiere und Pflanzen zum Atmen. Wie alle Modelle ist freilich auch dieses Modell zur Beschreibung der Welt unvollständig; es kann nicht jedes Detail erklären. Aber es kann möglicherweise eine vereinfachte Darstellung der Realität wiedergeben, mit denen sich gewisse Phänomene erklären lassen: etwa wie Materie und Geist, die materielle und die immaterielle Welt zusammenwirken, und wie daraus Neues hervorgeht.

Wie lässt sich dieses Ideenkonstrukt auf die Statistik anwenden? Auch wenn diese Assoziation auf den ersten Blick nicht offensichtlich ist, so ergeben sich bei näherer Betrachtungsweise Berührungspunkte. Dies sei am Beispiel der medizinischen Statistik erläutert. Auch diese wissenschaftliche Disziplin arbeitet mit Modellen. Zwar sind die vielfältigen physikalischen und chemischen Vorgänge im gesunden und im kranken Körper eines Menschen im naturwissenschaftlichen Sinne erklärbar; jedoch sind ihre Wechselwirkungen so komplex, dass sie sich einer exakten theoretischen Beschreibung entziehen. Deshalb sind in der klinischen und epidemiologischen Forschung Beobachtungen und Experimente notwendig, um Daten zu generieren und diese zu analysieren. Auch in einer solchen Studie wirken materielle Dinge und immaterielle Werte zusammen. Zu den materiellen Gegenständen zählen etwa Messgeräte, Speichermedien oder Rechner, wohingegen der Forschungsgegenstand, die Ideen und die Wissbegierde der an der Studie beteiligten Wissenschaftler sowie die Rechte der Probanden den immateriellen Gütern zuzuordnen sind.

Wie jedoch lässt sich das Durchführen einer klinischen Studie und die damit verbundene statistische Analyse mit den vier Elementen in Einklang bringen? Ist ein solches aus der Antike überlieferte Ideenkonstrukt für die medizinische Forschung in irgendeiner Weise nützlich, oder ist es gänzlich überflüssig? Diesen Fragen soll in diesem Beitrag nachgegangen werden.

2 Bedeutung der vier Elemente: Historische Betrachtungen

2.1 Die Erklärung der Welt durch griechische Philosophen

Das Konstrukt der vier Elemente ist mittlerweile mehr als 2500 Jahre alt. Um das Jahr 600 v. Chr. begründeten die als Vorsokratiker bezeichneten griechischen Denker eine Naturphilosophie, deren Bestreben es war, die Welt auf einen Urstoff zurückzuführen. Bei Thales von Milet (624/623–548/544 v.Chr.) war das Wasser der Urgrund des Lebens. Für seinen Nachfolger Anaximander (ca. 610–547 v.Chr.) entstanden alle belebten und unbelebten Dinge aus Apeiron, einem unbestimmten, in unendlichem Maße verfügbaren Stoff. Anaximenes (ca. 585–528/524 v.Chr.) hingegen sah die Luft als den Urstoff an, aus dem durch Verdichtung Wasser und Stein und durch Verdünnung Feuer gebildet würden. Heraklit (ca. 520–460 v.Chr.) bezeichnete das Feuer als die Ursubstanz allen Seins.

Abbildung 1: Empedokles – der Gründer der 4-Elemente-Lehre.

Schließlich fasste der Naturphilosoph Empedokles (493–433 v.Chr.; Abb. 1) diese verschiedenen Vorstellungen in einer Lehre von den vier Elementen zusammen, denen er bestimmte Aggregatzustände zuordnete (Tabelle 1). Nach seiner Theorie sind diese Elemente unvergänglich und unveränderlich. Alle Wandlungen, alles Entstehende und Vergehende werden durch Änderungen der Mischungsverhältnisse erklärt.

Seither wurden zahlreiche Versuche unternommen, diese Elemente als die vier Urstoffe zu definieren, aus denen sich durch komplexe Mischungen die ganze physisch-sinnliche Welt zusammensetzt.

2.2 Die vier Elemente zur Beschreibung menschlicher Eigenschaften

Das Vier-Elemente-Prinzip wurde auch auf andere Disziplinen wie beispielsweise auf die Heilkunst übertragen. Der griechische Arzt Galen von Pergamon (Abb. 2), der im 2. Jahrhundert lebte und wirkte, entwickelte auf dieser Basis die Hu-

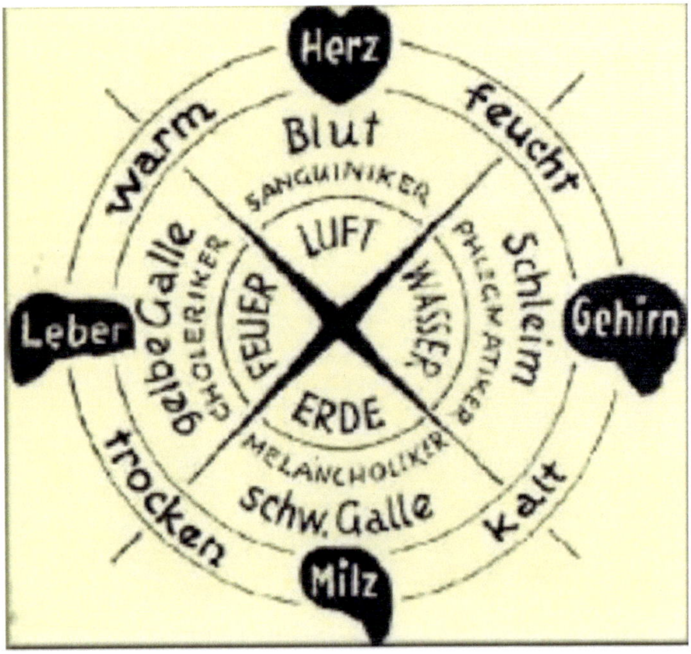

Abbildung 2: Die Humoralpathologie des Galen von Pergamon.

Tabelle 1: Die vier Elemente und ihre Pendants in der Heilslehre

Element	Aggregatzustand	Körpersaft	Organ	Temperament
Erde	kalt, trocken	schwarze Galle	Milz	Melancholiker
Wasser	kalt, feucht	weißer Schleim	Gehirn	Phlegmatiker
Feuer	warm, trocken	gelbe Galle	Leber	Choleriker
Luft	warm, feucht	Blut	Herz	Sanguiniker

moralpathologie, wonach jede Krankheit durch ein Ungleichgewicht der vier Körpersäfte Blut, Schleim, gelbe und schwarze Galle entsteht. Ein von ihm bevorzugtes Heilverfahren war der Aderlass – eine Methode, die in Europa bis weit ins 18. Jahrhundert angewandt wurde. Entsprechend den Qualitäten der einzelnen Elemente ordnete er den Körpersäften bestimmte Eigenschaften zu (Tabelle 1): Das Blut ist warm und feucht (analog zur Luft); es repräsentiert das Herz. Der weiße Schleim ist dagegen kalt und feucht (wie das Wasser) und symbolisiert das Gehirn. Die gelbe Galle ist warm und trocken (entsprechend dem Feuer) und wird in der Leber gebildet, wohingegen die schwarze Galle als kalt und trocken angesehen wird (analog zur Erde) und mit der Milz in Verbindung gebracht wird.

Galen nutzte die vier Elemente außerdem, um menschliche Eigenschaften zu erklären, indem er jedem Körpersaft ein Element und ein bestimmtes Temperament zuordnete. Der Melancholiker repräsentiert das Element „Erde“ und den Körpersaft „schwarze Galle“; er gilt als nachdenklich und verlässlich, aber auch als schwermütig und misstrauisch. Dagegen entspricht der furchtlose und willensstarke, zugleich leicht erregbare und jähzornige Choleriker dem Feuer und der gelben Galle. Der Phlegmatiker wird mit Wasser und Schleim in Verbindung gebracht; er gilt als ruhig und besonnen, aber auch als träge und unentschlossen. Der heitere und lebhafte, zuweilen auch leichtsinnige Sanguiniker ist mit der Luft als Element und dem Blut als Körpersaft vergleichbar.

Auch die große Mystikerin Hildegard von Bingen (1098–1179), die als bedeutendste natur- und heilkundige Gelehrte des Mittelalters gilt, orientierte sich an der Vier-Elemente-Lehre. Darauf basierend entwickelte sie eine Theorie, um den Menschen, die Gesellschaft und darüber hinaus die gesamte Schöpfung zu erklären. Demnach halten die Elemente einerseits die Welt (den Makrokosmos) zusammen. Andererseits sorgen sie für den Zusammenhalt des menschlichen Körpers (des

Mikrokosmos), indem sie spezifische Aufgaben übernehmen, so dass der Leib in „fester und gleichgestimmter Organisation“ gehalten werden kann [1]. Wasser ist im Blut enthalten, die Luft im Atem, Feuer produziert Körperwärme, Erde bildet den materiellen Körper. Diese Lehre prägte lange Zeit die Auffassung von der belebten Natur ebenso wie die Heilkunst. Analog zu Galen teilte Hildegard die

Abbildung 3: Das Welten-Ei der Hildegard von Bingen: ein Versuch zur Erklärung der Welt.

Tabelle 2: Die vier Elemente und ihre Pendants in der Statistik

Element	Komponente der statistischen Analyse	Personenkreis
Erde	Daten	Studienteilnehmer
Wasser	statistische Methoden	Statistiker
Feuer	zu prüfende Hypothese	Fachwissenschaftler
Luft	Ergebnisse	Gesellschaft

Menschen in vier Temperamente ein, die sie in ihrem Buch „Physica" ausführlich beschrieb (Abb. 3).

Der Arzt und Naturphilosoph Paracelsus (1493/94–1541) machte sich dieses Prinzip ebenfalls zu eigen. Er wies dem materiellen Leib die Elemente Wasser und Erde zu, während der unsichtbare Geist vom göttlichen Feuer und der Luft („Licht der Natur") geformt werden würde. Nach diesen Modellvorstellungen ist der Mensch als Gestaltkonfiguration der vier Elemente anzusehen. Mittlerweile gelten all diese Auffassungen als überholt. Mit den Erkenntnissen der modernen Naturwissenschaften lassen sie sich kaum in Einklang zu bringen. Dennoch ist die uralte Menschheitsfrage geblieben: Wie lässt sich die Welt erklären?

3 Die Rolle der vier Elemente bei statistischen Analysen

3.1 Erde – das beständige Element

Während die flüchtigen Elemente Feuer und Luft nicht greifbar sind und Wasser zwar fühlbar, aber kein fester Stoff ist, verkörpert die Erde das Beständige und Stabile. Sie verleiht Halt und Sicherheit. Sie offenbart sich überall und permanent und zeigt sich in vielfältiger Gestalt.

Erde ist ein lebensspendendes Element. Insofern ist sie mit Daten vergleichbar. Forscher sind auf Daten angewiesen; sie stellen die Grundlage jeder statistischen Analyse dar. Zwar sind ihre Ideen, ihre Wissbegierde und ihre fachspezifischen Kenntnisse essenziell, um eine Studie zu planen und durchzuführen. Doch ohne ein solides Datenfundament wären all ihre Bemühungen zum Scheitern verurteilt.

Die Erde bringt Leben in einer schier unvorstellbaren Vielfalt und Fülle hervor. Der Mensch ist diesem Leben jedoch nicht unkontrolliert ausgesetzt: In seiner unmittelbaren Umgebung vermag er Tiere zu zähmen und Pflanzen für sich nutzbar zu machen. Ähnlich verhält es sich mit Daten: Die Welt quillt über vor Daten und Informationen (nicht zuletzt dank moderner Datenerfassungssysteme und Kommunikationsmedien). Auch in Forschungseinrichtungen und im klinischen Alltag werden mittels technischer Messgeräte, komplexer Überwachungssysteme und leistungsfähiger Speichermedien immense Datenmengen generiert. Diese bergen in ihrer Gesamtheit ein beachtliches Informationspotential in sich. Es bedarf jedoch sorgfältiger Planungen und Auswahlmechanismen (vergleichbar mit Zähmungen), um aussagekräftige Daten zu gewinnen, die geeignet sind, eine konkrete wissenschaftliche Fragestellung im Rahmen einer Studie zu bearbeiten.

Galen von Pergamon verglich das Element „Erde“ mit dem Temperament eines Melancholikers (Tabelle 1). Im allgemeinen Sprachgebrauch gilt ein zur Melancholie neigender Mensch als introvertiert oder im Extremfall als fatalistisch, zuweilen auch als misstrauisch und kritisch. An positiven Charaktereigenschaften werden ihm Verlässlichkeit und Gelassenheit attestiert. Diese Attribute lassen sich übertragen auf Studienteilnehmer wie beispielsweise Patienten, die für eine klinische Studie rekrutiert werden – und zwar unabhängig vom tatsächlichen Temperament dieser Personen. Obwohl die Studienteilnahme mit Belastungen einhergeht, vertrauen sie sich Studienärzten an in der Hoffnung, dass ihr Engagement in irgendeiner Weise gewinnbringend sein möge: sei es, dass sie selbst einen gesundheitlichen Nutzen durch eine im Rahmen der Studie angewandte therapeutische, diagnostische oder präventive Maßnahme ziehen (Eigennutzen) oder indem sie dazu beitragen, dass zukünftige Patienten profitieren werden (Fremdnutzen) oder dass die Erkenntnisse der Studie einer speziellen Gruppe, der auch die Studienteilnehmer angehören (z. B. Kinder oder schwangere Frauen), nützlich sein werden (Gruppennutzen). Auch wenn eine positive Kosten-Risiko-Abwägung und die informierte Einwilligung der Probanden zur Teilnahme ethische Voraussetzungen für die Durchführung einer klinischen Studie darstellen, sind studienbedingte Risiken beispielsweise durch potentielle Nebenwirkungen eines Prüfmedikaments oder durch studienbedingte Beeinträchtigungen keineswegs ausgeschlossen [6].

Also ist für die Probanden ein individueller Nutzen durch die Studienteilnahme keineswegs gewährleistet, in vielen Fällen apriori nicht zu erwarten. Wenn etwa ein Patient im Rahmen einer Therapiestudie a priori der Kontrollgruppe zugewiesen wird und mit einer Standardtherapie oder einem Placebo behandelt wird, bringt die Studienteilnahme keine unmittelbaren Vorteile mit sich. Gänzlich ausgeschlossen ist ein individueller Nutzen bei Registerstudien oder retrospektiven

Beobachtungsstudien, bei denen Daten aus Patientenakten entnommen werden. Bei diesen Studientypen ist von vornherein klar, dass deren Nutzen allenfalls durch einen medizinisch-wissenschaftlichen Erkenntnisgewinn gegeben ist. Die Studienteilnehmer spielen dabei eine passive Rolle; die Verarbeitung ihrer Daten geschieht ohne deren Einwilligung und häufig sogar ohne deren Wissen.

Demzufolge agieren die Studienteilnehmer in aller Regel uneigennützig. Sie dienen dem Wohl der Allgemeinheit und tragen mit ihren Daten indirekt zum medizinisch-wissenschaftlichen Erkenntnisgewinn bei – ohne dass sie Einfluss auf die Planung oder die Durchführung der Studien ausüben könnten oder irgendeinen persönlichen Nutzen aus deren Ergebnissen ziehen könnten. Insofern bleibt ihnen keine andere Wahl, als sich melancholisch in ihr Schicksal zu fügen und fatalistisch darauf zu vertrauen, dass sie durch die Studienteilnahme keinen Schaden erleiden. Dass sie vorsichtig oder gar misstrauisch agieren und zuweilen beim Prüfpersonal kritisch nachfragen, erscheint in Anbetracht der Ungewissheiten, denen sie sich ausgesetzt fühlen, verständlich. Auch diese Charaktereigenschaften kennzeichnen laut Galen einen Melancholiker.

3.2 Wasser – das alles durchdringende Medium

Der Urstoff Wasser steht für Dynamik und Flexibilität. Wasser durchdringt alles, es kann besänftigen und mitreißen. Dieses Element ist voller Widersprüche. Wasser ermöglicht Leben und Wachstum, es kann andererseits lebensbedrohlich wirken oder gar zerstören. Ein einzelner Wassertropfen wird kaum wahrgenommen; ein Wolkenbruch oder ein Tsunami vermag dagegen ganze Landstriche zu untergraben. Wasser kann seicht rieseln oder heftig niederprasseln, es fließt sanft in Bächen oder stürzt kraftvoll von Bergen herab. Wasser wird zuweilen herbeigesehnt, manchmal gefürchtet. Nach einem schwülen Sommertag wird Regen als wohltuend empfunden; zu viel Regen führt zu Überschwemmungen und wüsten Zerstörungen. Klares Wasser reinigt und erhellt, trübes Wasser ist unsauber und gefährlich. Wasser ist beharrlich. „Gutta cavat lapidem" („Steter Tropfen höhlt den Stein"): Das liest man bereits in den Epistulae des römischen Dichters Ovid (43 v.Chr.–17 n.Chr.).

Die Dynamik und die Diversität von Wasser beschreibt die Flexibilität der statistischen Methodik, die es ermöglicht, sich aktuellen Fragestellungen und speziellen Datencharakteristika anzupassen (Tabelle 2). Die Analyse eines Datensatzes beginnt in aller Regel mit einfachen Techniken: dem Ermitteln von Häufigkeiten, dem Schätzen von statistischen Kenngrößen zur Beschreibung von Variablen oder der Berechnung von Assoziationsmaßen sowie dem Erstellen grafischer Darstellungen. Statistische Tests ermöglichen es, Unterschiede zwischen zwei Gruppen oder Zusammenhänge nachzuweisen; mittels einer Regressionsanalyse kann es gelingen, eine Zielgröße in Abhängigkeit von einer oder mehreren Einflussgrößen durch eine mathematische Gleichung zu beschreiben. Diese Methoden sind vergleichbar mit der reinigenden Kraft von klarem, sanft fließendem Wasser, das Unebenheiten glättet, Unklarheiten erhellt und damit zu einem besseren Verständnis von Ursachen und Zusammenhängen führt. Eine statistische Analyse, die eine vorab vermutete Hypothese bestätigt, gleicht einem wohligen Regenschauer.

Hin und wieder entsprechen jedoch die Ergebnisse einer statistischen Analyse nicht dem, was der Fachwissenschaftler erwartet oder erhofft hat: Sei es, dass ein erwarteter Unterschied zwischen zwei Gruppen wegen eines zu geringen Stichprobenumfangs nicht nachweisbar ist oder dass ein Effekt wesentlich schwächer ist als vorab vermutet wurde. Für einen Kliniker, der aus tiefer Überzeugung danach strebt, mittels einer randomisierten Studie einer neuen Therapie zum Durchbruch zu verhelfen, oder für einen Forscher, der eine bislang unbekannte wissenschaftliche These nachzuweisen trachtet, mag dies sehr enttäuschend sein. In solchen Fällen gleicht die statistische Analyse eher einer kalten Dusche als einem wohligen Regenschauer.

Die meisten Forscher wünschen sich ein statistisch signifikantes Testergebnis – nicht zuletzt deshalb, weil dies gute Chancen für eine Publikation bietet. Diverse Gründe können dazu beitragen, dass dieses Ziel verfehlt wird: Eventuell ist die zu überprüfende Hypothese nicht korrekt, das Datenmaterial unzulänglich oder die statistischen Methoden sind nicht adäquat. Nachträgliche Manipulationen der Daten sind jedoch in keinem Fall statthaft. Dazu zählen beispielsweise das Eliminieren unliebsamer Werte oder ganzer Datensätze ohne triftigen Grund (weil sie einem signifikanten Ergebnis im Wege stehen) oder das „Erfinden" von Daten (um die Fallzahl zu erhöhen). Ebenso ist das Aufbauschen von bedeutungslosen Effekten mittels grafischer Darstellungen oder das Vortäuschen bestimmter Sachverhalte mittels ungeeigneter Kenngrößen zu vermeiden. Ferner kann das Anwenden von Testverfahren, deren Voraussetzungen nicht erfüllt sind, oder der Vergleich von nicht strukturgleichen Gruppen („Äpfel mit Birnen") zu verzerrten Ergebnissen und zu unzulässigen Schlussfolgerungen verleiten. Diese unsauberen Methoden sind mit trübem Wasser vergleichbar. Möglicherweise kann der Initiator der Studie davon vordergründig profitieren (etwa durch eine Publikation). Es besteht allerdings die Gefahr, dass diese Machenschaften eines Tages auffliegen und dass alle Beteiligten – wie bei einem Tsunami – in den Abgrund gerissen werden.

Nach der antiken Vier-Elemente-Lehre wird das Wasser dem Temperament des Phlegmatikers zugeordnet (Tabelle 1). Dessen positiven Charakterzüge wie Ruhe und Besonnenheit erscheinen wünschenswert für einen Statistiker, der im Idealfall bereits bei der Studienplanung seinen Einfluss geltend macht. Das Ziel einer effizienten Datenanalyse besteht nicht nur darin, die vorab aufgestellte Hypothese mit einem möglichst kleinen p-Wert abzusichern, sondern vielmehr im Erarbeiten eines statistischen Modells, das die Zielgröße in Abhängigkeit von einer oder mehreren Einflussgrößen basierend auf den vorhandenen Daten in optimaler Weise beschreibt [10]. Das Erstellen eines solchen Modells ist keineswegs trivial. Neben statistischem Know-How, theoretischem Vorwissen und inhaltlichen Überlegungen ist dabei Beharrlichkeit gefragt, um schließlich ein finales Modell zu erhalten, das sowohl den Ansprüchen des Statistikers als auch denen des beteiligten Fachwissenschaftlers genügt.

Möglicherweise wirkt der Statistiker auf seine Mitmenschen hin und wieder träge oder unentschlossen – etwa dann, wenn er sich von der Begeisterung des Fachwissenschaftlers nicht sofort mitreißen lässt, sondern bedächtig und besonnen bei der Datenanalyse agiert. Doch genau diese Eigenschaft ist erforderlich, um eine adäquate und effiziente Datenanalyse mit nachvollziehbaren Ergebnissen zu gewährleisten, wovon letzten Endes alle an einer Studie Beteiligten profitieren werden.

3.3 Feuer – die inspirierende Kraft

Feuer spendet Wärme, Licht und Energie. Deshalb gilt Feuer seit jeher als essenziell wichtig, um die Grundbedürfnisse der Menschen zu befriedigen und um kulturelle Leistungen zu ermöglichen. Gleichzeitig kann von Feuer eine fundamentale Bedrohung ausgehen. Als Beispiele seien Vulkanausbrüche, Blitzeinschläge oder Flächenbrände genannt, die verheerend wirken und Lebensgrundlagen unwiederbringlich zerstören können. In einem übertragenen Sinne kann Feuer als Symbol für Erneuerung angesehen werden. Man denke an das traditionelle Osterfeuer, mit dem in christlichen Kirchen die Auferstehung von den Toten symbolisiert wird, oder an das im Mittelalter gefürchtete Fegefeuer, das gemäß dem damaligen

Volksglauben arme Seelen durchleiden müssen, ehe sie im Himmel Aufnahme finden.

Paracelsus propagierte in seinem Opus Paramirum, dass die im Feuer verborgene Naturkraft unser Lehrmeister sein sollte: „Das Feuer macht sichtbar, was sonst im Dunkel ist. Nach dieser Methode soll die Wissenschaft vorgetragen werden". Dieser Satz ist heute so aktuell wie zu Paracelsus' Lebzeiten im 16. Jahrhundert. Eine wissenschaftliche Hypothese, die theoretisch gut begründet und mit Fachwissen untermauert ist und schließlich mittels statistischer Analysemethoden bestätigt wird, bringt Licht ins Dunkel (wo vorher Unsicherheit herrschte) und kann sich im günstigsten Fall segensreich auswirken für die Wissenschaft oder für die Mitglieder einer Gesellschaft, die von den neu gewonnenen Erkenntnissen profitieren. Dies trifft beispielsweise zu, wenn der höhere Nutzen einer neu entwickelten Therapie im Vergleich zur bisher verwendeten Standardtherapie nachgewiesen wird oder wenn in einer Risikostudie die Assoziation zwischen einem ätiologischen Faktor und einer bestimmten Krankheit belegt wird. Derlei Erkenntnisse sind vergleichbar mit der wärme-, licht- und energiespendenden Wirkung des Feuers.

Hin und wieder sind jedoch falsche Hypothesen im Umlauf, die sehr viel Schaden anrichten können. So wurde beispielsweise bis in die 1980er Jahre hinein die Empfehlung ausgesprochen, Säuglinge auf den Bauch zu legen. Angeblich sollte diese Lage für einen ruhigeren Schlaf sorgen, die motorische Entwicklung fördern und das Baby davor schützen, Erbrochenes einzuatmen. Diese Hypothese „Bauchlage ist für Säuglinge besser als Rückenlage", die niemals wissenschaftlich überprüft worden war, hat vermutlich Zehntausenden von Kindern das Leben gekostet. Eine solche Hypothese ist vergleichbar mit der zerstörenden Kraft des Feuers. Erst Ende der 1980er Jahre (nachdem man erkannt hatte, dass die Inzidenz regional sehr unterschiedlich war und in Ländern am höchsten war, in denen die Bauchlage propagiert worden war) setzte ein Umdenken ein: Mittels Fall-Kontroll-Studien konnte klar gezeigt werden, dass die Bauchlage – neben anderen Faktoren – das Risiko des plötzlichen Säuglingstodes erhöhte [5]. Dies führte schließlich zu einem Paradigmenwechsel: Fortan wurde empfohlen, bei Säuglingen die Bauchlage zu vermeiden. Die Anzahl der Todesfälle sank daraufhin rapide um nahezu 70%, vergleichbar mit einem Feuer, das heilsam wirkt und eine Erneuerung mit sich bringt.

Das Pendant zum Feuer auf menschlicher Ebene ist der Choleriker (Tabelle 1). Dessen Eigenschaften passen zum Vertreter der angewandten Wissenschaft, der zielstrebig für seine Hypothese „brennt“ und diese gerne mittels statistischer Analysen bestätigt sehen möchte. Dies könnte ein Kliniker sein, der davon überzeugt ist, dass er eine neue Therapie entdeckt hat, die den Patienten zum Nutzen gereicht, oder ein Wissenschaftler, der glaubt einer bedeutenden Entdeckung auf der Spur zu sein, auf die die Fachwelt lange gewartet hat. Diese Menschen gelten als „feurig“ im Sinne von leidenschaftlich und temperamentvoll; ihr Antrieb ist Neugierde, Begeisterung und Enthusiasmus. Um ihr Ziel zu erreichen, müssen sie Beharrlichkeit, Innovationsfreude und Willensstärke an den Tag legen. Sie sollten sich von Rückschlägen nicht entmutigen lassen, sondern furchtlos ihren Weg verfolgen. Ihr inneres Feuer und die Sache, für die sie brennen, kann positive Impulse geben und wie ein Lagerfeuer sogar eine sozialisierende Wirkung entfalten, indem es sich auf andere Menschen überträgt und diese ebenfalls zum Glühen bringen.

Zuviel Feuer führt mitunter zu Jähzorn, Ungeduld und gesteigerter Reizbarkeit (typische Eigenschaften, die man einem Choleriker attestiert), wohingegen zu wenig Feuer im Innern eines Menschen mit Antriebslosigkeit und Lethargie assoziiert wird. Auch hier kommt es auf das rechte Maß an. Sehr schön kommt dies in Friedrich Schillers „Lied von der Glocke“ zum Ausdruck: „Wohltätig ist des Feuers Macht, wenn sie der Mensch bezähmt, bewacht“.

3.4 Luft – der flüchtige Stoff

Im Gegensatz zur Erde, zum Wasser und zum Feuer ist Luft weder fühlbar noch greifbar und kaum sichtbar. Luft steht für Veränderungen und Visionen; sie beflügelt die Fantasie und regt das Denken an. Das zeigt sich in Redewendungen wie „frischen Wind bringen“, „ein laues Lüftchen wehen“ oder „Luftschlösser bauen“, die als Umschreibungen gelten für „neue Impulse geben“, „eine Sache kaum spüren“ beziehungsweise „unrealistischen Träumen nachgehen“. Luft kann jedoch auch als tosender Sturm oder als zerstörerischer Tornado wahrgenommen und dabei als gewaltig und sehr unangenehm empfunden werden. Auch der Begriff „heiße Luft“ als Synonym für leeres Gerede ohne tiefere Bedeutung ist abwertend gemeint.

Im Rahmen einer statistischen Analyse ist das Element „Luft“ am ehesten mit den Ergebnissen vergleichbar (Tabelle 2). Wenn das Resultat einer statistischen Analyse den Hoffnungen des Fachwissenschaftlers, der die Studie initiiert hat, entspricht, wird dies in der Regel von allen Beteiligten als erfreulich angesehen. Die gewonnenen Erkenntnisse könnten dazu führen, dass Dinge neu überdacht oder Meinungen geändert werden – kurzum: dass frischer Wind in eine Diskussion gebracht wird und Projekte vorangetrieben werden. Häufig werden jedoch Ergebnisse zwar publiziert, aber ansonsten von der Fachwelt kaum wahrgenommen. Dies wäre vergleichbar mit dem „Wehen eines lauen Lüftchens“, das schnell vergeht, ohne erkennbare Spuren zu hinterlassen. Stürme oder Tornados kommen dagegen vergleichsweise selten vor. Mit diesen Erscheinungen assoziiert man umwälzende Erkenntnisse, die alles hinwegfegen können, bestehende Sicherheiten in Frage stellen und grundlegende Veränderungen bewirken. Dies geschieht beispielsweise, wenn Erkenntnisse einer Studie die medizinische Wissenschaft oder die klinische Praxis revolutionieren – was allerdings gemessen an der immensen Vielzahl wissenschaftlicher Publikationen eine große Ausnahme darstellt.

Mit welcher Art von Luft lassen sich die Ergebnisse von Studien vergleichen? Im akademischen Umfeld gibt es viel „heiße Luft“, etwa wenn sensationelle Befunde verkündet werden oder von einem „Durchbruch“ berichtet wird. Diese heiße Luft sorgt zunächst für viel Wirbel, ehe sie nach kurzer Zeit abkühlt und verfliegt. Dagegen führen gut geplante und sorgfältig durchgeführte Studien in der Regel zu interessanten Ergebnissen, die zwar keinen Sturm entfachen, aber die wissenschaftliche Fachwelt aufhorchen lassen, zu Diskussionen führen und damit zum Fortschritt in einer Disziplin beitragen. Als Beispiele seien Therapiestudien erwähnt, in denen Medikamente, Medizinprodukte oder andere Therapiemaßnahmen evaluiert werden. Auch wenn mit solchen Studien die klinische Praxis nicht unbedingt revolutioniert wird, tragen sie dennoch dazu bei, Therapien zu optimieren und verbesserte Ergebnisse bei gewissen Krankheiten oder Patientenpopulationen zu erreichen. Als Beispiele aus der epidemiologischen Forschung seien Risikostudien genannt, mit denen die Assoziation zwischen einer Krankheit und einem ätiologischen Faktor nachgewiesen wird. Auch diese Kenntnisse können mit einem kleinen Fortschritt einhergehen und helfen, die Inzidenz bestimmter Krankheiten oder schwerer Fälle zu verringern. All diese Studien führen möglicherweise dazu, Prozesse zu hinterfragen oder etablierte Therapieschemata zu überdenken und sorgen so für frischen Wind.

Sehr selten wird durch eine Studie ein Sturm oder gar ein Tornado entfacht, der die althergebrachte Ordnung umstößt und Dinge auf lange Sicht grundlegend verändert. Als Beispiel mögen die Arbeiten des französischen Arztes Pierre Charles Alexandre Louis (1787–1872) dienen [9]. Er führte die numerische Methode in die medizinische Forschung ein, indem er Daten von Patienten erhob und analysierte.

So konnte er zeigen, dass bei Patienten mit Lungenentzündung der Aderlass – eine seit Galens Zeiten routinemäßig angewandte Therapie – bestenfalls nutzlos, meist aber schädlich war. Louis numerische Methode und seine Erkenntnis bezüglich des Aderlasses wurden zwar zunächst von vielen seiner Kollegen abgelehnt; sie führten aber letzten Endes zu einem radikalen Umdenken sowohl bezüglich der Methodik in der medizinischen Forschung als auch bezüglich der Vorgehensweise in der klinischen Praxis.

Ein weiteres Beispiel stellen die Untersuchungen des ungarischen Arztes Ignaz Semmelweis (1818–1865) aus der Mittel des 19. Jahrhunderts dar, mit denen er nachwies, dass das damals so sehr gefürchtete Kindbettfieber, das zahlreichen Müttern das Leben kostete, durch mangelnde Hygiene des Klinikpersonals verursacht worden war [7]. Diese Erkenntnis löste unter seinen Kollegen einen Sturm der Entrüstung aus. Auf lange Sicht führte sie jedoch letztendlich dazu, dass allerorten Hygienevorschriften eingeführt wurden, die bewirkten, dass die Zahl der Todesfälle rapide zurückging und die Krankheit ihren Schrecken verlor.

Galen ordnete der Luft den Charakter eines Sanguinikers zu (Tabelle 1). Dieses Wort ist abgeleitet vom lateinischen „sanguinicus“, was mit „vollblütig“ übersetzt werden kann. Sanguiniker gelten als heiter, gesellig und optimistisch; an negativen Charakterzügen wird ihnen Leichtsinn und im Extremfall Skrupellosigkeit attestiert. Diese Eigenschaften lassen sich übertragen auf Personen einer Population, die von den Ergebnissen einer Studie profitieren. Dies könnten beispielsweise Mitglieder einer Gemeinschaft sein, die daran interessiert sind, dass für jede Krankheit geeignete Therapien verfügbar sind, oder auch Wissenschaftler, die neue Erkenntnisse für ihre Zwecke nutzen möchten. Diese Menschen nehmen im Allgemeinen die aus Studien hervorgehenden Erkenntnisse wohlwollend auf, meist optimistisch darauf vertrauend, dass sie eines Tages davon profitieren werden. Zuweilen sind sie dabei etwas töricht, weil sie Dinge falsch einschätzen, oder gar skrupellos, weil sie allzu sehr auf ihren eigenen Vorteil bedacht sind.

3.5 Die vier Elemente und ihre Wechselwirkungen

Die Darstellungen in Tabellen 1 und 2 verdeutlichen: Die vier Elemente und ihre Pendants in der Heilslehre beziehungsweise im Rahmen von statistischen Analysen sind eng miteinander verbunden. Sie bilden gemeinsam ein Fundament, in dem kein Element unabhängig von den anderen existieren kann. Das Fundament von Galens Humorallehre bilden die vier Körpersäfte, die in einem gesunden Körper harmonisch zusammenwirken. Nach dieser Theorie lassen sich Krankheiten durch ein Ungleichgewicht der Säfte erklären. Analog dazu müssen sich die vier Komponenten einer statistischen Analyse und die an einer Studie beteiligten Personen in sinnvoller Weise ergänzen, damit aus einer Studie nützliche Erkenntnisse hervorgehen.

Beginnen wir mit dem bodenständigsten Element, der Erde. Das Zusammenwirken von Erde und Wasser ist ausgesprochen fruchtbar. Zu wenig Wasser lässt jedoch die Erde austrocknen, während zu viel Wasser einen Sumpf entstehen lässt, in dem nichts mehr Halt findet. Diese Sichtweise lässt sich auf statistische Analysen übertragen: Wenn Daten (als Synonym für die Erde) mit effizienten Methoden (entsprechend dem Wasser) analysiert werden, kann daraus etwas Sinnvolles entstehen. Ineffiziente Analysen (zu wenig Wasser) macht das Datenmaterial unbrauchbar, während zu viele Analysen (vergleichbar einer Wasserflut) zu einer Unmenge von Ergebnissen führt, die kaum noch beherrschbar sind.

Die Erde agiert auch mit Luft, ohne die alles Leben im Erdreich verkümmern würde. Die Pflanzen nutzen das Kohlenstoffdioxid aus der Luft zur Photosynthese und geben Sauerstoff ab, während die Tiere Sauerstoff ein- und Kohlenstoffdioxid ausatmen. Auch Daten (Erde) und Ergebnisse (Luft) bedingen sich gegenseitig: Die aus Daten hervorgehenden Ergebnisse verleiten zu weiterer Forschung. Dazu werden weitere Daten generiert, die wiederum zu neuen Ergebnissen führen. So wiederholen sich die Prozesse: ein immerwährender Kreislauf.

Das Element Feuer braucht Nahrung, um existieren zu können; ansonsten erlischt es. Wie lässt sich dies auf die Statistik übertragen? Zur Überprüfung einer Hypothese sind Daten notwendig, ebenso wie Feuer auf Erde als brennbare Nahrung angewiesen ist. Wasser sorgt dafür, dass Feuer sich nicht unkontrolliert ausbreiten kann – vergleichbar mit Methoden der Datenanalyse, die (sinnvoll eingesetzt) verhindern, dass Hypothesen unkontrolliert oder ungeprüft übernommen werden. Eine präzise formulierte Hypothese und effiziente Analysemethoden stellen Voraussetzungen dar, dass aussagekräftige Ergebnisse hervorgehen und weitergegeben werden. Dies symbolisiert das Zusammenwirken zwischen Feuer und Luft bzw. zwischen Wasser und Luft.

Auch die bei einer Studie involvierten Personen müssen miteinander agieren, um zu einem erfolgreichen Abschluss zu gelangen. Bei einer klinischen Studie braucht es hinreichend viele Patienten, die zur Studienteilnahme bereit sind („fruchtbare Erde“), einen engagierten Kliniker, der bestrebt ist zum Fortschritt in der Medizin beizutragen („entfachendes Feuer"), einen kompetenten Statistiker, der die Daten mit effizienten Methoden analysiert („erquickendes Wasser") und eine Gesellschaft (seien es Wissenschaftler oder Personen, die möglicherweise als Patienten von einer neu entwickelten Therapie profitieren werden), die die Ergebnisse dankbar zu schätzen weiß und darüber diskutiert („frischer Wind").

Ein Projekt ist jedoch a priori zum Scheitern verurteilt, wenn einzelne Personen zur konstruktiven Kooperation nicht bereit sind oder danach trachten, ihre eigenen Interessen auf Kosten anderer durchzusetzen. Dies könnte beispielsweise dadurch geschehen, dass in einer klinischen Studie zu wenig Patienten ihre Einwilligung zur Studienteilnahme erklären („zu wenig Erde"), dass der Statistiker inadäquate Methoden verwendet („trübes Wasser"), dass der Kliniker aufsehenerregende Hypothesen generiert ohne sie zu überprüfen („zerstörende Kraft des Feuers") oder dass eventuelle Nutznießer der Ergebnisse sich täuschen lassen („heiße Luft").

Diese Überlegungen zeigen, dass das Interagieren der vier Elemente (gleichgültig, in welchem Kontext sie verwendet werden) unabdingbar ist, damit ein harmonisches Ganzes daraus hervorgeht.

4 Zur Bedeutung der Zahl 4

4.1 Die Bedeutung der Zahl 4 bei Aristoteles

Für Mathematiker ist die 4 ist eine attraktive Zahl. Sie ist nach der 1 die erste natürliche Zahl, die keine Primzahl ist. Ferner zeichnet sie sich durch die Besonderheit aus, dass sie mittels der Ziffer 2 darstellbar ist als die Summe 2+2 oder als das Produkt $2x2=2^2$. Von den Anhängern des griechischen Philosophen Pythagoras (570–510 v.Chr.) wurde sie deshalb als heilige Zahl verehrt. Heutzutage benutzt man diese Bezeichnung zwar nicht mehr; gleichwohl erscheinen die Eigenschaften der Zahl 4 nach wie vor faszinierend.

Auch bei den griechischen Philosophen spielte die Zahl 4 eine herausragende Rolle. Aristoteles (384–322 v.Chr.), der sich unter anderem als Wissenschaftstheoretiker verdient machte (Abb. 4), stellte zunächst drei Axiome des Logischen Denkens auf und begründete damit die formale Logik. Es handelt sich dabei um den Satz der Identität („Ein Begriff ist nur mit sich identisch und darf sich im Diskurs nicht wandeln"), den Satz vom Widerspruch („Von zwei sich gegenseitig ausschließenden Aussagen muss eine falsch sein") und den Satz vom ausgeschlossenen Dritten („Eine Aussage A ist entweder wahr oder falsch“) [3]. Bereits die Vorsokratiker hatten erkannt, dass es darüber hinaus ein viertes Prinzip geben müsste, nämlich den Satz vom zureichenden Grund („Alles hat eine Ursache“). Dieses vierte Axiom verbindet das abstrakte Denken mit der konkreten Erfahrung. Es suggeriert, dass sich alles wissenschaftlich erklären ließe. Die Naturwissenschaft des 20. Jahrhundert hat zwar zur Erkenntnis geführt hat, dass dieses Dogma keineswegs unumstößlich ist. Dennoch bleibt festzuhalten: Seit nunmehr 2000 Jahren bilden diese vier Axiome die Basis unseres naturwissenschaftlichen Weltbilds und unserer Forschung und führten damit zu zahlreichen neuen Erkenntnissen. Gerade das vierte Axiom wirkte und wirkt immer wieder anspornend, um den Dingen auf den Grund zu gehen. Statistische Analysen können dazu beitragen, indem sie basierend auf einer soliden Datenbasis eine Zielgröße zumindest partiell erklären.

Für Aristoteles hatte die Zahl 4 noch eine weitere Bedeutung: Er unterschied vier Ursachentypen, die allen Dingen und Zuständen sowie deren Veränderungen und Weiterentwicklungen unterliegen: Die „causa materialis“, die „causa formalis“, die „causa movens“ (oder „causa efficiens“) und schließlich die „causa finalis“. Diese Ursachen haben unterschiedliche Funktionen. Die „causa materialis“ bezeichnet das Material und die elementaren Bausteine, aus dem etwas entsteht, während die „causa formalis“ die äußere Form oder die zugrundeliegende Struktur eines Dings darstellt. Die „causa movens“ bezieht sich auf den Anlass, der zu einer Veränderung führt; die „causa finalis“ definiert deren Ziel und Zweck. Die ersten Ursachen (materialis und formalis) stehen demnach für Fragen nach dem „Was“ und „Wie“, während die anderen Ursachen (movens und finalis) sich auf das „Warum“ und „Wozu“ beziehen.

Freilich unterscheidet sich die Ursachenunterscheidung nach Aristoteles von derjenigen der modernen Wissenschaften. Heutzutage fällt es zuweilen schwer, die von Aristoteles genannten Ursachentypen explizit zu benennen, sie zu trennen oder generell den Zweck oder das Ziel einer Veränderung oder Entwicklung anzugeben. Insbesondere Mathematiker und moderne Naturwissenschaftler geben sich oft damit zufrieden, Dinge möglichst objektiv zu beschreiben und zu erklären, wobei sie zwar neue Erkenntnisse gewinnen, aber das Erwägen praktischer Konsequenzen als sekundär erachten.

Anders sieht es bei empirischen Wissenschaften aus. Dieses Konzept der Ursachenunterscheidung lässt sich beispielsweise auf eine statistische Analyse übertragen: Die Daten repräsentieren als Grundlage jeder statistischen Analyse die „causa materialis“, die den Daten zugrundeliegende Struktur lässt sich als „causa formalis“ ansehen, die analytischen Methoden stehen für die „causa movens“, das angestrebte Endergebnis (etwa der Nachweis eines Zusammenhangs) lässt sich als „causa finalis“ bezeichnen. Im speziellen Fall einer klinischen Therapiestudie ließe sich die „causa materialis“ auffassen als das gesamte Fachwissen, das bezüglich

Abbildung 4: Der Wissenschaftstheoretiker Aristoteles.

der Thematik publiziert ist, die „causa formalis“ als die der Krankheitsursache und des Krankheitsmechanismus zugrundeliegende Theorie. Die „causa movens“ betrifft die Erkenntnis, dass Bedarf nach einer effizienteren Therapie besteht. Die „causa finalis“ wäre durch die Entwicklung einer neuen Therapieform gegeben, die bezüglich eines bestimmten Aspektes der bisher verwendeten Standardtherapie überlegen ist.

4.2 Vier Elemente in modernen Wissenschaften

Die Lehren der Humoralpathologie als Erklärung von Krankheitsmechanismen gelten spätestens seit der Begründung der Zellularpathologie durch Rudolf Virchow (1821–1902) um die Mitte des 19. Jahrhunderts als überholt. Neuere Erkenntnisse der Psychologie zeigen, dass die Charaktereigenschaften eines Menschen durch vielerlei Faktoren und deren komplexes Interagieren beeinflusst werden und nicht einer von vier Kategorien zuzuordnen sind. Nichtsdestotrotz sind die Versuche des Galen von Pergamon oder der Hildegard von Bingen, das Universum und den Menschen als Makro- bzw. Mikrokosmos anhand von vier Elementen zu beschreiben, zu strukturieren und in all seinen Erscheinungsformen und Funktionen zu erklären, anerkennenswert.

Auch heute kommt der Zahl 4 in empirischen Wissenschaften wie beispielsweise der Medizin eine zentrale Bedeutung zu. Der Hauptteil wissenschaftlicher Arbeiten besteht in der Regel aus vier Teilen: Einleitung, Material und Methoden, Ergebnisse, Diskussion. Mit etwas Phantasie kann man diesen Komponenten eines der Elemente zuordnen (Tabelle 3): Das Material entspricht der Erde, die Methoden dem Wasser, die Ergebnisse und die Diskussion der Luft. Die dem Paper zugrunde liegende Fragestellung (die üblicherweise in der Einleitung dargelegt wird) symbolisiert das Feuer als antreibende Kraft.

Der Verlauf einer klinischen oder epidemiologischen Studie lässt sich grob in vier Phasen untergliedern [2]: In der Erkundungsphase wird das Forschungsvorhaben konkretisiert und in ein theoretisches Konzept eingebettet; außerdem wird die aktuelle Literatur gesichtet. In der theoretischen Phase wird dieser Ansatz überprüft: Ist die Theorie logisch konsistent und mit dem bislang bekannten Fachwissen konsistent? Dieser Abschnitt ist am ehesten mit dem Element „Erde“ vergleichbar (Tabelle 3). Sodann wird eine konkrete Hypothese formuliert („Feuer“), die empirisch überprüfbar ist. In der statistischen Phase wird die Studie geplant, außerdem werden Daten erhoben und analysiert („Wasser“). Schließlich

Tabelle 3: Die vier Elemente und ihre Pendants in der Statistik

Element	Komponenten einer Studie	Arzneimittel-studie	Inhalt eines Papers	PDCA-Zyklus
Erde	Theorie	Phase I	Material	Check
Feuer	Hypothese	Phase II	Fragestellung	Plan
Wasser	Statistik	Phase III	Methoden	Do
Luft	Entscheidung	Phase IV	Ergebnisse, Diskussion	Act

wird in der Entscheidungsphase geprüft, ob und mit welchen Einschränkungen die Hypothese verifiziert werden konnte und welche praktischen Konsequenzen aus dem Ergebnis der statistischen Analyse zu ziehen sind („Luft").

Das 4-Phasen-Konzept gilt auch für Arzneimittelstudien [4]: In Phase I wird das Arzneimittel an gesunden Probanden getestet, um Informationen bezüglich Pharmakodynamik („Was macht der Arzneistoff mit dem Körper?") und Pharmakokinetik („Was macht der Körper mit dem Arzneistoff?") zu gewinnen. Diese Phase, in der grundlegende Informationen bezüglich der Wirksamkeit des Medikaments gewonnen werden, entspricht dem Element „Erde" (Tabelle 3). In Phase II wird das Arzneimittel erstmals erkrankten Patienten verabreicht. Ziel dieser Phase ist es, das Therapiekonzept zu überprüfen und eine optimale Therapiedosis zu finden. In dieser Phase geht es Antworten auf die alles entscheidende Frage „Wirkt das Medikament bei Patienten?". Deshalb ist diese Phase mit dem Feuer vergleichbar. In Phase III wird das Arzneimittel mit einer Kontrollgruppe (z. B. Placebo oder einer bisher verwendeten Standardtherapie) verglichen, um dessen Überlegenheit nachzuweisen. Diese methodische Phase, in der das Medikament weiteren Prüfungen unterzogen wird, findet im Wasser sein Analogon. Wenn die Phasen I bis III erfolgreich abgeschlossen sind, kann die Zulassung beantragt werden. Danach beginnt die Phase IV, die der Erfassung seltener Nebenwirkungen und der Abgrenzung der Indikation dient. In Phase IV erreicht das Medikament einen breiten Anwenderkreis – vergleichbar mit der Luft.

In der Qualitätssicherung hat sich seit einiger Zeit der PDCA-Zyklus (Abb. 5) etabliert. PDCA steht für „Plan – Do – Check – Act". Diese vier Komponenten wurden im Jahr 1938 von dem Physiker und Statistiker William Deming

(1900–1993) formuliert. In der Plan-Phase werden die Fragestellungen formuliert („Feuer“): Was soll verbessert werden? Welches Ziel soll erreicht werden? In der folgenden Do-Phase werden Ressourcen geklärt, ein Zeitplan erstellt, Maßnahmen vereinbart und umgesetzt („Wasser“). Nach deren Abschluss werden in der die Ergebnisse evaluiert (Check) und Folgemaßnahmen abgeleitet (Act), ehe der Zyklus von Neuem beginnt (Tabelle 3). Der PDCA-Zyklus ist flexibel, er verhindert zielloses Agieren und ermöglicht so eine kontinuierliche Verbesserung. Deshalb hat sich dieses Modell der Qualitätssicherung in diversen Industrieunternehmen oder im Dienstleistungssektor etabliert. Mittlerweile wird es auch in Kliniken als praxis-orientiertes Risikomanagement-System benutzt [8].

4.3 Schlussfolgerungen

Der Mensch hatte immer das Bedürfnis, die Welt zu erklären. Dafür waren die vier Elemente lange Zeit ein hilfreiches Konstrukt. Sie avancierten zum Ordnungsschema des abendländischen Denkens und prägten die Wissenschaftsgeschichte über zwei Jahrtausende. Mit der Entstehung der modernen Naturwissenschaften wurde die Vier-Elemente-Lehre als wissenschaftliche Theorie entwertet. Die ursprüngliche Bedeutung des Begriffs „Element“ hat sich spätestens mit der Einführung

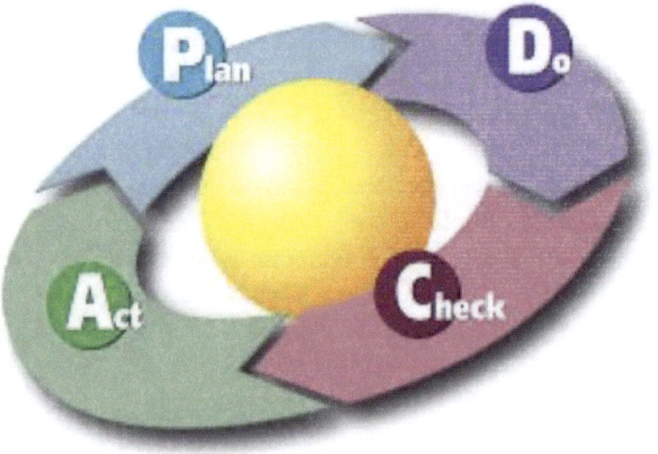

Abbildung 5: Schema des PDCA-Zyklus.

des Periodensystems durch Lothar Meyer (1830–1895) und Dimitri Mendelejew (1834–1907) grundlegend geändert. Die Vorstellung von den vier Elementen Feuer, Wasser, Erde und Luft als Grundsubstanzen musste dem Periodensystem mit mehr als 100 chemischen Elementen, die mit Ordnungszahlen versehen wurden, weichen. Fortan galten die im Periodensystem abgebildeten Atome als die Bausteine der Welt. Dieses moderne naturwissenschaftliche Modell erlaubt eine wesentlich präzisere Beschreibung und Erklärung der materiellen Welt und deren Veränderungen als die geheimnisvolle Vier-Elemente-Lehre der griechischen Antike.

Andererseits spielen in einem übertragenen Sinne die vier Elemente in den modernen Wissenschaften auch heute noch eine wichtige Rolle, wenngleich sie andere Namen tragen. Die Ausführungen in den obigen Abschnitten verdeutlichen: Die Einteilung eines Projekts in vier Phasen, die Einteilung eines Systems in vier Komponenten oder die Einteilung von Personen in vier Subgruppen eignet sich, um ein zunächst unübersichtliches Gebilde zu strukturieren, Ordnung zu schaffen und Zusammenhänge zu erklären. Gleichzeitig hilft diese Vorgehensweise, ein System als ein Gesamtbild zu begreifen, in dem mehrere Elemente zusammenwirken. Ferner veranschaulicht sie, dass die Resultate einer Studie oder eines Projekts nicht für alle Zeiten Gültigkeit haben, sondern einem ständigen Wandel unterliegen.

Diese Beispiele zeigen: Eine Konstruktion mit vier Elementen – wie auch immer sie bezeichnet werden – vermag es, ein vollständiges und in sich geschlossenes System zu formieren. Insofern sind die vier Elemente – wenn auch mit adaptierten Bezeichnungen – ewig existent, und die Axiome von Archimedes so aktuell wie vor 2000 Jahren.

Referenzen

[1] Beuys B: Das Leben der Hildegard von Bingen. S 244 ff., Carl Hanser Verlag München Wien, 2001

[2] Bortz J, Schuster C: Empirische Forschung und Statistik. Springer-Verlag Heidelberg, 7. Auflage 2010

[3] Fischer EP: Aristoteles, Einstein & Co. Eine kleine Geschichte der Wissenschaft in Portraits. Piper Verlag München Zürich, 2005

[4] Gierschick P: Die Phaseneinteilung klinischer Studien. In: Lenk C, Duttge G, Fangerau H (Hrsg.): Handbuch Ethik und Recht der Forschung am Menschen. Springer Verlag Heidelberg, 2014

[5] Jorch G, Findeisen M, Brinkmann B, Trowitzsch E, Weihrauch B: Bauchlage und plötzlicher Säuglingstod. Eine Zwischenbilanz in Thesen. Dt. Ärztebl. 88, 48: A-4266, 20XX

[6] Kielmannsegg S Graf von: Nutzen, Art des Nutzens. In: Lenk C, Duttge G, Fangerau H: Handbuch Ethik und Recht der Forschung am Menschen. Springer Verlag Heidelberg, 2014

[7] Nuland SB: Ignaz Semmelweis. Arzt und großer Entdecker. Piper Verlag München 2008

[8] Warnecke D: Risikokultur schaffen. Die Einführung eines Risikomanagements im Klinikalltag – wie es wirklich funktioniert und so zum ökonomischen Erfolg führt. Deutsches Ärzteblatt 24, 2006

[9] Weiß C: Entwicklung der Medizinischen Statistik in Deutschland. Der lange Weg dahin. GMDS Med Inform Biom Epidemiol, 2005

[10] Weiß C: Regressionsanalysen. In: Basiswissen Medizinische Statistik, Springer-Verlag, 7. Auflage 2019

Über die Autorin

Christel Weiß ist Professorin für Biomathematik und Epidemiologie an der Medizinischen Fakultät Mannheim der Universität Heidelberg. In ihren Verantwortungsbereich fallen Lehrveranstaltungen für Studierende der Medizin und Masterkurs-Absolventen, Seminare sowie die Beratung von Ärzten, wissenschaftlichen Mitarbeitern und Doktoranden bei der Planung und Durchführung von klinischen und epidemiologischen Studien. Frau Weiß ist Autorin des Lehrbuchs „Basiswissen Medizinische Statistik“ (erschienen im Springer-Verlag, 7. Auflage), des Ratgebers „Promotion. Die medizinische Doktorarbeit – von der Themensuche bis zur Dissertation“ (zusammen mit Prof. Dr. Axel Bauer, erschienen im Thieme-Verlag, 4. Auflage) sowie Koautorin zahlreicher Papers und Buchbeiträge.

Korrespondenzadresse:
Prof. Dr. Christel Weiß
Medizinische Fakultät Mannheim der Universität Heidelberg
Abteilung für Medizinische Statistik und Biomathematik
Theodor-Kutzer-Ufer 1
68167 Mannheim

E-Mail: christel.weiss@medma.uni-heidelberg.de
Homepage: https://www.umm.uni-heidelberg.de/inst/biom/

Die Rolle des Feuers in der Evolution des Menschen

MICHAEL WINK

Institut für Pharmazie und Molekulare Biotechnologie, Universität Heidelberg

Zusammenfassung

Das Feuer ist ein Naturphänomen, das nur von den Menschen der Gattung *Homo* nutzbar gemacht werden konnte. Für die Evolution der Menschen spielt das Feuer eine große und entscheidende Rolle: Feuer diente zum Kochen der Nahrung. Dies erleichterte eine ausreichende Energieversorgung für das große Gehirn des Menschen. Feuer lieferte Wärme, was für die Besiedlung des kalten Eurasiens lebenswichtig war. Als Nebeneffekt haben sich unsere Vorfahren täglich um ein Lagerfeuer versammelt und ihre Erfahrungen, aber auch Geschichten, Mythen und Sagen weitererzählt. Seit langem diente Feuer außerdem zur Brandrodung. Feuer war zudem essentiell für das Brennen von Ton- und Lehm und zur Verhüttung von Erzen als Voraussetzung für die Herstellung von Werkzeugen und Waffen und damit der technologischen Revolution.

1 Einführung - Mythologie: Woher kommt das Feuer?

Feuer ist ein Naturphänomen, das natürlicherweise durch Blitzeinschlag oder Vulkanismus entstehen kann. Beim Feuer handelt es sich um einen Verbrennungsprozess, also um einen Oxidationsprozess, bei dem Wärme freigesetzt wird. Über die Herkunft des Feuers haben bereits unsere Vorfahren intensiv nachgedacht. In der Antike war der Ursprung des Feuers eng mit Prometheus verbunden. Obwohl

https://doi.org/10.17885/heiup.hdjbo.2022.1.24628

Prometheus dem Göttergeschlecht der Titanen angehörte, war er Zeus unterstellt. Nach einem Streit mit Zeus entwendete Prometheus das Feuer, das eigentlich nur den Göttern gehörte, indem er einen Pflanzenstängel am vorüberfahrenden Sonnenwagen entzündete. Diesen gab er an die Menschen weiter. So erhielten die Menschen das Feuer, wodurch erst viele Entwicklungen möglich wurden. Mit der Übergabe des Feuers soll die menschliche Zivilisation begonnen haben. Zur Strafe wurde Prometheus gefesselt und im Kaukasusgebirge angekettet. Jeden Tag soll ein Adler zu ihm geflogen sein und ihm Stücke aus der Leber gehackt haben. Der Sage nach soll Prometheus viele Jahre später von Herakles gerettet worden sein, der den Adler mit einem Pfeil erlegte und Prometheus befreite.

In der Antike hatte man bekanntlich Götter für alle Aufgaben und Funktionen. In der griechischen Mythologie war Hephaistos der Gott des Feuers, bei den Römern der Gott Vulcanus. Hephaistos, ein Sohn von Zeus und Hera, war nicht nur für das Feuer zuständig, sondern auch für die Schmiedekunst und alle Metallverarbeitungen, für die man Hitze benötigt.

1.1 Feuervögel

Nur Menschen und vielleicht ihre Vorfahren haben den Umgang mit dem Feuer gemeistert. Dennoch gibt es Feuergebrauch auch im Tierreich, wenn auch als sehr seltenes Phänomen. Merkwürdige anekdotische Beobachtungen stammen aus Australien, wo größere Waldbrände regelmäßig auftreten. Durch diese Brände kommen viele Kleintiere zu Schaden. Diese liefern dann eine üppige Nahrungsquelle für diverse Aasfresser. Unter den Aasverwertern zählen auch die Schwarzmilane (*Milvus migrans*), deren Verbreitung nahezu alle Länder der Alten Welt umfasst und bis Australien reicht (Andreyenkova et al. 2021). Offenbar haben einige Schwarzmilane den Zusammenhang zwischen Feuer und Beute verstanden. Es wurde berichtet, dass Schwarzmilane brennende Zweige mit ihren Fängen oder Schnabel ergreifen und gezielt neue Feuer legen. Dadurch erhöhen sie die Wahrscheinlichkeit, schneller an Beutetiere zu gelangen, die vor dem Feuer flüchten oder darin umkommen. In Australien werden die Milane auch als „Firebirds“ (Feuervögel) bezeichnet (Bonta et al. 2017). Dort wurden ähnliche Verhaltensweisen auch bei Keilschwanzweihen (*Haliastur sphenurus*) und Habichtfalken (*Falco berigora*) beobachtet, sowie bei Heuschreckenbussarden (*Butastur rufipennis*) in Afrika und Karakaras (*Caracara cheriway*) in Lateinamerika (Wink 2014a; Bonta et al. 2017).

1.2 Alleinstellungsmerkmal für Gattung *Homo*

Während die Feuernutzung bei den Greifvögeln eher ein lokales Phänomen ist, spielt Feuer in der Evolution der Menschen eine sehr große Rolle (Storch et al., 2013). Bei Fossilfunden von frühen Vertretern der Gattung *Homo* wurden häufig Hinweise auf Werkzeuggebrauch (diverse Steinwerkzeuge; Becker 2021) und oft auch auf Feuergebrauch erhalten. Dies wurde von den Anthropologen als Kriterium herangezogen, um Fossilfunde von nichtmenschlichen Primaten abzugrenzen und in die Gattung *Homo* einzuordnen. Denn Menschenaffen und andere Primaten haben es offenbar nicht gelernt, Feuer zu nutzen. Damit wird der Gebrauch von Feuer zum Alleinstellungsmerkmal des Menschen.

Die ersten Feuer wurden vermutlich durch Blitzeinschlag verursacht. Aber irgendwann geht ein Feuer aus und es muss erneut entfacht werden. Menschen haben als intelligente Wesen offenbar früh herausgefunden, wie man ein Feuer anzünden kann. Dazu dienten bekanntlich Feuersteine, mit denen man Funken erzeugen konnte, die dann trockenes Material (Zunderschwamm, trockenes Gras, Blätter, Holzspäne Rinde) entzünden konnten. Oder man benutzte Feuerbohrer, mit denen man Holz zum Entzünden bringen konnte. Ein Feuerbohrer ist eine Holzspindel, die mit den Händen, oder mit Fäden oder einem Bogen schnell gedrillt wird. Die Thematik der Feuernutzung und Bedeutung für die Evolution des Menschen möchte ich in den folgenden Abschnitten näher beleuchten Abbildung 1.

2 Die Bedeutung des Feuers in der Evolution der Menschen

2.1 Feuer und Kochen – Verbesserung der Ernährung und Energieversorgung

Während Menschenaffen und die Vorläufer des Menschen, also die Vertreter der Gattung *Australopithecus* zwar ein großes, aber im Vergleich zum modernen Menschen ein kleines Gehirn aufweisen, kam es in den letzten zwei Millionen Jahren zu einer signifikanten Zunahme der Gehirngröße in der Gattung *Homo*: Bei *Australopithecus* (aus ihnen entstand *Homo*) betrug das Gehirnvolumen 400 bis 530 cm^3 erreicht. Bei Neandertaler und *H. sapiens* liegt die Schädelkapazität bei 1.200–1.750 cm^3 bzw. 1.400 cm^3 (Storch et al. 2013). Parallel zur Gehirngröße nahm auch die Zahl der Neuronen zu, die beim modernen Menschen rund 85

Milliarden beträgt. Jedes Neuron ist über Synapsen mit bis zu 10.000 anderen Neuronen verbunden. Dieses Netzwerk, auch Konnektom genannt, ist die Basis für das besonders leistungsfähige Gehirn des modernen Menschen, dass seine besondere Intelligenz, Sprechvermögen und kognitiven Fähigkeiten erst ermöglicht (Storch et al. 2013; Wink 2021).

Dieses große Gehirn muss jedoch mit ausreichend Energie versorgt werden, denn es verbrennt über 500 kcal pro Tag, also rund 20% der Gesamtenergie, obwohl es gewichtsmäßig nur weniger als drei Prozent des Körpers ausmacht. Unter den benötigten Nährstoffen steht Glukose an erster Stelle, das in den Mitochondrien des Gehirns in ATP umgewandelt wird. ATP ist der Treibstoff für alle Stoffwechselvorgänge im Gehirn, vor allem für den Betrieb der Natrium-, Kalium-ATPase, welche die Ionengradienten aufrechterhält, ohne die neuronale Aktivität nicht möglich wäre (Storch et al. 2013).

Kochen:
- Entgiftung der Nahrung
- Abtöten von Mikroorganismen
- Nahrung konservieren

Brennen von Ton und Lehm:
- Gefäße
- Küchenutensilien
- Bausteine und Ziegel

Wärme:
- Überleben in der Kälte
- Verbale Traditionen rund um das Lagerfeuer

Verhüttung von Erz:
- Schmelzen von Erz
- Schmieden und Gießen von Waffen, Werkzeugen und Gerätschaften

Brandrodung:
- Schaffung neuer Agrarflächen

Abbildung 1: Nutzung des Feuers in der Evolution des Menschen (Foto: M. Wink).

Voraussetzung für die Ausbildung eines großen Gehirns war das Vorhandensein ausreichender Menge an energiereichen Nährstoffen. Woher stammt die Nahrung des Menschen und was hat er anders gemacht als die nichtmenschlichen Primaten, deren Gehirn nicht größer wurde? Vor rund sieben Millionen Jahren hatten Schimpansen und Menschen einen gemeinsamen Vorfahren. Da die Primaten Allesfresser sind, bei denen pflanzliche Nahrung im Vordergrund steht, dürfte diese Ernährungsweise auch zumindest teilweise für die menschliche Entwicklungslinie gelten. Unser Gebiss deutet zudem auf Omnivorie (Allesfresser) hin; es kann sowohl festes Pflanzenmaterial als auch tierische Gewebe zerkleinern. Daher geht man davon aus, dass die Vertreter der Gattung *Homo* sich ihre tierische und pflanzliche Nahrung als Jäger und Sammler beschafften. Wir wissen, dass die Frühmenschen hervorragende Jäger waren und mit Pfeilen und Speeren, die oft mit lähmenden oder tödlichen Pflanzengiften behandelt waren (z. B. mit Herzglykosiden oder Alkaloiden) jagten (Wink et al. 2008; Wink 2015). Damit und mit raffinierten Fallen konnten sie auch große Tiere, wie Elefanten und Mammuts erlegen. Eine erfolgreiche Großwildjagd lieferte Nahrung für längere Zeiten.

Hier kommt jetzt die Nutzung des Feuers zusätzlich ins Spiel. Um die oft zähen Fleischfasern zu erweichen und um die Bakterien und Pilze abzutöten, die sich in den Fleischresten ausbreiteten, wurde das Fleisch am Lagerfeuer solange gebraten, bis es genießbar und vielleicht auch schmackhaft wurde (Frank et al. 2018). In vielen Höhlen, die von Vertretern der Gattung *Homo* genutzt wurden, haben Paläontologen nicht nur Werkzeuge zur Fleischverarbeitung, sondern auch Feuerreste und vor allem bearbeitete Knochen gefunden.

Aber auch für die Nutzung pflanzlicher Nahrung erweiterte das Feuer die Verwertungsmöglichkeiten. Zunächst müssen wir hier einen kleinen Exkurs in die Chemie der Pflanzen unternehmen. Viele Pflanzen speichern in ihren Früchten, Samen, Wurzel oder Knollen ernergiereiche Nährstoffe, wie Polysaccharide, Proteine und Fette, die als Energiereserven für die nächste Saison oder für die Keimpflanzen dienen (Frank et al. 2018). Seit Entstehung der Pflanzen vor mehr als 400 Millionen Jahren lebten sie in einer Welt, in der es Pflanzenfresser (Herbivore) und Mikroorganismen gab, die als heterotrophe Lebewesen auf organische Nahrung angewiesen waren. Da Pflanzen sich einem Angriff durch Herbivoren nicht durch Weglaufen entziehen konnten, haben sie in der Evolution eigene Abwehrstrategien entwickelt (Wink et al. 2008; Storch et al. 2013; Wink 2015; van Wyk et al. 2015).

Im Vordergrund steht die Produktion und Speicherung von giftigen oder abschreckend schmeckenden Naturstoffen, die von den Botanikern auch Sekundärstoffe genannt werden. Herbivore haben im Gegenzug biochemische Anpassungen entwickelt, indem sie viele Sekundärstoffe entgiften können. Dies klappt aber meist nicht für die hochgiftigen Nervengifte aus der Klasse der Alkaloide, Cyanglukoside oder Herzglykoside, die schneller wirken als eine Entgiftung stattfinden kann (Wink et al., 2008).

Wie gehen Herbivore mit diesen Pflanzen um? Die Entwicklung von Geschmacksrezeptoren für bitter und scharf war essentiell, um Giftpflanzen zu erkennen, denn viele der Alkaloide und Glykoside schmecken bitter. Das gilt selbst heute noch für uns Menschen. Instinktiv meiden wir Nahrungsmittel, die bitter schmecken, denn sie könnten ja giftig sein. Das gilt vor allem für Kinder; als Erwachsene haben wir dagegen gelernt, dass einige wenige Bitterstoffe nicht giftig sind, sondern eher verdauungsfördernd oder sogar gesund sind (van Wyk et al. 2015; Frank et al. 2018).

Durch die Sekundärstoffe waren viele Pflanzen für die Frühmenschen nicht nutzbar. Doch die Nutzung des Feuers änderte auch diese Ausgangssituation. Denn einige Naturstoffe sind hitzelabil und werden durch längeres Kochen inaktiviert. Dazu zählen viele giftige Peptide, wie Lektine und Protease-Inhibitoren, die z. B. in energiereichen Hülsenfrüchten verbreitet vorkommen. Als die Menschen anfingen, Nahrung in Gefäßen zu kochen, konnten auch hitze-stabile Gifte entfernt werden. Denn beim Kochen werden sie aus dem Pflanzenmaterial ausgelaugt und können mit dem Kochwasser entfernt werden. Das ist eine traditionelle Vorgehensweise, um Alkaloide aus Kartoffeln, Lupinen, Senföl-Glykoside aus Kohlpflanzen oder Cyan-Glukoside aus Kassava oder Taro loszuwerden. Durch Hitzeinaktivierung und Leaching (Auswaschung) konnte somit das Spektrum der nutzbaren Nahrungspflanzen stark erweitert werden (Frank et al. 2018).

Pflanzen schützen sich nicht nur durch Gifte, sondern auch durch mechanische Maßnahmen. Bekanntlich sind viele Samen von einer harten Samenschale (z. B. bei Nüssen) umgeben. Menschen, aber auch schon einige der Menschenaffen sind auf den Trick gekommen, dass man solche Nahrung durch Aufhämmern mit Steinen gut aufschließen kann. Intelligenz war für den Werkzeuggebrauch eine wichtige Voraussetzung (Becker 2021; Wink, 2021). Da man hartschalige Samen gut lagern kann, hatten unsere Vorfahren die Möglichkeit, Nahrungsreserven für Zeiten der Nahrungsknappheit anzulegen. Andere Maßnahmen bestehen darin, dass Pflanzen ihre Gewebe durch zähe Fasern aus Zellulose und Lignin stärken können. Solche Nahrung kann durch langes Kochen genießbarer gemacht werden, was aber erst durch die Erfindung des Feuers möglich wurde.

Um Inzucht und Konkurrenz zu vermeiden, haben Pflanzen diverse Strategien entwickelt, um ihren Nachwuchs möglichst weit von der Mutterpflanze weg zu verbreiten. Viele Pflanzen produzieren Samen, die leicht mit dem Wind verbreitet werden – man denke an die kleinen Fallschirme des Löwenzahns oder die geflügelten Samen des Ahorns. Anders ist die Situation bei den Früchten, die oft süß schmecken, nährstoffreich und zugleich nicht giftig sind (Storch et al. 2013). Hier nutzen Pflanzen die Früchtefresser (Frugivore) als Samenverbreiter, die vom süßen Fruchtfleisch einer reifen Frucht angelockt werden. Die meisten kleineren Früchte werden mit den in ihnen sitzenden Samen verschlungen. Die Samen überstehen die Magen-Darmpassage unbeschädigt. Wenn dann ein Früchtefresser später seinen Kot abgibt, werden auch die Samen an einem neuen Ort freigesetzt, wo sie dann auskeimen können. Unreife Früchte enthalten oft giftige Sekundärstoffe zur Abschreckung (z. B. Alkaloide in grünen Tomaten), denn sie sollen ja noch nicht verspeist werden. Reife Früchte enthalten häufig süßschmeckende Zucker, die für uns Frugivore auch das Signal "ungiftig" übermitteln. Durch Farbwechsel (z. B. von grün nach rot) und häufig auch durch flüchtige Lockstoffe signalisieren reife Früchte ihren Reifezustand (Wink 2015). Menschenaffen und Frühmenschen waren ausgeprägte Früchtefresser, die in den Tropen immer unterwegs sein mussten, um einen gerade reifen Früchteproduzenten zu finden. In den nördlichen Breiten gibt es Früchte nur im Spätsommer und Herbst. Hier konnte *H. sapiens* das Feuer nutzen, um Früchte einzukochen und durch Hitze zu konservieren, so dass sie im Winter als Nahrung zur Verfügung standen (Storch et al., 2013). Auch die Produktion von Brot, das in gebackener Form länger haltbar ist, gehört in die Feuer-Thematik. Konservierte Nahrung war als Nahrungsreserve nicht nur wichtig für das Überwintern, sondern auch als Proviant für Wanderungen in ferne Länder oder Kontinente.

Die Erfindung des Feuers war also ein wichtiger Schritt, um das Nahrungsangebot für die Menschen zu erweitern und die Grundlage für eine ausreichende Energieversorgung des energiehungrigen Gehirns.

Tabelle 1: Domestikation wichtiger Nutzpflanzen und Haustiere.

Herkunft		
Pflanzen	**Getreide, Knollen**	**Hülsenfrüchte**
Vorderasien	Weizen (Emmer, Einkorn), Gerste	Erbse, Linse, Kichererbse
Südost-Asien	Reis, Hirse, Zuckerrohr	Soya, Mungbohne
Lateinamerika	Quinoa, Mais, Yambohne, Kartoffel, Süßkartoffel, Maniok, Oca	Bohnen, Teparybohne, Limabohne, Erdnuss, Andenlupine
Westafrika, Sahelzone	Sorghum-Hirse, Perlhirse, Yams	Kuhbohne
Tiere	**Milch**	**Fleisch**
Asien	Ziege, Schaf, Rind, Kamel, Yak	Ziege, Schaf, Rind, Wasserbüffel, Yak, Schwein, Kamel, Huhn
Lateinamerika		Llama, Alpaca
Europa		Rentier

2.2 Brandrodung – mehr Platz für Tierhaltung und Ackerbau

Vermutlich haben Menschen auch schon als Jäger und Sammler Feuer zur Brandrodung eingesetzt. Dieses Thema wurde aber aktueller vor rund 12.000 Jahren nach Ende der letzten Eiszeit, als die Menschen vielerorts in Eurasien sesshaft wurden. Mit dem Bau von Häusern und Siedlungen musste die Frage einer verlässlichen Nahrungsversorgung gelöst werden, denn die Jagd alleine reichte dafür kaum. Vor 12.000 bis 6.000 Jahren haben unsere Vorfahren im Nahen Osten, in China, in Ostafrika, und in Lateinamerika damit begonnen, Wildtiere und Wildpflanzen zu domestizieren (Storch et al. 2013; Tabelle 1).

Dazu benötigte man aber ausreichende freie Flächen für Ackerbau und Viehhaltung. Vielerorts bestand die natürliche Vegetation in Eurasien and Amerika, wo sich der moderne Mensch in den letzten 10.000 Jahren ansiedelte, aus Wäldern. Um Platz zu schaffen, mussten die Wälder gerodet werden. Manuell war dies kaum zu schaffen, aber mit Hilfe der Brandrodung konnten damals schon leicht größere Gebiete schnell entwaldet werden, die dann für Landwirtschaft zur Verfügung standen (Storch et al. 2013). Die Methode der Brandrodung ist leider bis zum heutigen Tage aktuell und wertvolle Regenwälder mit großer Biodiversität im Amazonasgebiet, im tropischen Afrika, auf Madagaskar und im tropischen Asien werden immer noch jährlich vernichtet, um landwirtschaftliche Nutzflächen zu schaffen. Dadurch sind viele Tier- und Pflanzenarten in ihren Beständen gefährdet und laufen Gefahr auszusterben.

2.3 Feuer ermöglicht ein Überleben bei Schnee und Eis

Während die Menschenaffen noch ein dichtes Körperfell besitzen, haben die Menschen ihr Haarkleid weitgehend in der Evolution verloren. Das spielte nur eine geringe Rolle, als Vertreter der Gattung *Homo* noch in Afrika ansässig waren. *Homo erectus* wanderte schon vor fast zwei Millionen Jahren nach Asien aus, wo Fossilfunde in China und auf Java gefunden wurden. Später besiedelten *H. neandertalensis* und *H. heidelbergensis* weite Teile Europas und erlebten nicht nur Warm- sondern auch Kaltzeiten. Auch der moderne Mensch, *H. sapiens*, wanderte aus Afrika aus: Vor rund 90.000 Jahren verließen einige Menschengruppen Afrika und zogen über das Zweistromland nach Australien, wo sie vor rund 60.000 Jahren sesshaft wurden. Asien wurde danach besiedelt und vor rund 20.000 Jahren gab es eine Wanderung über die Beringstraße zunächst nach Nordamerika und dann weiter nach Südamerika. Europa wurde frühestens vor 50.000 Jahren besiedelt: erste Ansiedlungen der Cromagnon erfolgten in Süddeutschland, Frankreich und Spanien vor rund 40.000 Jahren. Aus dieser Zeit stammen die ersten Kunstgegenstände und Höhlenmalereien. Diese erste Siedlungslinie verschwand aber offenbar in der letzten Eiszeit vor 30.000 bis 20.000 Jahren, als auch die Neandertaler ausstarben (Storch et al. 2013).

Die klimatischen Bedingungen waren in Eurasien zumindest während der Kaltzeiten und im Winterhalbjahr sicher nicht optimal. Um zu überleben, benötigte man Zelte und geschützte Höhlen. An allen Siedlungsstellen haben Paläontologen Reste von Feuer gefunden. Man kann sicher davon ausgehen, dass Feuer nicht nur zum Kochen, sondern auch als Wärmequelle genutzt wurde. Außerdem schützte das Feuer vor Raubtieren, sodass ein Feuer auch ein Platz der Sicherheit wurde.

2.4 Erzählungen am Lagerfeuer

Menschen sind wie die Menschenaffen soziale Lebewesen, die am liebsten in Kleingruppen leben. Innerhalb dieser Gruppen sind Menschen sehr kooperativ, altruistisch und empathisch (Storch et al. 2013; Wink 2014b, 2020). Wir Menschen sind die einzigen Lebewesen, die über eine Sprache verfügen, mit der es möglich ist, Beobachtungen zu erzählen, Gedanken und Theorien anderen Menschen zu vermitteln. Voraussetzung für die Sprachfähigkeit war vermutlich die Ausbildung des besonders leistungsfähigen Gehirns. Über die Sprache halten wir Verbindung innerhalb und zwischen menschlichen Gruppen. Über die Sprache können wir auch unsere Erfahrungen von Generation zu Generation tradieren.

An dieser Stelle kommt auch das Feuer wieder ins Spiel. Wir können davon ausgehen, dass unsere Vorfahren vermutlich täglich am Feuer zusammenkamen, um ihre Nahrung zuzubereiten, sich aufzuwärmen und letztlich miteinander zu reden. Da es keine anderweitige Zerstreuung gab, wurden am Feuer Klatsch und Tratsch gepflegt. Vermutlich entstanden hier Geschichten über die Entstehung der Welt, über die Naturgewalten, über Abenteuer und Reisen. Über diese Versammlungen am Lagerfeuer blieben Mythen und Erfahrungen im Bewusstsein. Die großen Werke der Antike von der Ilias und Odyssee bis hin zur Bibel beruhen sicherlich auf mündlich tradierten Erzählungen, die vermutlich an Lagerfeuern über Generationen hinweg erzählt wurden.

2.5 Metallverarbeitung und Töpferei

Anfangs besaßen unsere Vorfahren nur Holz- und Steinwerkzeuge. Sie haben schnell gelernt, dass man Ton und Lehm in der Hitze brennen kann und daraus wertvolle Gefäße, Küchenutensilien und Ziegel für den Häuserbau herstellen kann. Knochen und die Asche Verstorbener wurden viele Tausend Jahre lang in speziellen Urnen bestattet, die heute den Archäologen helfen, unsere Vergangenheit zu rekonstruieren.

Vor 7.500 Jahren begann dann mit der Metallverarbeitung eine neue Epoche; zunächst wurde Kupfer, dann Bronze und letztlich Eisen verarbeitet. Die Kupferzeit dauerte von 5.500 bis 2.200 v. Chr., die Bronzezeit von 2.200 bis 800 v. Chr. und danach begann die Eisenzeit, die eigentlich bis heute andauert. Aus diesen Metallen wurden Waffen (Messer, Säbel, Schwerter, Speerspitzen, Rüstungen), Werkzeuge (Hammer, Amboss, Messer für Küche und Chirurgie), Fahrzeuge und

Schmuck hergestellt. Die Innovation lag darin zu lernen, wie man Erze verhütten und in Gerätschaften verwandeln kann. Schon in der Kupfer- und Bronzezeit gab es Bergwerke und die Produkte wurden europaweit gehandelt (Storch et al. 2013). Auch für diese Entwicklungen war das Feuer die Grundvoraussetzung, denn das Erz musste geschmolzen und in Gerätschaften gegossen werden, die dann durch Schmiede weiterverarbeitet wurden. Feuer und Metall führten zur technologischen Revolution in der Geschichte der Menschheit, die auch heute noch nicht abgeschlossen ist.

Die schnell wachsende Menschheit und der Fortschritt der Technologie benötigen immer mehr Energie. Für Wärme- und Stromproduktion werden seit 200 Jahren vermehrt fossile Quellen (Kohle, Gas) verbrannt. Dies führt nicht nur zu einer Ausbeutung dieser Naturschätze. Gewinnung und Verbrennung der fossilen und rezenten Energiequellen können die Umwelt schädigen. Man denke an die vielen Bergwerke, die zum Flächenverbrauch beitragen, oder an die Luftverschmutzung, die bei der Verbrennung von Kohle und Holz entsteht. Auf die an anderer Stelle in diesem Buch diskutierte Problematik der CO_2-Freisetzung und Klimawandel soll hier nicht eingegangen werden).

3 Fazit und Ausblick

Der Frevel des Prometheus, den Menschen das Feuer zu bringen, wirkt bis heute nach (Abb. 1). Das Feuer hatte und hat viele positive Effekte für den Menschen, in dem es uns ermöglicht, unsere Nahrung zu erhitzen und bekömmlich zu machen, uns Wärme zu liefern und uns am Lagerfeuer zum Nachdenken und Erzählen zu bringen. Das Feuer war und ist auch der Motor der Technologie und Landwirtschaft. Das Brennen von Ton und Lehm zu Gefäßen und Ziegeln war ein wichtiger Meilenstein für die Sesshaftigkeit. Die vor 7.000 Jahren einsetzende technologische Revolution verwendet Metalle, für deren Verhüttung Feuer benötigt wird. Um die immer größer werdende menschliche Bevölkerung zu ernähren, setzen wir Feuer zur Brandrodung ein, um neue Agrarflächen zu erschließen. Die Kehrseite der Medaille ist jedoch, dass wir auf diese Weise unseren Planten kontinuierlich entwalden und seine Biodiversität gefährlich schädigen. Auch die Umweltschäden, die durch die Verbrennung fossiler Energiequellen einhergehen, müssen hier genannt werden. Licht und Schatten gibt es also auch beim Urelement Feuer.

Literatur

Andreyenkova NG, I V. Karyakin, I J. Starikov, H Sauer-Gürth, I Literák, O V. Andreyenko, E P. Schneider, R H. Bekmansurov, M N. Alexeyenko, M Wink, I F. Zhimulev (2021).. Phylogeography and demographic history of the Black Kite (*Milvus migrans*), a widespread raptor in Eurasia, Australasia and Africa. *Avian Biology, 2021*: e02822 doi: https://doi.org/10.1111/jav.02822.

Becker, P.-E. (2021). *Wie Tiere hämmern, bohren, streichen. Werkzeuggebrauch und Bandbreite der Kultur bei Tier und Mensch*. Stuttgart: Hirzel.

Bonta, M., Gosford, R., Eussen, D., Ferguson, N., Loveless, E., & Witwer, M. (2017). Intentional fire-spreading by "firehawk" raptors in Northern Australia. *Journal of Ethnobiology, 37*, 700–718.

Frank, G., Linster, L., Wink, M. (2018). *Karotten lieben Butter. Eine Sterneköchin, ein Arzt und ein Wissenschaftler über traditionelles Kochwissen und gesunden Genuss*. München: Knaus.

Storch, V., Welsch, U., Wink, M. (2013). *Evolutionsbiologie*. 3. Auflage. Heidelberg: Springer .

van Wyk, B.-E., C. Wink, M. Wink (2015). *Handbuch der Arzneipflanzen*. 3. Aufl. Stuttgart: Wissenschaftliche Verlagsgesellschaft.

Wink, M. (2014a). *Ornithologie für Einsteiger*. Heidelberg: Springer.

Wink, M. (2014b). Gewalt und Altruismus aus evolutionärer Sicht. In K. Sonntag, Hgb: *Evolution. Studium Generale, Universität Heidelberg*, pp. 81–110. Heidelberg: Universitätsverlag Winter.

Wink, M. (2015). Vom Pfeilgift bis zum Rauschmittel: Sekundärstoffe - die Geheimwaffen der Pflanzen. *BIUZ 45*, 225–235.

Wink, M. (2020). Gewalt in der Natur. In J. Funke, Hgb: *Aggression. Studium Universale, Universität Heidelberg*, pp. 85–104. Heidelberg: Heidelberg University Publishing.

Wink, M. (2021). Intelligenz im Tierreich. In Holm-Hadulla, R., Funke, J. & Wink, M., Hgb.: Intelligenz. Theoretische Grundlagen und praktische Anwendungen. *Heidelberger Jahrbücher Online, Band 6*, pp. 117–139. Heidelberg: Heidelberg University Publishing. https://doi.org/10.17885/HEIUP.HDJBO.2021.1.24382

Wink, M., Wink, C., van Wyk, B.E. (2008). *Handbuch der giftigen und psychoaktiven Pflanzen*. Stuttgart: Wissenschaftliche Verlagsgesellschaft.

Über den Autor

Prof. Dr. **Michael Wink** ist Ordinarius für Pharmazeutische Biologie an der Universität Heidelberg, wo er seit 1989 die Abteilung Biologie am Institut für Pharmazie und Molekulare Biotechnologie leitete. Seit 1.10.2019 arbeitet er dort als Seniorprofessor. Nach dem Studium der Biologie an der Universität Bonn forschte er in Braunschweig, Köln, München und Mainz. Seine Arbeitsgebiete reichen von Phytochemie, Arznei- und Giftpflanzen, Ornithologie und Naturschutz bis zur Systematik, Phylogenie und Evolutionsforschung. Er ist Autor/Co-Autor von mehr als 20 Büchern und über 1000 Originalarbeiten. Er ist Gastprofessor an Universitäten in China, Thailand und Mexiko, außerdem Mitglied diverser Wissenschaftlicher Beiräte, Herausgeber einiger Zeitschriften und Empfänger mehrerer Auszeichnungen. .

Korrespondenzadresse:
Prof. Dr. Michael Wink
Universität Heidelberg
Institut für Pharmazie und Molekulare Biotechnologie
INF 329
69120 Heidelberg, Germany

E-Mail: wink@uni-heidelberg.de
Homepage:
https://www.uni-heidelberg.de/institute/fak14/ipmb/phazb/akwink.html und
https://www.winks-biology.com

Druck und Bindung
Books on Demand GmbH, Norderstedt